DER BLOCKCHAIN KOMPASS

DER BLOCKCHAIN KOMPASS

WILLKOMMEN IN DER WELT VON BLOCKCHAIN

TOLGA AKCAY

Autor:

Tolga Akcay

Kontakt:

DEUTSCHLAND:

Königsallee 2b

40212 Düsseldorf

Deutschland

USA:

848 Brickell Ave. PH5

Miami, FL 33131

United States of America

E-Mail: hello@tolga-akcay.com

Instagram: tolga.akcay07

Facebook: akcay.tolga07

Linked-In: tolga-akcay-683aa9146

Erscheinungsjahr: 2021

INHALTSVERZEICHNIS

EINLEITUNG

Unser ganzes Leben lang haben wir ein weltweit gültiges Modell einer Datenstruktur verwendet, das sich in einer vollständig zentralen Umgebung abspielt. Solch ein System ist äußerst unflexibel und steht ständig unter der Kontrolle und Aufsicht einiger weniger Personen, sowohl im öffentlichen als auch im privaten Bereich, mit wenig aktiver Zusammenarbeit zwischen allen Beteiligten. Aber dieses Szenario ist im Begriff, sich mit dem Aufkommen zahlreicher technologischer Initiativen zu wandeln, die das zentrale Modell, das wir alle unser ganzes Leben lang gekannt haben, grundlegend verändern können.

Die Distributed-Ledger-Technologie, insbesondere die Blockchain-Technologie, stellt Regularien in Frage, die bislang als ***„unantastbar"*** galten, und kann allen Beteiligten enorme Vorteile bringen. Haben Sie sich jemals dabei ertappt, dass Sie sich Fragen gestellt haben wie:

Ist die Blockchain-Technologie ein Schwindel, so wie manche Leute sie aussehen lassen, oder kann sie alle Probleme dieser Welt lösen?

Was wäre, wenn wir nur ein paar Schritte von einem tiefgreifenden Wechsel von den zentralen, unflexiblen und alten Systemen zu einem neuen dezentralen Modell entfernt wären, das vollständig auf Zusammenarbeit basiert?

Ist es möglich, ein neues dezentrales Modell zu etablieren, das Transparenz, Sicherheit und Schutz für alle Transaktionen gewährleistet?

Fragen Sie sich, warum viele globale Unternehmen zunehmend in die Blockchain-Technologie investieren?

Nun, dieses Werk gibt die Antwort auf diese und einige andere Fragen!

Höchstwahrscheinlich haben Sie schon einmal gehört, dass die Blockchain-Technologie eine Lösung für fast alle Herausforderungen in unserer Gesellschaft und unserer Umwelt bietet. Zweifellos gibt es zu viel Hype um die Distributed-Ledger- oder Blockchain-Technologie. Einer der Faktoren, die mich zu diesem Beitrag inspiriert haben, ist die Notwendigkeit, Informationen zur Verfügung zu stellen, die so sachlich und zuverlässig wie möglich sind. Im Folgenden finden Sie also einige der Dinge, die Sie in diesem Buch erfahren werden:

- Sie werden die Bedeutung der Blockchain, ihre Geschichte und ihre Entwicklungsstufen genau verstehen.
- Viele Menschen haben oft das Gefühl, dass Kryptowährungen wie Bitcoin dasselbe sind wie Blockchain, also werden Sie den Unterschied zwischen den beiden kennenlernen.
- Die Anwendungsfälle von Blockchain nehmen jeden Tag zu und Sie werden die beeindruckenden Möglichkeiten entdecken, wie die Technologie unseren bestehenden Organisationsformen helfen kann.
- Wir werden auch einen Blick auf die Potenziale der Technologie und zukünftige Trends im Blockchain-Bereich werfen.
- Wie jede andere Technologie hat auch die Blockchain ihre Herausforderungen und dieses Buch wird einige dieser Herausforderungen sowie die Bemühungen zur Lösung dieser „Kinderkrankheiten“ aufzeigen.

- Einer der Aspekte von Blockchain, der imstande ist, unterschiedliche Branchen zu revolutionieren, sind Smart Contracts, und Sie werden die Möglichkeiten dieser Technologie kennenlernen.

Natürlich ist die Blockchain-Technologie keine Zauberei, wie einige Autoren behaupten mögen. Wenn Sie auf der Suche nach Informationen über Blockchain sind, die kein Hype sind, sondern sowohl auf tatsächlichen Ereignissen, die in diesem Bereich bereits stattgefunden haben, als auch auf vernünftigen Prognosen von Experten aus verschiedenen Bereichen basieren, dann ist dieses Buch genau das, wonach Sie gesucht haben. Sind Sie bereit für eine dezentrale Welt? Hier ist Ihr Kompass! Fangen wir an!

ABSCHNITT I
DIE ENTDECKUNG & ENTWICKLUNG DER BLOCKCHAIN-TECHNOLOGIE

KAPITEL 1

WIE ALLES ANFING: DIE GESCHICHTE DER BLOCKCHAIN-TECHNOLOGIE

Eine der bedeutsamsten Innovationen, die wir im 21. Jahrhundert erlebt haben, ist das Aufkommen der Blockchain-Technologie. Innerhalb kurzer Zeit hat diese Technologie bereits einen weitreichenden Einfluss auf verschiedene Branchen – die Finanzindustrie, Unternehmen, das Bildungswesen, das Lieferketten-Management, usw. – ausgeübt. Vielen ist jedoch nicht bewusst, dass die Blockchain-Technologie bereits in den 1990-er Jahren bekannt wurde. Jeder, der sich für Blockchain interessiert und begeistert, sollte die Geschichte von Blockchain kennen. Damals, 1991, entwarfen zwei Personen, Stuart Haber und W. Scott Stornetta, das, was wir heute als Blockchain bezeichnen.

Ihr erstes Projekt war eine kryptografisch abgesicherte Kette von Blöcken, die sicherstellen sollte, dass keine Einzelperson oder Gruppe von Personen Änderungen an den Zeitstempeln von Dokumenten vornehmen konnte. Interessanterweise gingen die Forscher 1992 noch einen Schritt weiter, indem sie ihr System aufrüsteten und sogenannte Merkle Trees einbauten. Dies half, die Effizienz zu steigern und erlaubte auch das Hinzufügen von mehr Dokumenten zu einem Block. Über diesen Bereich der Blockchain-Technologie wissen die meisten Menschen, auch Blockchain-Enthusiasten, kaum etwas. In diesem Buch werden Sie immer wieder auf Begriffe wie „Digital Ledger Technology", „Knoten" und „Distributed Ledger Technology" stoßen, und wenn Sie weiterlesen, erfahren Sie mehr darüber, was sie bedeuten. Ich werde die Begriffe Blockchain und Digital Ledger Technology synonym verwenden.

Hal Finney und der wiederverwendbare Ausführungsnachweis (Proof of Work)

Einer der Namen, auf den Sie oft stoßen werden, wenn Sie etwas über Blockchain und Kryptowährung in Erfahrung bringen, ist Harold Thomas Finney II, besser bekannt als Hal Finey. Im Jahr 2004 brachte er ein System auf den Markt, das als Reusable Proof of Work (RPoW) bezeichnet wird. Hierbei wird ein Token empfangen, der einen nicht austauschbaren oder nicht austauschbaren Ausführungsnachweis auf Basis eines Hash darstellt, und im Gegenzug einen durch RSA signierten Token erzeugt, den Personen untereinander übertragen können.

Eines der Probleme, mit denen sich frühe digitale Währungen konfrontiert sahen, war das Problem des doppelten Geldausgebens, und der RPoW war in der Lage, dieses Problem einfach dadurch zu lösen, dass die Aufzeichnungen über den Besitz von Token auf einem registrierten und vertrauenswürdigen Server geführt wurden. Der Server wurde so konzipiert, dass Benutzer rund um den Globus die Vollständigkeit und Richtigkeit der Aufzeichnungen leicht überprüfen können. Dies wird von vielen als ein früher Prototyp der bestehenden Kryptowährungen gesehen und ist auch Teil der Konzepte, die Satoshi Nakamoto geholfen haben, die Bitcoin-Blockchain zu entwickeln.

Die Beliebtheit der Blockchain begann jedoch im Jahr 2008, als eine Einzelperson oder eine Gruppe von Personen mit dem Namen Satoshi Nakamoto mit Bitcoin herauskam. Gegenwärtig wird Satoshi Nakamoto als das Gehirn hinter der Blockchain-Technologie angesehen, nachdem er mit Bitcoin die erste große Anwendung der Technologie vorstellte. Nachdem er die erste Blockchain im Jahr 2008 konzipiert hatte, ging alles sehr schnell, da andere Personen begannen, „herausragende Anwendungen der Technologie jenseits von Kryptowährungen zu erforschen."

Satoshi Nakamoto blieb nicht allzu lange im Rampenlicht, da er die Entwicklung von Bitcoin an andere Entwickler übergab und die Szene verließ. Inzwischen hat sich die Digital-Ledger-Technologie weiterentwickelt und es gibt mittlerweile viele Anwendungen, die Teil der Geschichte dieser Technologie sind. Wir können also sagen, dass die Blockchain technisch gesehen 1991 entstanden ist und Satoshi Nakamoto mit der Gründung von Bitcoin im Jahr 2008 ihrer Beliebtheit hald.

Bevor wir auf die verschiedenen Phasen der Entwicklung von Blockchain eingehen, muss ich darauf hinweisen, dass Sie beim weiteren Lesen zwei Versionen des Wortes „Bitcoin" sehen werden. Die eine wird in Kleinbuchstaben geschrieben, während die andere in Großbuchstaben erscheint. Sie bedeuten zwei unterschiedliche Dinge. Ich beziehe mich auf die Blockchain „Bitcoin" und die Kryptowährung „bitcoin", die die Bitcoin-Blockchain nutzt. Ich denke, Sie verstehen jetzt, was ich meine. Außerdem bezieht sich „Ethereum" auf die Ethereum-Blockchain, während es sich bei „ether" um die ursprüngliche Kryptowährung der Ethereum-Blockchain handelt.

DIE ENTWICKLUNGSSTUFEN DER BLOCKCHAIN

Phase I Satoshi Nakamoto und die Blockchain

Für viele Menschen sind bitcoin und Blockchain einfach dasselbe, aber das entspricht nicht der Wahrheit. Die Wahrheit ist, dass Blockchain einfach die Grundlage oder das, was man als die zugrunde liegende Technologie für verschiedene Anwendungen bezeichnen könnte, ist. Kryptowährungen wie bitcoin sind lediglich eine der Anwendungen, die von der Blockchain-Technologie getragen werden. Ich denke, Sie verstehen jetzt, worum es geht!

Als Satoshi Nakamoto das Dokument veröffentlichte, das heute als bitcoin Whitepaper bekannt ist, erklärte er, dass die Technologie ein elektronisches Peer-to-Peer-System darstellt. Außerdem schuf Satoshi den ersten Block, der als „Genesis"-Block bekannt ist und auch als Grundlage für andere Blöcke diente, die geschürft (mined) wurden. Das Aufkommen von bitcoin öffnete die Tür zu neuen Anwendungen und die meisten von ihnen begannen, Möglichkeiten zu erkunden, um sowohl die Prinzipien als auch die Fähigkeiten von Blockchain zu nutzen. Wir können sagen, dass die Geschichte der Blockchain die Entwicklung verschiedener Anwendungen beinhaltet, die sich durch die Nutzung der digitalen Ledger-Technologie entwickelt haben.

Phase II der Blockchain-Entwicklung: Smart Contracts

Wir werden uns in Kapitel fünf ausführlich mit Smart Contracts beschäftigen, aber es ist wichtig, kurz über Smart Contracts zu sprechen, da sie einen wichtigen Teil der Geschichte von Blockchain ausmachen. Neuerungen stehen in unserer Welt an der Tagesordnung, und einer derjenigen, die einen enormen Einfluss auf die Geschichte der digitalen Ledger-Technologie genommen haben, ist Vitalik Buterin.

Er war Teil einer Gruppe von Entwicklern, die der Meinung waren, dass Bitcoin noch nicht sein volles Potenzial in Bezug auf die Nutzung der Fähigkeiten der digitalen Ledger-Technologie erreicht hat.

Die Einschränkungen von Bitcoin waren einer der Hauptfaktoren, die Buterin dazu motivierten, sich auf die Schaffung einer Blockchain zu konzentrieren, die in der Lage ist, neben der Kryptowährung auch andere Funktionen auszuführen und ein Peer-to-Peer-Netzwerk aufzubauen. Dies führte zur Schaffung der Ethereum-Blockchain im Jahr 2013, die einen Schritt weiterging, um weitere Funktionalitäten hinzuzufügen. Diese Entwicklung wurde zu einem Wendepunkt in der Geschichte der Blockchain. Mit der Ethereum-Blockchain können Menschen nun andere Dinge tun, wie z. B. andere Vermögenswerte und Verträge aufzeichnen, im Gegensatz zu Bitcoin, das sich hauptsächlich darauf konzentrierte, als Datenbank für bitcoin-Transaktionen zu dienen.

Diese neue und einzigartige Funktion öffnete die Tür zu den Funktionalitäten des Ethereum-Netzwerks und somit war es nicht nur eine Kryptowährung, sondern auch eine Plattform, auf der man dezentrale Anwendungen (dApps) entwickeln kann. Die Ethereum-Blockchain wurde schließlich im Jahr 2015 offiziell mit der Unterstützung für Smart Contracts eingeführt und das Blockchain-Netzwerk hat erfolgreich eine sehr aktive Entwickler-Community angezogen und ein beeindruckendes Ökosystem geschaffen.

Phase III Die Ära der Anwendungen

Die Geschichte der Blockchain-Technologie ist nicht vollständig, ohne das Entstehen mehrerer Projekte zu erwähnen, die intelligente Möglichkeiten entdeckt haben, um die Fähigkeiten der digitalen Ledger-Technologie zu nutzen. Die meisten dieser neuen Projekte erkundeten Wege, um mit einer Reihe von Einschränkungen von Bitcoin und Ethereum umzugehen und gleichzeitig neue und einzigartige Funktionen hinzuzufügen, die die Vorteile der Blockchain-Technologie nutzen. Eine solche Blockchain-Anwendung ist NEO. Es handelt sich um eine dezentrale und Open-Source-Blockchain-Plattform aus China, trotz des Verbots von Kryptowährungen durch den Staat.

Andere Blockchain-Anwendungen wurden in dieser Phase geschaffen und einige von ihnen beinhalteten öffentliche Blockchain-Netzwerke, die jeder Person auf der ganzen Welt Zugang zu den Inhalten des Netzwerks gewähren. Zu diesem Zeitpunkt begannen mehrere Unternehmen, die digitale Ledger-Technologie zu übernehmen, um die Leistungsfähigkeit des Betriebs zu steigern. Eines der Unternehmen, das die Verwendung von Blockchain erforschte, war Microsoft. In dieser Ära wurden drei verschiedene Arten von Blockchains entwickelt – öffentliche, private und föderierte/hybride Blockchains.

Eine Zusammenfassung der Blockchain-Technologie und ihrer drei Generationen

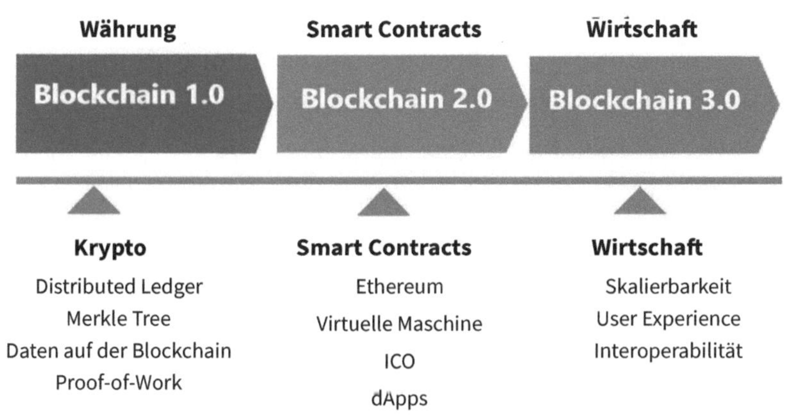

Gegenwärtig gibt es drei Generationen von Blockchain, wobei Bitcoin zur ersten Generation gehört. Der vorrangige Zweck und das Design der Blockchains der ersten Generation war es, die Finanzsysteme zu verbessern und dies erklärt, warum die meisten Kryptowährungen, die während dieser Ära geschaffen wurden, alle auf Finanzanwendungen ausgerichtet waren. Nachdem das Design von Bitcoin nur dazu diente, Finanztransaktionen zu erleichtern, wie sieht es mit dem Einbeziehen von Aspekten wie Bedingungen und Konditionen in die Transaktionen aus?

Dazu gibt es eine einfache Erklärung. James bestellt online eine Armbanduhr von einer Dame namens Jenifer und er stellt seine Bedingung für die Zahlung: „Ich kann Jenifer ihre 5 bitcoins nur bezahlen, wenn sie die Armbanduhr liefert, die ich bestellt habe."

In diesem Fall ist es für bitcoin nicht möglich, diese Art von Transaktion abzuwickeln. An dieser Stelle kommen Blockchains der zweiten Generation wie Ethereum ins Spiel. Die beiden markanten Merkmale, die Ethereum einführte, waren smarte Verträge, die nun sicherstellen können, dass Jenifer nur dann automatisch bezahlt wird, wenn sie die Armbanduhr liefert. Das zweite Merkmal, das Ethereum einführte, war eine Plattform, auf der Entwickler ihre dezentralen Anwendungen (dApps) erstellen und auch ihre Token herausgeben können.

Dies macht die Ethereum-Blockchain zu einem digitalen Ökosystem, auf dem verschiedene Projekte betrieben werden können. Interessanterweise haben sich die Möglichkeiten mit der Einführung einer Vielzahl von funktionalen Anwendungen wie dezentrales Finanzwesen (DeFi), Gaming, Lieferkettenmanagement, nicht-fälschbare Token (NFTs) usw. deutlich verbessert.

Die dritte Generation der Blockchain umfasst Projekte wie Cardano, Ethereum 2.0, das eine verbesserte Version von Ethereum ist, Polkadot und einige andere. Als Satoshi Nakamoto und Vitalik Buterin mit ihren verschiedenen Blockchain-Projekten auf den Plan traten, hatten diese noch einige Kinderkrankheiten. Dies schränkte auch ihre Möglichkeiten ein und eines dieser Probleme ist ihre Kapazität oder das, was gemeinhin als Skalierbarkeitsproblem bekannt ist.

Wenn es zu viele Einzelpersonen gibt, die versuchen, ihre Transaktionen in einer Blockchain auszuführen, die nur wenig Platz hat, kommt es zu erheblichen Engpässen. Daher konzentrierte sich das Design der Blockchains der dritten Generation nicht nur auf die Bereitstellung der meisten Funktionen der Blockchains der ersten und zweiten Generation, sondern auch auf die Lösung der Probleme, die diese hatten, insbesondere das der Skalierbarkeit. Ein weiteres Problem, das Blockchains der dritten Generation lösen, ist das der Interoperabilität.

DIE GRUNDLAGE VON KRYPTOWÄHRUNGEN

Wir können die Blockchain-Technologie einfach als „kryptographisch gesicherte dezentrale Register“ definieren. Es handelt sich im Grunde um eine Datenbank, in der die Teilnehmer die darin enthaltenen Informationen jederzeit einsehen können. Anstatt die Daten auf einem zentralisierten Server zu speichern, wie es bei herkömmlichen Organisationen üblich ist, werden die Daten über verschiedene Computer oder „Knoten“ auf der ganzen Welt verteilt. Dadurch wird sichergestellt, dass alle beteiligten Knoten auf die Datenbank zugreifen können. Es ist nicht ungewöhnlich, dass man Blockchain und Kryptowährung verwechselt. Außerdem gibt es Menschen, die der Meinung sind, dass bitcoin dasselbe ist wie Blockchain, aber das sind alles verschiedene Dinge.

Blockchain dient als die zugrundeliegende Technologie, die die Nachvollziehbarkeit aller Transaktionen, die wir aufzeichnen, sicherstellt. Auf der anderen Seite ist Kryptowährung einfach ein digitaler Wertspeicher, den wir für verschiedene Zwecke wie den Kauf von Immobilien, Waren und Dienstleistungen verwenden können. bitcoin ist ein beliebtes Beispiel für eine Kryptowährung.

Satoshi Nakamoto führte die Kryptografie ein, um die Kryptowährung gegen Fälschungen und andere Sicherheitsrisiken zu schützen, die mit dem Papiergeld verbunden sind. Der Hauptgrund für die Schaffung der Blockchain-Technologie war also, die Existenz und Verwendung von bitcoin zu erleichtern. Sie dient als dezentrales Hauptbuch, das jede Transaktion der Kryptowährung über jedes Netzwerk enthält, das als Peer-to-Peer betrachtet wird. Man kann Blockchain als das „interne Banksystem" von Kryptowährungen bezeichnen, das dezentralisiert ist. Allerdings ist die Verwendung von Blockchain inzwischen über Finanztransaktionen hinausgewachsen, wie ich bereits erklärt habe, und wir werden uns später einige Anwendungsfälle ansehen.

KAPITEL 2

BLOCKCHAIN IM VERGLEICH ZUR DISTRIBUTED-LEDGER-TECHNOLOGIE

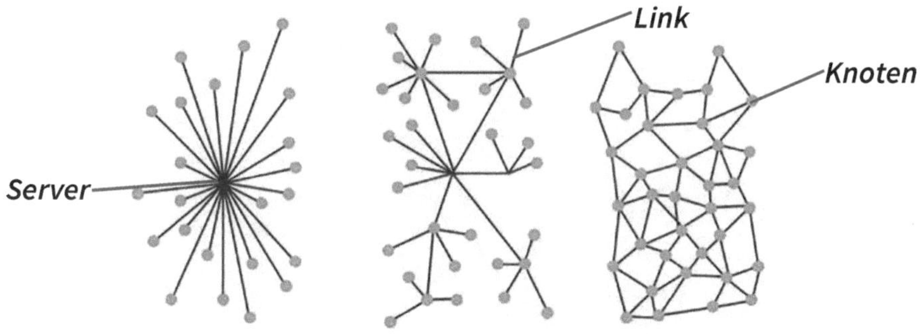

Für die meisten Menschen ist die Blockchain-Technologie einfach dasselbe wie die Distributed-Ledger-Technologie. Nun, ist das wirklich wahr? Eines der Ziele dieses Buches ist es, die Blockchain-Technologie zu vereinfachen und Ihnen dabei zu helfen, zu verstehen, was sie bedeutet und welches Potenzial sie hat, die Art und Weise, wie wir mit Daten umgehen, zu revolutionieren. Begriffe wie Blockchain, Dezentralisierung und Distributed-Ledger-Technologie werden in verschiedenen Bereichen häufig verwendet und oft verwechseln die Menschen diese Begriffe.

Die meisten Personen, die mit dieser Technologie nicht vertraut sind, verwenden die Begriffe oft austauschbar. Das Fehlen der richtigen Informationen über beide Technologien ist eine der Hauptursachen dafür, dass manche Menschen diese Technologien scheuen. Das liegt daran, dass neue Technologien in unserem digitalen Zeitalter oft zu Buzzwords gemacht werden und solche Buzzwords nicht wirklich lange Bestand haben. Aber das ist bei Blockchain und DLT nicht der Fall, denn diese Technologien besitzen das Potenzial, die Art und Weise, wie wir in Zukunft mit Daten umgehen, zu verändern. Jedenfalls sind Distributed-Ledger-Technologie und Blockchain-Technologie nicht genau dasselbe.

ZUM BESSEREN VERSTÄNDNIS VON DISTRIBUTED LEDGER

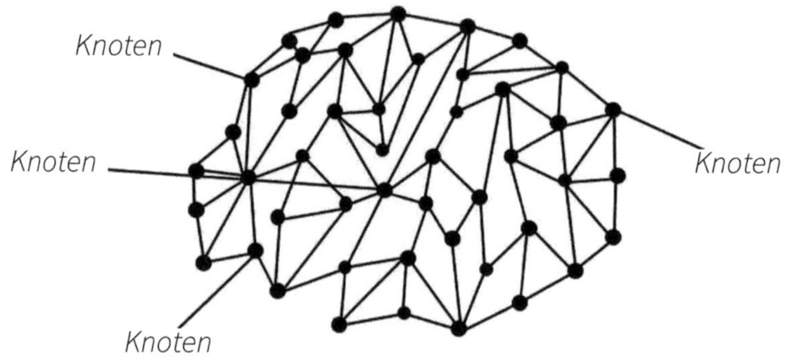

Verteiles Netzwerk

Wir können Distributed Ledger einfach als „eine dezentrale Datenbank" betrachten, was bedeutet, dass es sich um eine Datenbank handelt, die in Hunderten oder Tausenden von Computern oder Knoten gespeichert ist. Alle Knoten im Distributed Ledger verwalten dieses Register und in dem Moment, in dem Daten hinzugefügt werden, wird auch die

Datenbank aktualisiert. Die Aktualisierung des Hauptbuchs erfolgt an jedem teilnehmenden Knoten, und zwar unabhängig voneinander. Bei dieser Einstellung haben alle teilnehmenden Knoten das gleiche Maß an Autorität und kein einzelner Server oder eine zentrale Instanz ist für die Verwaltung der Datenbank zuständig.

Dies sorgt auch dafür, dass die Technologie sehr transparent ist. Der Prozess der Aktualisierung und Bestätigung der Existenz von Daten auf einem verteilten Ledger ist sehr einfach und die Knoten können jede einzelne Transaktion auf der Grundlage des bestehenden Konsensus-Algorithmus des Ledgers überprüfen. In einigen Fällen können nur einige ausgewählte Knoten an der Überprüfung von Transaktionen teilnehmen, während bei anderen Systemen alle Knoten an dem Prozess teilnehmen können. Die Transaktion sichert sich einen Platz im Ledger, sobald alle Knoten ihre Zustimmung geben und der Status des Ledgers wird ebenfalls aktualisiert.

Abgesehen von der erhöhten Transparenz eines verteilten Registers bietet es auch ein hohes Maß an Sicherheit, da es keine zentrale Instanz wie bei traditionellen Datenbanken gibt. Einen Point of Corruption gibt es bei dieser Technologie nicht. Alle teilnehmenden Knoten erhalten die Möglichkeit, eine Transaktion zu überprüfen, und dies erklärt, warum die Finanzindustrie bei der Einführung dieser Technologie eine Vorreiterrolle einnimmt.

BLOCKCHAIN-TECHNOLOGIE

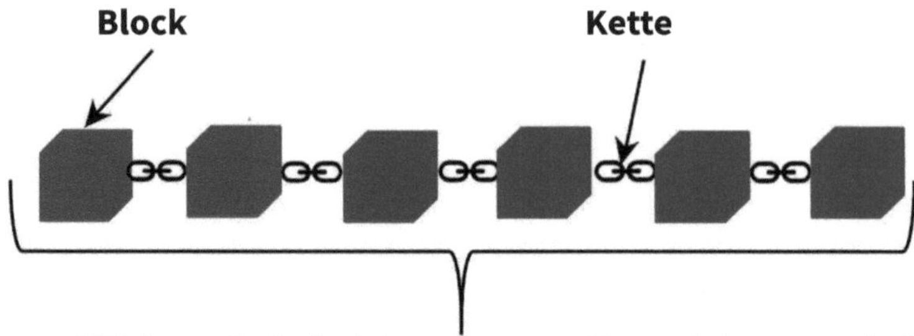

Kette aus Blöcken, die Aufzeichnungen von Transaktionen enthalten

Um die Frage zu beantworten, ob Blockchain dasselbe ist wie DLT, kann man DLT als die Muttertechnologie von Blockchain betrachten. Die Blockchain-Technologie ist nur eine Art von Distributed Ledger, die es geschafft hat, populärer zu werden als die Muttertechnologie. Interessanterweise beginnen einige Kernentwickler, aus dem Schatten der Blockchain herauszutreten, und das erklärt, warum auch immer mehr Menschen daran interessiert sind, den Unterschied zwischen den beiden zu verstehen.

Genau wie die übergeordnete Technologie verfügen alle teilnehmenden Knoten an der Blockchain über eine Kopie des Registers. Jedes Mal, wenn eine neue Transaktion hinzugefügt wird, wird jede einzelne Kopie des Registers in einem bestimmten Blockchain-Netzwerk aktualisiert. Bevor die Transaktionen an das Register angehängt werden, müssen sie verschlüsselt werden. Es gibt auch keine Notwendigkeit für eine zentrale Instanz, die das System verwaltet, genau wie DLT. Dies erklärt, warum es ein dezentrales System ist. Blockchain ordnet die in ihr gespeicherten Daten als Blöcke an, daher auch der Name.

Alle Blöcke sind miteinander verbunden und aus Sicherheitsgründen sind sie auch verschlüsselt. Eine der Eigenschaften der Blockchain ist die Tatsache, dass es unmöglich ist, bestehende Daten zu löschen oder zu verändern. Die Blockchain erlaubt nur das Hinzufügen von Transaktionen, im Gegensatz zu traditionellen Datenbanken. Alle Transaktionen, die in der Blockchain aufgezeichnet werden, existieren in der Historie und niemand kann sie verändern oder löschen. Ähnlich wie DLT ist Blockchain also außerordentlich transparent und aus diesem Grund gibt es Vorhersagen, dass der Blockchain-Markt bis 2024 auf 16 Milliarden Dollar anwachsen wird.

Was ist also der Unterschied zwischen DLT und der Blockchain-Technologie?

Obwohl die beiden Technologien so viele Gemeinsamkeiten haben, gibt es einige Unterschiede. Wie ich bereits erwähnt habe, ist die Distributed-Ledger-Technologie einfach eine Muttertechnologie von Blockchain. Man kann Blockchain auch einfach als eine erweiterte Version der DLT sehen. Die Blockchain-Technologie ist nur eine Version der Distributed-Ledger-Technologie, was erklärt, warum die beiden oft gleichbedeutend verwendet werden. Es ist jedoch falsch, jedes Distributed Ledger als eine Blockchain zu betrachten.

Es ist vergleichbar mit der Situation, in der sich manche Produkte als extrem beliebt erweisen und bekannter werden als ihr übergeordneter Firmenname. Blockchain hat einfach seine Identität erlangt und das liegt vielleicht daran, dass es mit der Schaffung von bitcoin und anderen Kryptowährungen populär wurde. Es gibt auch einige Unterschiede in der Art und Weise, wie DLT funktioniert.

Ein allgemeiner Konsens ist für die Distributed-Ledger-Technologie unerlässlich, aber bei Blockchain können die Entwickler verschiedene Strategien anwenden, um einen Konsens zu erreichen, wie Proof-of-Work, Proof-of-Stake, Delegated Proof of Stake und einige andere. Andere Eigenschaften von Blockchain, die Sie vielleicht nicht wirklich in Distributed Ledger finden, sind:

- ***Reihenfolge***: Alle Blöcke in der Blockchain sind oft in einer bestimmten Reihenfolge angeordnet. Dies ist bei DLT nicht der Fall, da es keine Notwendigkeit für eine bestimmte Reihenfolge der Daten gibt. Eines der Dinge, die Blockchain von anderen DLT-Plattformen unterscheiden, ist die Reihenfolge der Blöcke.
- ***Blockstruktur***: Dies ist vielleicht der bemerkenswerteste Unterschied zwischen Blockchain und DLT. In Blockchain finden Sie Blöcke von Daten und dies ist nicht der Fall bei Distributed Ledger. Ein Distributed Ledger ist nur eine Datenbank, die über verschiedene Knoten verteilt ist. Es ist möglich, die Daten in einem Distributed Ledger auf verschiedene Arten abzubilden.
- ***Konsens*** über den Energieverbrauch: Der jüngste Vorstoß von Elon Musk, der zu einem deutlichen Rückgang des bitcoin-Preises geführt hat, ist auf den Energieverbrauch der bitcoin-Miner zurückzuführen, während die Welt sich mit dem Problem der globalen Erwärmung auseinandersetzt. Die Blockchain-Technologie nutzt den Proof-of-Work-Konsens und andere Mechanismen, aber das verbraucht normalerweise eine Menge Energie. Dies ist bei einem Distributed Ledger anders, da hier keine solche Art von Konsens erforderlich ist und die Systeme relativ besser skalierbar sind.

Jetzt haben Sie einen besseren Blick auf die beiden. Die Blockchain-Technologie kommt mit zusätzlichen Funktionen und übertrifft die der traditionellen Distributed Ledger. Die Blockchain-Technologie kann mehrere Funktionalitäten ausführen, die einige Distributed Ledger nicht ausführen können, wie z. B. Interoperabilität. Wir können getrost sagen, dass die Blockchain-Technologie die Distributed-Ledger-Technologie auf die nächste Stufe hebt.

ARTEN VON BLOCKCHAIN

Wenige Jahre nach der Einführung von Blockchain wäre es schwierig gewesen, über 20.000 Wörter über Blockchain und Kryptowährungen zu schreiben. Mittlerweile können Sie jedoch über 100.000 Wörter eines Buches über Blockchain und Cryptocurrency schreiben. Das liegt daran, dass sich der Bereich Blockchain und Kryptowährung schnell weiterentwickelt und sehr vielfältig geworden ist. Was mit Satoshi Nakamotos Start von bitcoin mit einer öffentlichen Blockchain begann, die auch als die erste Klasse der Blockchain bekannt ist, hat sich zu zahlreichen Anwendungsfällen entwickelt.

Im Allgemeinen wird die Bitcoin-Blockchain als die erste Generation der Blockchain-Technologie angesehen, aber alles hat sich so schnell verändert, dass wir jetzt über drei verschiedene Klassen der Blockchain-Technologie kennen. Jede Art von Blockchain, die es gibt, wurde geschaffen, um mit einer bestimmten Problemstellung umzugehen. Wir sehen jetzt mehr Unternehmen, die nach Wegen suchen, um die Vorteile der Blockchain-Technologie so weit wie möglich zu nutzen.

Bevor wir in die Erkundung der verschiedenen Kategorien von Blockchain eintauchen, müssen wir begreifen, warum wir überhaupt verschiedene Arten benötigen. Der erste populäre Anwendungsfall der

Blockchain war, als sie zusammen mit bitcoin im Jahr 2008 eingeführt wurde. Die Absicht von Satoshi Nakamoto ist immer noch schwer zu eruieren, aber die Verwendung der öffentlichen Blockchain für bitcoin eröffnete den Menschen auch die Möglichkeit, das Konzept der dezentralen Ledger-Technologie zu erkunden.

Das Aufkommen der Distributed-Ledger-Technologie veränderte auch die Art und Weise, wie wir Probleme in unseren Unternehmen lösen, da Organisationen begannen, zu entdecken, dass es möglich ist, mehrere Transaktionen auszuführen, ohne eine zentralisierte Einheit zu benötigen. Während die Distributed-Ledger-Technologie half, einige Herausforderungen der Zentralisierung zu bewältigen, brachte sie auch neue Herausforderungen mit sich, die wir lösen müssen, wenn wir die Blockchain-Technologie auf andere Anwendungsfälle anwenden.

Ein gutes Beispiel ist der Konsens-Algorithmus von Bitcoin (PoW), der ziemlich unwirtschaftlich ist, da er alle teilnehmenden Knoten oder Miner benötigt, um komplexe mathematische Berechnungen zu lösen. Der Prozess des Lösens der Berechnungen erfordert eine gewaltige Menge an Energie. In den frühen Tagen von Bitcoin war der Proof-of-Work-Konsens nicht wirklich ein Problem. Aber mit dem signifikanten Anstieg des Schwierigkeitsgrads der Berechnungen stieg auch der Energie- und Zeitbedarf für die Lösung der Berechnungen sprunghaft an.

Die mit der Zeit zunehmende Unwirtschaftlichkeit dieses Algorithmus machte das gesamte System auf lange Sicht unattraktiv, egal wie ansprechend es auch erscheinen mag. Ein praktisches Beispiel ist die Verwendung dieses Konsensalgorithmus durch Banken. Bei dem hohen Transaktionsvolumen von Banken wäre ein solches System für diese völlig ungeeignet. Weitere Herausforderungen für Blockchains der ersten Generation wie Bitcoin und Ethereum sind die Skalierbarkeit usw.

Ein anderer Blickwinkel

Abgesehen von der Frage des hohen Energiebedarfs der öffentlichen Blockchain und des Proof-of-Work-Konsenses gibt es noch einen anderen Gesichtspunkt zu berücksichtigen. Denken Sie daran, dass öffentliche Blockchains genau so sind, wie es der Name sagt - die Transaktionen sind öffentlich. Jeder kann also die Transaktionen, die stattgefunden haben, leicht einsehen. In Wahrheit können wir alle eine öffentliche Blockchain vielleicht nicht gebrauchen, vor allem Organisationen. Die meisten Unternehmen würden ihre Geschäftstransaktionen nicht durch die Verwendung einer öffentlichen Blockchain der Öffentlichkeit preisgeben wollen. Sie sind vielleicht daran interessiert, einige entscheidende Daten zu verbergen, die den Erfolg ihres Unternehmens sicherstellen, weil ihre Konkurrenten ihre Geschäftsgeheimnisse oder Strategien ausnutzen könnten.

Daraus ergab sich schließlich die Notwendigkeit für eine andere Art von Blockchain. Um mit diesem Problem umzugehen, entstanden zwei neue Arten von Blockchains – private und föderierte Blockchains. Die zahlreichen Nachteile der Blockchains der ersten Generation, wie z. B. Skalierbarkeit und Unwirtschaftlichkeit, führten zur Entdeckung anderer Arten von Blockchains. Auch die öffentliche Blockchain ist nicht für alle Zwecke geeignet, da einige Personen nicht bereit sind, ihre Daten der Öffentlichkeit preiszugeben.

Arten von Blockchain

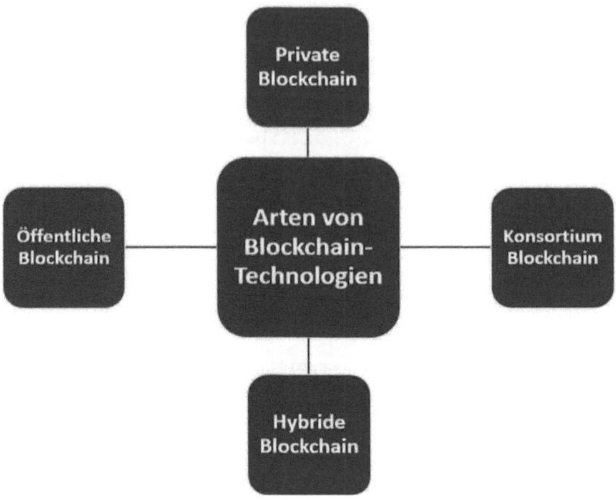

Aufgrund der soeben besprochenen Problemstellungen gibt es die Blockchain-Technologie heute in etwa vier verschiedenen Ausprägungen:

- Öffentlich
- Privat
- Hybrid
- Konsortium/Föderiert

Öffentliche Blockchain

Dies ist die erste bekannte Art von Blockchain und gilt als Permissionless Distribution Ledger Technologie, da es jedem frei steht, sich zu beteiligen und seine Transaktionen durchzuführen. Wir können sie als eine nicht einschränkende Version der Blockchain sehen und da es sich um ein Peer-to-Peer-Netzwerk handelt, kann jeder eine Kopie des Registers besitzen. Da es jedem freisteht, eine Kopie des Registers zu besitzen, können wir auch alle auf die öffentliche Blockchain zugreifen, solange es eine Internetverbindung gibt.

Die öffentliche Bitcoin-Blockchain gehört zweifellos zu den ersten, die das Licht der Welt erblickten, und sie gewährte jedem die Erlaubnis, Transaktionen dezentral auszuführen, solange es eine Internetverbindung gibt. Eine öffentliche Blockchain ist nicht funktionsfähig, wenn sie nicht die erforderlichen teilnehmenden Peers erreicht, die die Transaktionen durchführen.

Obwohl viele Blockchain-Plattformen immer noch eine öffentliche Blockchain verwenden, entwickeln sie alle zusätzliche Funktionen, um sich von anderen Plattformen zu unterscheiden. Gute Beispiele für öffentliche Blockchains sind Litecoin, Bitcoin, NEO und Ethereum.

Vorteile der öffentlichen Blockchain

Trotz einiger ihrer Unzulänglichkeiten haben öffentliche Blockchains in Wahrheit auch bemerkenswerte Vorteile:

- Es kostet nichts, ein Teil der öffentlichen Blockchain zu werden.
- Es besteht kein Bedarf an Vermittlern, damit das System funktioniert.
- Die öffentliche Blockchain schafft Vertrauen unter der gesamten Nutzergemeinschaft.
- Da die verfügbaren Daten zur Überprüfung offen sind, fördert sie auch die Transparenz des gesamten Netzwerks.
- Alle Teilnehmer des öffentlichen Netzwerks haben einen Anreiz, dafür zu sorgen, dass das System immer besser wird.
- Abhängig von der Anzahl der teilnehmenden Knoten sind öffentliche Blockchains oft sehr sicher.

Was sind die Nachteile?

Wie jede andere Sache auf der Welt hat auch die öffentliche Blockchain ihre Tücken. Die erste hat mit der Geschwindigkeit der Transaktion zu tun. Es dauert in der Regel ein paar Minuten und in manchen Fällen sogar Stunden, bis eine Transaktion abgeschlossen ist. Zum Beispiel kann VISA, eine zentralisierte Zahlungsplattform, 24.000 Transaktionen pro Sekunde verarbeiten, und wenn wir das mit Bitcoin vergleichen, das etwa sieben Transaktionen pro Sekunde schafft, dann werden Sie mir zustimmen, dass die Kapazität von Bitcoin extrem niedrig ist. Der Grund für die langsame Transaktionsgeschwindigkeit hat mit den mathematischen Problemen zu tun, die gelöst werden müssen, bevor eine Transaktion abgeschlossen werden kann.

Skalierbarkeit ist ein großes Problem bei einer öffentlichen Blockchain. Aufgrund ihrer Funktionsweise können öffentliche Blockchains nicht unbegrenzt ausgebaut werden, da das Netzwerk immer schwerfälliger wird, je mehr Knoten hinzukommen, und dies macht das Netzwerk auch langsamer. Dieses Problem wird von verschiedenen Blockchain-Netzwerken auf unterschiedliche Weise angegangen. Während Ethereum den Proof of Stake (PoS) Konsens-Mechanismus anstrebt, arbeitet Bitcoin daran, das Netzwerk zu aktivieren, was letztendlich Transaktionen aus der Kette nimmt. Wenn dies letztendlich abgeschlossen ist, wird das Haupt-Bitcoin-Netzwerk skalierbarer und schneller sein.

Ein weiterer Nachteil der öffentlichen Blockchain hat mit dem Energieverbrauch ihrer Konsensmethode zu tun. Momentan verwendet Bitcoin noch PoW, was mehr Energie benötigt. Wie ich bereits erwähnt habe, versucht Ethereum, diese Herausforderung teilweise zu lösen, indem es auf die Verwendung von PoS hinarbeitet.

Anwendungsfälle der öffentlichen Blockchain

Trotz der vielen Herausforderungen, die die öffentliche Blockchain mit sich bringt, gibt es einige beeindruckende Anwendungsfälle und einer davon ist die Wahl. Da Wahlen ein hohes Maß an Transparenz und Vertrauen erfordern, können Regierungen öffentliche Blockchains in der Tat für Wahlen einsetzen. Es ist auch eine hervorragende Lösung für das Fundraising für Organisationen und Initiativen, die das Vertrauen und die Transparenz verbessern wollen.

Private Blockchain

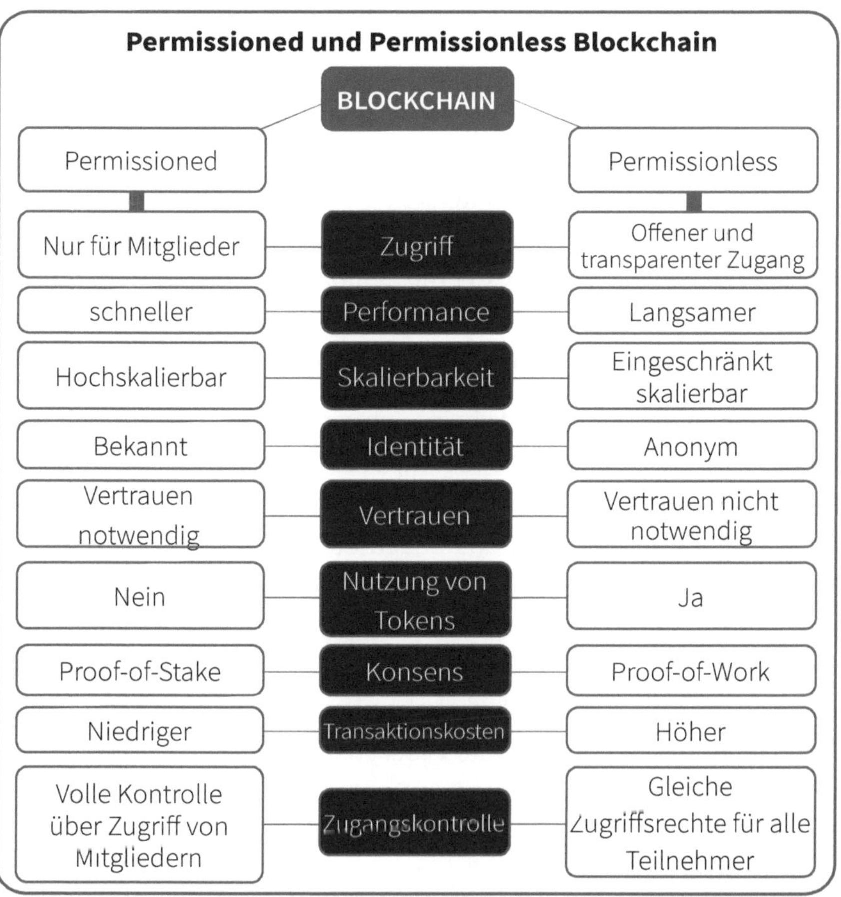

Wie der Name schon sagt, ist diese Art von Blockchain schlichtweg privat und funktioniert in einer geschlossenen Umgebung – einem geschlossenen Netzwerk. Außerdem ist eine private Blockchain gemeinhin als „permissioned“ Blockchain bekannt, was bedeutet, dass ihre Kontrolle in den Händen einer bestimmten Instanz liegt. Vielleicht liegt einer der besten Anwendungsfälle für private Blockchains in privaten Unternehmen, die sie intern nutzen möchten. Wenn sich ein Unternehmen für eine private Blockchain entscheidet, dann erlaubt es einer bestimmten Anzahl von Teilnehmern den Zugriff auf das Netzwerk. Das Unternehmen kann sogar noch einen Schritt weiter gehen, indem es die Ebenen der Autorisierung, der Zugänglichkeit usw. für jeden Benutzer des Netzwerks festlegt.

Was genau sind die Hauptmerkmale, die die öffentliche und die private Blockchain voneinander unterscheiden? Der Hauptunterschied zwischen den beiden liegt in der Zugänglichkeit. Abgesehen von der Art und Weise, wie auf sie zugegriffen wird, bieten beide Arten von Blockchain den Benutzern ähnliche Funktionen, da sie den Teilnehmern Sicherheit, Vertrauen und Transparenz bieten können.

Eine Permissioned Blockchain unterscheidet sich von der Permissionless Blockchain dadurch, dass sie ein wenig zentralisiert erscheint. Da es eine Instanz gibt, die für das Netzwerk verantwortlich ist, ist sie zentralisiert und das bedeutet theoretisch auch, dass sie nicht dezentralisiert ist. Ich muss darauf hinweisen, dass, obwohl man eine private Blockchain eine Permissioned Blockchain nennen kann, das Konzept der Permissioned Blockchain ziemlich weit gefasst ist und sogar auch in öffentlichen Blockchains verwendet werden kann. Einige gelungene Beispiele für private Blockchain sind Hyperledger Fabric, Corda, Multichain und Hyperledger Sawtooth.

Vorzüge der privaten Blockchain

- Einer der markanten Vorteile dieser Art von Blockchain ist die Geschwindigkeit – sie sind schnell. Die höhere Geschwindigkeit privater Blockchains resultiert aus den wenigen beteiligten Teilnehmern. Das Netzwerk kann in kürzerer Zeit einen Konsens erreichen und dies führt zu schnelleren Transaktionen.
- Ein weiterer großer Vorteil von privaten Blockchains ist, dass sie besser skalierbar sind. Nur wenige Knoten sind berechtigt, Transaktionen in privaten Blockchains zu validieren, und das macht sie skalierbarer. Unabhängig davon, wie sehr das Netzwerk wächst, funktioniert es also weiterhin mit seiner ursprünglichen Leistungsfähigkeit und Geschwindigkeit. Der entscheidende Faktor ist hier die zentralisierte Instanz, die eine schnellere Entscheidungsfindung gewährleistet.

Gibt es Nachteile?

Natürlich bringt sie auch einige Nachteile mit sich. Es handelt sich nicht wirklich um eine dezentrale Blockchain und das wird von vielen als die größte Herausforderung der privaten Blockchain gesehen. Die Tatsache, dass sie nicht dezentralisiert ist, widerspricht der Philosophie der Blockchain- oder Distributed-Ledger-Technologie. Es ist oft eine Herausforderung, Vertrauen innerhalb der privaten Blockchain zu erreichen, da diejenigen, die das Sagen haben, die zentralisierten Knoten sind.

Eine weitere Herausforderung bei der privaten Blockchain hat mit dem Einfluss der Anzahl der Knoten zu tun. Es gibt nur wenige Knoten und das senkt das Sicherheitsniveau dieser Art von Blockchain. Wenn eine bestimmte Anzahl von Knoten aus der Reihe tanzt oder ausfällt, kann dies den Konsensmechanismus, der vom privaten

Blockchain-Netzwerk verwendet wird, gefährden und schließlich zu Sicherheitsproblemen führen.

Anwendungsfälle

Es gibt zahlreiche Anwendungsfälle für private Blockchains und hier sind einige davon:

- Interne Abstimmungen: Sie eignet sich für interne Abstimmungen in einer Organisation.
- Lieferkettenmanagement: Unternehmen können eine private Blockchain einsetzen, um ihre Lieferkette zu verwalten, und wir werden uns in Kapitel 10 verschiedene Möglichkeiten ansehen, wie die Blockchain die Lieferkette verbessern kann.
- Vermögensverwaltung: Mit einer privaten Blockchain können auch Vermögenswerte verfolgt und überprüft werden.

Konsortium/Föderiert

Die dritte Kategorie der Blockchain-Technologie ist die Konsortium- oder föderierte Blockchain. Diese Klasse der Blockchain entstand als kreativer Ansatz, um die Bedürfnisse einer Organisation zu lösen, insbesondere wenn eine Organisation die gemeinsamen Funktionen von öffentlicher und privater Blockchain benötigt. Während also einige Aspekte eines Unternehmens öffentlich gemacht werden, kann das Unternehmen andere Aspekte privat stellen. Auch die Konsensverfahren dieser Kategorie von Blockchain werden von vordefinierten Knoten gehandhabt.

Obwohl sie nicht vollständig öffentlich zugänglich ist, besitzt diese Blockchain dennoch eine dezentrale Struktur. Der Grund, warum sie trotzdem ein dezentrales System beibehält, ist, dass viele Organisationen an der Verwaltung einer Konsortium-Blockchain beteiligt sind. So kann keine einzelne oder zentralisierte Stelle Entscheidungen treffen. Ein weiteres Merkmal einer Konsortium-Blockchain, das dazu beiträgt, die ordnungsgemäße Funktionalität zu gewährleisten, ist das Vorhandensein eines Validierungsknotens, der zwei verschiedene Aufgaben erfüllen kann – Transaktionen initiieren oder empfangen und auch Transaktionen überprüfen.

Umgekehrt kann ein Mitgliedsknoten Transaktionen initiieren und empfangen. Sie sehen also, dass eine Konsortium-Blockchain den Nutzern alle einzigartigen Eigenschaften einer privaten Blockchain wie Effizienz, Privatsphäre und Transparenz bietet, ohne dabei die Kontrolle in die Hände einer zentralisierten Einheit zu legen. Beispiele für diese Art von Blockchain sind IBM Food Trust, Marco Polo und Energy Web Foundation.

Einige Vorteile der Konsortium-Blockchain

Selbstverständlich können Nutzer dieser Art von Blockchain die Vorteile nutzen, die eine private Blockchain zu bieten hat. Einige von ihnen sind:

- Sie weisen eine bessere Skalierbarkeit auf und sind sicherer.
- Konsortium-Blockchains bieten auch eine hervorragende Anpassbarkeit und Kontrolle über Ressourcen.
- Sie arbeiten mit etablierten Governance-Strukturen.
- Im Vergleich zu öffentlichen Blockchain-Netzwerken haben sich Konsortium-Netzwerke als effizienter erwiesen.

Auf der Kehrseite stellt uns die Konsortial-Blockchain vor einige Herausforderungen und eine davon hat mit ihrer Transparenz zu tun. Sie ist nicht so transparent wie die öffentliche Blockchain. Auch wenn sie sicher ist, ist es möglich, das gesamte Netzwerk durch ein

Integritätsproblem eines Mitglieds zu gefährden. Die Funktionalität des gesamten Netzwerks könnte auch durch Regularien und Zensur beeinflusst werden. Schließlich ist sie im Vergleich zu anderen Arten von Blockchains weniger anonym.

Anwendungsfälle

Beispiele für herausragende Anwendungsfälle der Konsortialblockchain sind:

- Forschung – Wir können Konsortium-Blockchains in der Zusammenarbeit verwenden, um Forschungsdaten und -ergebnisse zu teilen.
- Ein weiteres Einsatzgebiet sind das Bankwesen und der Zahlungsverkehr. Es ist zum Beispiel möglich, dass mehrere Finanzinstitute ein Konsortium gründen und sich auf die Knoten einigen, die alle Transaktionen überprüfen.
- Ein weiterer geeigneter Anwendungsfall der Konsortium-Blockchain ist die Nachverfolgung von Lebensmitteln.

Hybride Blockchain

Dies ist die letzte Variante der Blockchain, die wir besprechen werden, und in gewisser Weise (da sie viele Gemeinsamkeiten haben) könnte diese Art von Blockchain wie die Konsortium-Blockchain erscheinen, aber es gibt mehrere Unterschiede. Sie können die Hybrid-Blockchain einfach als eine Kombination aus der privaten und öffentlichen Blockchain sehen. Sie wird oft von Organisationen verwendet, die nicht bereit sind, eine öffentliche Blockchain oder eine private Blockchain einzusetzen, sondern nur daran interessiert sind, das Beste von beidem zu nutzen. Zwei gute Beispiele für hybride Blockchain sind die Hybrid-Blockchain von XinFin und Dragonchain.

Hauptvorteile der Hybrid-Blockchain

Zu den wichtigsten Vorteilen dieser Blockchain gehören:

- Die Teilnehmer können die Regeln des Netzwerks nach ihren Bedürfnissen ändern.
- Sie läuft in einem geschlossenen Ökosystem, was bedeutet, dass nicht alles öffentlich gemacht wird.
- Obwohl sie immer noch mit einem öffentlichen Blockchain-Netzwerk verbunden ist, bietet die Hybrid-Blockchain dennoch Privatsphäre.
- Diese Art von Blockchain ist zu 51 Prozent vor Angriffen geschützt.
- Im Vergleich zu einem öffentlichen Netzwerk bietet sie eine hervorragende Skalierbarkeit.

Trotz der zahlreichen Vorteile weist sie immer noch einige Nachteile auf, und einer davon ist, dass sie nicht völlig transparent ist. Es ist oft sehr schwierig, auf das hybride Netzwerk umzurüsten. Schließlich gibt es für die teilnehmenden Knoten keine wirklichen Anreize, zur Wartung des Netzwerks beizutragen.

Anwendungsfälle

Es gibt Bereiche, in denen die hybride Blockchain gut funktionieren kann:

- **Immobilien:** Eine der Möglichkeiten, ein hybrides Netzwerk zu nutzen, ist für Immobilienzwecke. In diesem Fall können Immobilienfirmen ihre internen Systeme mit der privaten Funktion der hybriden Blockchain betreiben, während die öffentliche Funktion verwendet wird, um Informationen für die Öffentlichkeit anzuzeigen. Märkte, die stark reguliert sind, wie Finanzmärkte, finden hybride Blockchains sehr nützlich.

- **Einzelhandel:** Auch der Einzelhandel kann seine Prozesse mit hybrider Blockchain rationalisieren.

Welche Blockchain ist für Sie die richtige?

Es gibt wirklich keine einfache Antwort auf diese Frage, da jede einzelne Blockchain besondere Eigenschaften hat. Hier ist jedoch ein einfacher Leitfaden, der Ihnen die Entscheidung erleichtern soll.

Wann man eine öffentliche Blockchain in Betracht ziehen sollte

Da es jedem erlaubt ist, dem öffentlichen Blockchain-Netzwerk beizutreten und auf die Informationen zuzugreifen, eignet sich diese Art von Blockchain für Unternehmen, die viel Wert auf Transparenz und Vertrauen legen. Auch Organisationen wie soziale Gruppen oder NGOs können von einer öffentlichen Blockchain profitieren.

Die öffentliche Natur dieses Netzwerks impliziert jedoch auch, dass es für Unternehmen, die im privaten Sektor tätig sind, nicht geeignet ist. Der Grund dafür liegt auf der Hand, denn kein Unternehmen würde gerne seine privaten Informationen der Öffentlichkeit zugänglich machen. Auch die kostspielige Beschaffenheit der öffentlichen Blockchains macht sie weniger attraktiv für Unternehmen, die daran interessiert sind, Kosten zu senken und Gewinne zu steigern. Für diejenigen, die eine globale Kryptowährung wie bitcoin aufbauen wollen, ist diese Art von Blockchain eine gute Wahl.

Was ist mit der privaten Blockchain?

Diese Art von Blockchain ist das Gegenteil der öffentlichen Blockchain, sodass das erste Hauptmerkmal des Netzwerks die Privatsphäre ist. Jedes Unternehmen, das ein privates Netzwerk aufrechterhalten möchte, aber dennoch die einzigartigen Vorteile der Distributed-Ledger-Technologie genießen will, kann die private Blockchain sehr nützlich finden. In Anbetracht der zentralisierten Beschaffenheit von privaten Blockchains, ist ein Unternehmen, das diese Art von Blockchain verwendet, für das Netzwerk verantwortlich und verhindert, dass die Öffentlichkeit Zugang zu sensiblen Informationen erhält.

Ein Unternehmen, das das private Blockchain-Netzwerk nutzt, kann auch die wichtigsten Funktionen der Distributed-Ledger-Technologie nutzen und den Mitgliedern der Organisation eine ausgezeichnete Möglichkeit bieten, durch Sicherheit und Unveränderlichkeit Vertrauen aufzubauen. Außerdem ist es für das Unternehmen möglich, Regeln aufzustellen und die Aktivitäten des Unternehmens auf der Grundlage ihrer spezifischen Bedürfnisse zu koordinieren.

Für wen ist das Netzwerk einer Konsortium Blockchain geeignet?

Bei der Konsortium-Blockchain wird der Betrieb von einer Reihe von Organisationen oder Knoten kontrolliert, anstatt eines dezentralen Netzwerks oder eines zentralen Knotens. Die Tatsache, dass das Netzwerk über vorausgewählte Knoten verfügt, macht es zu einer hervorragenden Wahl für alle, die nach einer Lösung suchen, die Zusammenarbeit erfordert. Lieferkettenunternehmen, Medizin, Lebensmittel usw. sind einige gute Beispiele für Branchen, die die Verwendung von Konsortium-Blockchain in Betracht ziehen sollten, da sie eine übergreifende Zusammenarbeit erfordert.

Hybride Blockchain

Sind Sie daran interessiert, die Vorteile von öffentlicher und privater Blockchain mit den geringsten Nachteilen zu genießen? Wenn Sie mit Ja geantwortet haben, dann ist die hybride Blockchain die beste Wahl für Sie. Obwohl sie immer noch einige Nachteile hat, wie alles andere auch, fallen diese recht gering aus. Für aufstrebende Geschäftsmodelle ist sie die perfekte Wahl.

KAPITEL 3

HAUPTKOMPONENTEN VON BLOCKCHAIN

Wie ich bereits erklärt habe, handelt es sich bei Blockchain einfach um eine Art Distributed-Ledger-Technologie. Es gibt keine zentralisierte Verwaltung von Daten; stattdessen werden Daten auf der Grundlage eines Konsenses von jedem teilnehmenden Knoten im Netzwerk anerkannt. Eine Blockchain besteht aus mehreren Bestandteilen, und wenn Sie jede dieser Komponenten und ihre Rolle verstehen, erhalten Sie ein klareres Bild davon, wie die Blockchain funktioniert, unabhängig von der Art der Blockchain.

Knotenpunkte

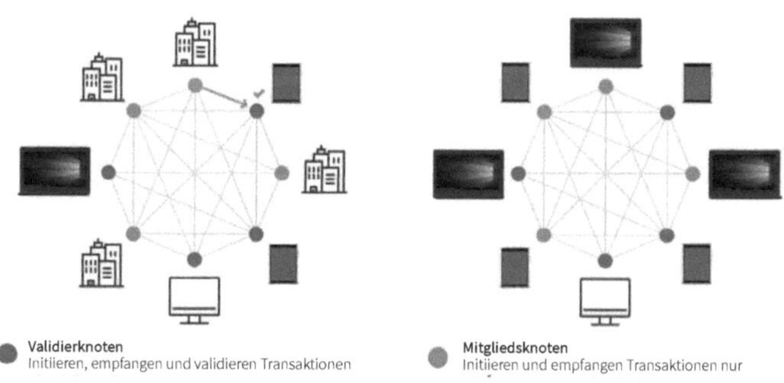

Sie stellen einen wesentlichen Bestandteil eines Blockchain-Netzwerks dar, da sie die ordnungsgemäße Verteilung von digitalen Daten in einem Peer-to-Peer-Netzwerk sicherstellen. Wie bereits erwähnt, handelt es sich dabei einfach um Computer, die eine Kopie der Blockchain-Datenbank besitzen. Es gibt jedoch zwei Varianten von Knoten; wir haben Validierer- oder Vollknoten und Mitglieds- oder Teilknoten. Die Validierungsknoten sind diejenigen, die eine vollständige und aktualisierte Kopie jeder einzelnen Transaktion in einem bestimmten Blockchain-Netzwerk verwalten. Der Validierer-Knoten kann jede Transaktion im Netzwerk überprüfen, akzeptieren oder sogar ablehnen.

Auf der anderen Seite halten Teil- oder Mitgliedsknoten nicht die vollständige Kopie des Blockchain-Ledgers. Der leichte Knoten verwaltet lediglich den Hash-Wert von Transaktionen und kann nur mit dem Hash-Wert auf diese Transaktionen zugreifen. Die Speicher- und Rechenleistung der Mitgliedsknoten ist im Gegensatz zu den Validierungsknoten gering.

Ledger

Die erste Komponente, die wir besprechen werden, ist der Ledger, zu Deutsch „Register“, das die meisten Menschen kennen, aber ein Blockchain-Ledger ist eine elektronische Aufzeichnung mehrerer Transaktionen. Obwohl Vermögenswerte einen entscheidenden Teil der Transaktionen ausmachen, ist das Ledger noch keine Sammlung von Vermögenswerten. Stattdessen speichert es eine Aufzeichnung jeder Transaktion der Vermögenswerte. So können wir mit einem Distributed Ledger jede Transaktion mit einem Vermögenswert wie Bitcoin aufzeichnen und nicht nur Bitcoin. Um den Ledger zu erstellen, baut die Blockchain-Technologie eine fortlaufende und chronologische Kette von Blöcken auf. Außerdem kann sie, wie im Fall von Ethereum und Hyperledger, eine Sammlung von Codes aufzeichnen, die als Smart Contracts bekannt sind.

Transaktionen, Blöcke und Ketten

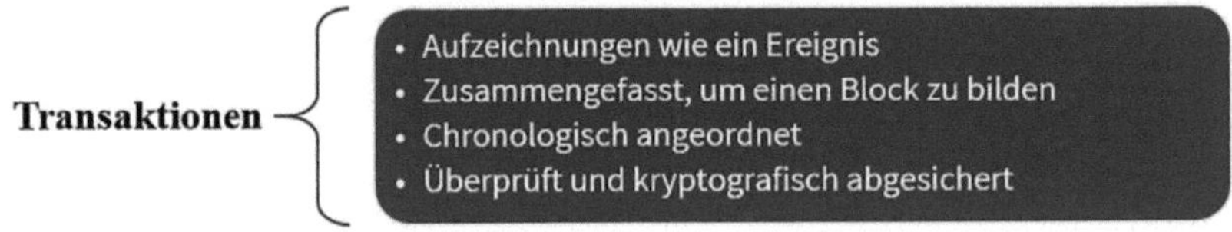

In obiger Grafik können wir Transaktionen ausmachen, die:

- Aufzeichnungen wie beispielsweise eines Ereignisses darstellen
- Chronologisch geordnet sind
- Kryptografisch überprüft und abgesichert sind
- Zu einem Block gebündelt sind

Wie bereits erwähnt, besteht ein Block einfach aus einer Reihe von Transaktionen, die alle gruppiert werden, bevor sie zu einer Kette anderer Blöcke hinzugefügt werden. Daher stammt auch der Name Blockchain. Da alle Blöcke miteinander verkettet sind, wird jedem neuen Block ein Verweis auf eine spezielle Kennung des vorherigen Blocks zugewiesen, die als kryptografischer Hash bekannt ist. Einem Block können eine oder mehrere Transaktionen hinzugefügt werden, was bedeutet, dass wir praktisch mehrere Transaktionen zu einem einzigen Block zusammenfassen können, auch Batching genannt.

Das Ziel des Batching von Transaktionen ist es, die Durchsatzrate von Transaktionen für verschiedene Blockchain-Plattformen mit einer bestimmten Durchsatzrate des Blocks zu erhöhen. Einzelheiten, die Sie in jedem Block finden, sind:

- ***Timestamp***: Dies bezieht sich auf den Zeitstempel jedes einzelnen Blocks, der der Kette hinzugefügt wird.
- ***Vorheriger kryptographischer Hash:*** Dies ist eine eindeutige Kennung, die als Hash bekannt ist und vom vorherigen Block referenziert wird.
- ***Nonce***: Die nur einmal verwendete Nummer (Nonce) ist die kryptografische Prüfzahl, die alle teilnehmenden Knoten auflösen, um einen neuen Block einreichen zu können. Die Nonce ist eigentlich ein gehashter Block; wenn er einmal gehasht wurde, erfüllt er die Beschränkungen des Schwierigkeitsgrads.
- ***Merkle Root Hash:*** Ein Block enthält auch den Merkle-Tree-Wurzelhash für jede Transaktion, die dem Block hinzugefügt wurde.

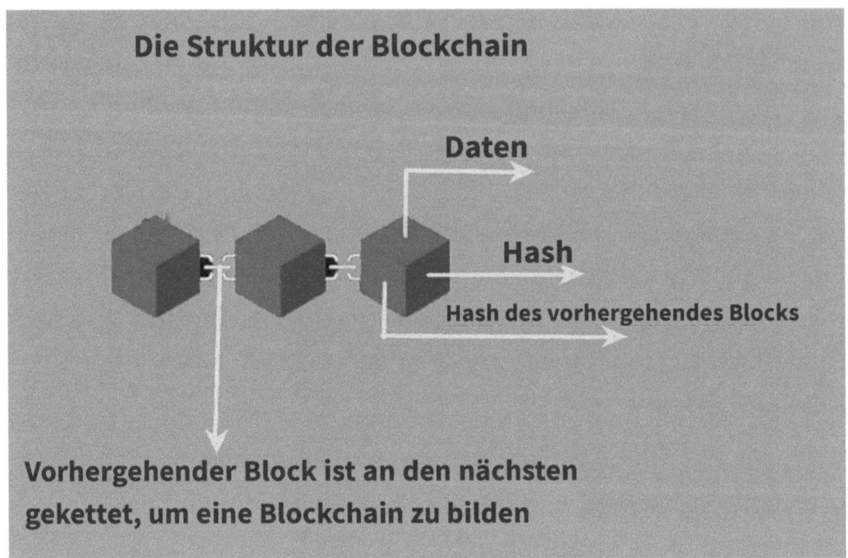

Wallet

Im Blockchain-Bereich bezieht sich eine Wallet, also eine Brieftasche, auf eine Software, die es Benutzern ermöglicht, die Einzelheiten ihrer Kryptowährung zu speichern. Jeder Knoten im Netzwerk benötigt also eine Wallet und die Sicherheit der Wallet wird durch die öffentlichen und privaten Schlüssel gewährleistet. Es gibt zwei Kategorien von Wallets im Kryptowährungsbereich:

- ***Hot Wallet:*** Dies bezieht sich auf Wallets, die wir täglich für verschiedene Transaktionen verwenden. Hot Wallets sind mit dem Internet verbunden und dies setzt sie auch Hackern aus, die über das Internet Zugriff auf die Wallets erhalten können. Es gibt verschiedene Arten von Hot Wallets und dazu gehören Online/ Web Wallets.

  Diese Art von Wallets ist Cloud-basiert, was bedeutet, dass Sie, solange Sie Zugang zum Internet haben, mit Ihrem Smartphone eine Verbindung herstellen können. MetaMask und MyEther Wallet sind zwei gute Beispiele für Online-Wallets. Auch Desktop und mobile Wallets gehören zu dieser Klasse. Sie können diese Art von Wallet auf Ihren Laptop oder Ihr Smartphone herunterladen, was auch bedeutet, dass Sie die volle Kontrolle über die Wallet haben. Mycelium, Coinomi sind zwei Beispiele für Software-Wallets.

- ***Cold Wallet:*** Die zweite Art von Wallets wird oft als kalter Speicher oder Wallet bezeichnet und das liegt daran, dass sie in keiner Weise mit dem Internet verbunden sind. Cold Wallets sind im Allgemeinen die sicherste Form von Wallets, da es für Hacker äußerst schwierig ist, auf sie zuzugreifen. Cold Wallets können in Form von Hardware- oder Papier-Wallets auftreten. Papier-Wallets sind komplett offline und die Einzelheiten der Wallet werden auf einem Stück Papier festgehalten. Zu den Einzelheiten der Papier-Wallet gehören die Adresse der Kryptowährung sowie ein privater Schlüssel, der als QR-Code gespeichert ist. Eine Hardware-Wallet ist, im Gegensatz zu einer Papier-Wallet, ein elektronisches Gerät. Es verwendet einen Zufallszahlengenerator, der mit der Wallet verbunden ist.

Nonce

Nonce ist einer der Bestandteile der Blockchain, der ihre Sicherheit durch Kryptographie gewährleistet. Der Begriff „Nonce" ist eine verkürzte Form von „Zahl, die nur einmal verwendet wird" („number only used once"). Er bezieht sich auf eine Zahl, die zu einem verschlüsselten oder gehashten Block in einer Blockchain hinzugefügt wird, der die Anforderungen an den Schwierigkeitsgrad erfüllt, sobald er erneut gehasht wird. Eigentlich ist das, was Miner in einer Blockchain wie der Bitcoin-Blockchain auflösen, die Nonce und in dem Moment, in dem sie die Nonce entdecken, erhalten Miner Belohnungen in Form von Kryptowährung für ihre Bemühungen. Wenn ein Miner die mathematischen Berechnungen löst, wird er für sein Können und seine Zeit belohnt.

Allerdings ist es oft sehr schwer, die Nonce zu finden, und in der Blockchain-Technologie ist diese Schwierigkeit eine Strategie, um Kryptowährungs-Miner, die nicht sehr geschickt sind, auszuschließen. Sich am Mining-Prozess zu beteiligen, erfordert eine außergewöhnliche Rechenleistung, um die Nonce aufzulösen. Abgesehen von Blockchain und Kryptowährung gibt es weitere Bereiche, die Nonce verwenden, wie z. B. die beliebte Zwei-Faktor-Authentifizierung, die Authentifizierung für Einkäufe, elektronische Signaturen und andere Formen der Kontowiederherstellung und Identifizierung.

Kryptografie

Im Gegensatz zu traditionellen Institutionen wird Vertrauen in der Blockchain-Technologie ohne eine zentrale Instanz erreicht. Stattdessen wird das Vertrauen über Kryptografie und Konsens hergestellt. Die Funktion der Kryptografie besteht darin, die Bürde des gegenseitigen Vertrauens von dritten Parteien auf kryptografische Algorithmen zu verlagern. Kryptografie hilft dabei, Daten zu verschlüsseln und sicherzustellen, dass Dritte oder externe Beteiligte nicht in der Lage sind, eine bestimmte Nachricht zu entschlüsseln. Wir können also sagen, dass Kryptografie einen vertraulichen Zwei-Wege-Austausch ermöglicht, bei dem jede Partei die Chiffre frei verschlüsseln oder entschlüsseln kann, bevor sie auf die eigentliche Nachricht zugreifen kann.

Kryptografie hilft auch bei der Überprüfung der Vollständigkeit der Daten in der Blockchain. Um eine verschlüsselte Version einer

Nachricht zu erstellen, die auch als Chiffre bezeichnet wird, verwendet der kryptografische Algorithmus die Nachricht und den Schlüssel. Ein Sender und ein Empfänger können die verschlüsselte Version der Nachricht oder die Chiffre austauschen.

Kryptographie mit öffentlichem Schlüssel

DiePublic-Key-KryptografieinderDistributed-Ledger-Technologiedient neben der Benutzerauthentifizierung über digitale Signaturen auch der Überprüfung von Daten. Wir können die Benutzerauthentifizierung über eine Kombination aus öffentlichem und privatem Schlüssel eines Benutzers durch das so genannte „Public Key Infrastructure" (PKI) Framework erreichen. In der Kryptografie ist ein öffentlicher Schlüssel ein Abbild der öffentlichen Identität eines Benutzers und er kann ihn mit anderen Benutzern im Netzwerk teilen.

Jeder Benutzer auf einer Blockchain-Plattform besitzt einen privaten Schlüssel, der in einem digitalen Wallet gespeichert ist. Ein privater Schlüssel enthält die Informationen über die privaten Anmeldedaten eines Benutzers. Mathematische Algorithmen werden verwendet, um die Kopplung dieser öffentlichen und privaten Schlüssel zu erzeugen, und sie stellen sicher, dass wir eine Nachricht verschlüsseln und entschlüsseln können. Es ist auch möglich, die öffentlichen und privaten Schlüssel so zu verwenden, dass die Anonymität der Benutzer gewahrt bleibt.

Der öffentliche Schlüssel ist oft allen Beteiligten bekannt – dem Absender und dem Empfänger. Aber nur der Absender kennt den privaten Schlüssel. Wenn er eine Nachricht an den Empfänger sendet, macht der Absender die Nachricht durch Verschlüsselung mit mathematischen Formeln unlesbar (Chiffretext). Damit ist ein ausreichender Schutz der Daten gewährleistet und der Empfänger kann den „Chiffretext" nur mit dem privaten Schlüssel entschlüsseln und in einen lesbaren Text umwandeln.

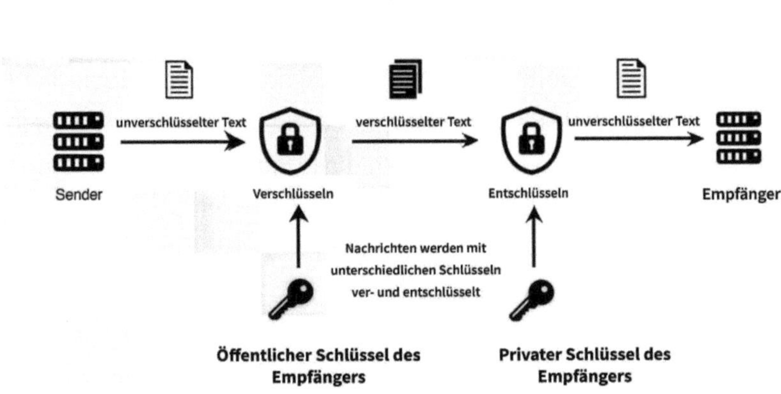

Hash-Funktionen

Die Blockchain-Technologie nutzt eine besondere Art der Kryptografie, die als kryptografisches Hashing bekannt ist. Eine mathematische Funktion erzeugt einen Hash-Code, indem sie ein digitales Objekt verwendet und eine feste Zeichenfolge aus Zahlen und Buchstaben (32 Zeichen) generiert, um den Hash-Code darzustellen. Ein gutes Beispiel ist eine Transaktion, die als d7w0993waty9n33234qw949g-02b9o34238878501032ff2si04d3d99sq93jzwa9 dargestellt wird.

Die Kryptographie wird unter anderem für die einseitige Umwandlung verwendet, die zur Erstellung von verschlüsselten Daten oder Hashes führt. Die an einer Transaktion beteiligten Parteien können den erzeugten Hash teilen, aber sie können ihn nicht entschlüsseln. Mathematisch gesehen gibt es keine Möglichkeit, den kodierten Hash erfolgreich zu entschlüsseln oder zurückzuentwickeln. Dies macht auch die Ableitung der Eingangsnachricht, die bei der Erstellung eines Hash-Codes verwendet wurde, aus dem Hash-Code selbst unpraktikabel.

Die Distributed-Ledger-Technologie nutzt das kryptografische Hashing, um sicherzustellen, dass es möglich ist, Daten zu überprüfen, ohne wirklich zu wissen, was die Daten enthalten. Durch den Abgleich und die Bestätigung, dass der berechnete Hash übereinstimmt, können also alle Beteiligten oder Parteien, die an der Transaktion beteiligt sind, die Daten überprüfen. Eigentlich besteht eine der Kernfunktionen von Hashes darin, die unveränderlichen Eigenschaften von Blockchains zu bewahren. Es ist recht einfach, Änderungen an einer Blockchain zu erkennen, da jede Änderung am ursprünglichen Objekt schließlich einen neuen Hash erzeugt.

Jeder einzelne Block ist ein Hash-Code, der als Kombination aus den Daten des Blocks und dem Hash-Code des vorherigen Blocks berechnet wird. Auf diese Weise werden Hash-Codes verkettet. Es ist nicht schwierig, Hash-Codes zu berechnen, und alle Teilnehmer können leicht überprüfen, dass niemand irgendeine Art von Veränderung an den Daten vorgenommen hat. Die Kette von Hash-Codes wird sofort ungültig, wenn versucht wird, die Daten eines bestimmten Blocks zu löschen oder zu verändern, und die Teilnehmer können solche Änderungen leicht erkennen.

Merkle Trees

Die Funktion der Merkle-Trees ist es, das Datenvolumen in jedem Blockchain-Netzwerk zu reduzieren und auch die effiziente Überprüfung der Daten auf der Blockchain sicherzustellen. Jeder Block speichert einen Merkle-Wurzel Hash, der durch Hashing von Transaktionsdaten erstellt wird. Die Transaktionsdaten werden ebenfalls zu einem Teil des Blocks. Der Merkle-Wurzel-Hash dient unter anderem dazu, die Überprüfung von Transaktionen zu beschleunigen. Anstatt alle Daten in einem Block zu überprüfen, ist es möglich, eine Transaktion zusätzlich zu den betreffenden Hash-Werten zu senden. Jeder überprüfende Computer oder Knoten kann nun die Hash-Werte für die Daten berechnen und auch die Gültigkeit einer Transaktion bestätigen, ohne dass dazu alle Daten des Blocks benötigt werden.

Die Funktionsweise von Blockchain-Netzwerken

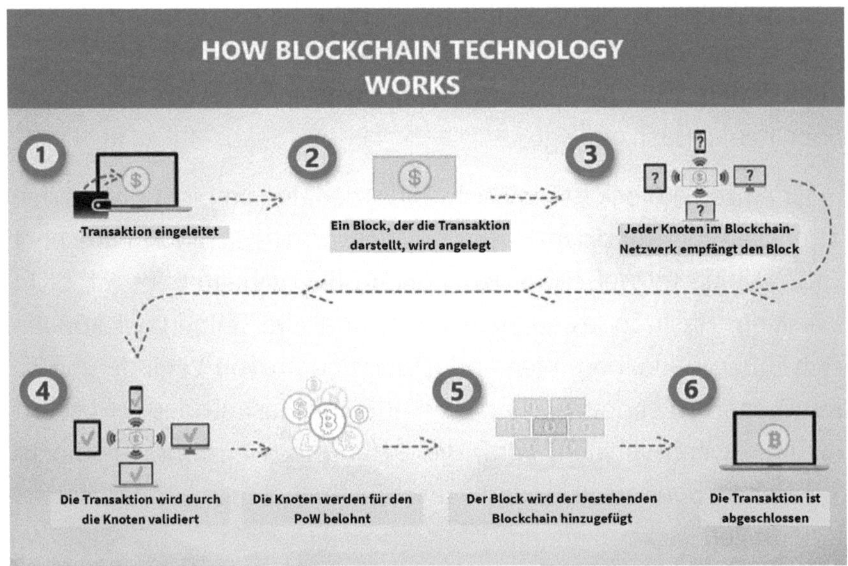

Jedes Blockchain-Netzwerk besteht aus Netzwerkteilnehmern, Computer oder Knoten, auf denen das digitale Register in der Regel gespeichert, von Zeit zu Zeit aktualisiert und gepflegt wird. Im Laufe dieses Buches werden Sie sicherlich auf das Wort „Knoten" stoßen, und damit sind einfach die Computer in einem Blockchain-

Netzwerk gemeint. Jeder teilnehmende Knoten im Netzwerk hat eine gemeinsame Kopie des Ledgers und synchronisiert sich ständig mit jedem anderen Knoten im Netzwerk.

Das letztendliche Ziel des Netzwerks von Knoten ist es, einen Konsens zu schaffen und sicherzustellen, dass jede Kopie des gemeinsamen Ledgers über verschiedene Knoten hinweg einheitlich und gültig ist. Die Knoten überprüfen auch jeden neuen Block, der zum Register hinzugefügt wird. Jedes Netzwerk wird durch bestimmte Konsens-Algorithmen oder Protokolle geregelt, die helfen, die Art und Weise zu definieren, wie jeder Knoten im Netzwerk kommuniziert und mit anderen interagiert. Wenn der Konsens erreicht ist, muss jeder Knoten seine Kopie des gemeinsamen Ledgers basierend auf den festgelegten Konsensprotokollen des Blockchain-Netzwerks synchronisieren.

Das spezifische Konsensprotokoll eines jeden Netzwerks wird in der Regel durch die Plattform bestimmt, die für die Umsetzung des Netzwerks verwendet wurde. Erst der Konsens eines Netzwerks garantiert die Einheitlichkeit und Gültigkeit jeder Kopie der Blockchain auf den teilnehmenden Knoten. Es gibt verschiedene Arten von Blockchain-Netzwerken, von denen wir uns einige in Kürze ansehen werden.

Warum also werden Blockchains wie die Bitcoin-Blockchain als „Peer-to-Peer"-Netzwerk bezeichnet? Der Ausdruck „verteilt" in der Distributed-Ledger-Technologie zeigt, dass die Technologie eine Peer-to-Peer-Netzwerkstruktur verwendet. Im Gegensatz zu einem zentralen Server-Netzwerk sind die Knoten in einem P2P-Netzwerk alle miteinander verbunden, anstatt sich mit einem zentralen Server zu verbinden. Es gibt keine Notwendigkeit für Dritte wie eine Verrechnungsstelle oder Banken, um eine Transaktion zu verarbeiten.

Dezentrale Speicherung

Einer der wichtigsten Aspekte der Blockchain-Technologie ist, dass es sich im Wesentlichen um eine Art der Datenspeicherung handelt, die sich von der traditionellen Datenbank unterscheidet, die die meisten von uns schon so lange kennen. Auch sind ihre Eigenschaften nicht die gleichen wie die der gängigen Datenbanken, die wir alle kennen. Wenn man die verschiedenen Anwendungsfälle der Blockchain-Technologie in Betracht zieht, ist es entscheidend, die Unterschiede zwischen herkömmlichen Datenbanken und einem verteilten Speicher zu verstehen. So lässt sich leicht feststellen, ob die Distributed-Ledger-Technologie für Ihre Bedürfnisse geeignet ist.

Digitale Ledger dienen dazu, unsere Transaktionen zu speichern, die wir dann später hinsichtlich verschiedener Eigenschaften der einzelnen Blöcke abfragen können. Wie also werden die Daten gepflegt und gespeichert? Die ordnungsgemäße Speicherung und Pflege der Daten wird dadurch erreicht, dass mehrere Kopien des gemeinsamen digitalen Registers auf verschiedenen Knotenpunkten vorhanden sind. Jeder teilnehmende Knoten im Netzwerk hat eine Kopie des gemeinsamen Ledgers.

Die Netzwerkknoten können sich nur über ein Konsensprotokoll des Netzwerks auf die gültigen Transaktionsblöcke einigen. Das Konsensprotokoll, das von jedem Netzwerk verwendet wird, ist einzigartig für die Plattform, und nur wenn sich die Knoten einvernehmlich auf die Gültigkeit eines Blocks einigen, fügen sie ihn dem gemeinsamen Ledger hinzu und synchronisieren auch jede einzelne Kopie des Ledgers entsprechend. Genau diese einzigartige Architektur trägt zur Ausfallsicherheit der Technologie bei, denn selbst wenn mehrere Knoten ausfallen, hat dies keine Auswirkungen auf die Integrität der Daten des gemeinsamen Ledgers, solange eine kritische Masse an Knoten noch funktioniert.

Blockchain-Fork

Der Begriff mag den meisten Lesern komplex erscheinen, aber ich gebe eine einfache Erklärung, die Sie selbst nachvollziehen können. In der Blockchain-Technologie handelt es sich um einen Begriff, der eine Abweichung oder Abtrennung vom aktuellen Code oder der Software verdeutlicht. Aber dieses Wort hat mittlerweile eine breitere Bedeutung und Sie können es als das betrachten, was in dem Moment auftritt, in dem sich eine Blockchain in zwei mögliche Richtungen aufspaltet oder eine Abweichung, die zu einer Änderung des Protokolls führt. Forking, also Gabelung, bezeichnet auch den Punkt, an dem das Netzwerk wesentliche Änderungen oder technische Updates im Code benötigt.

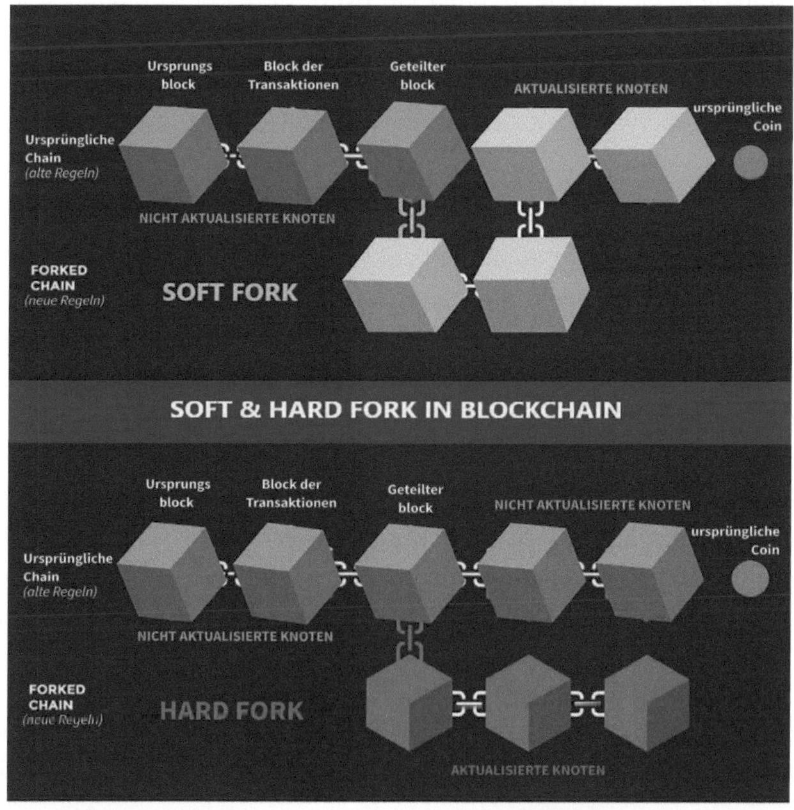

Denken Sie daran, dass einige Blockchain-Netzwerke wie Ethereum oder Bitcoin dezentralisiert sind, und das bedeutet auch, dass alle Teilnehmer des Netzwerks dem Status des Netzwerks zustimmen müssen – einschließlich des gemeinsamen Blockchain-Protokolls, der Blöcke usw. Wenn sich alle Teilnehmer über die Ergebnisse des Blockchain-Netzwerks sowie über alle Aspekte seiner Operationen einig sind, dann bleibt die Blockchain natürlich unverändert.

Das bedeutet auch, dass das Netzwerk eine einzige Blockchain besitzt, die Aufzeichnungen über Transaktionen führt, die von den Teilnehmern auf ihre Richtigkeit hin überprüft und bestätigt wurden. Dies ist jedoch nicht immer der Fall, da es Situationen geben kann, in denen die Knoten nicht einstimmig zu einem Konsens über den künftigen Status des Blockchain-Netzwerks kommen. Dies führt zu Unstimmigkeiten, die schließlich zu Forks führen – ein Punkt, an dem sich eine „Single" in mindestens zwei oder mehr Ketten aufspaltet, die alle ihre Gültigkeit behalten. Sehen Sie sich die Illustration unten an, um zu verstehen, was Forking bedeutet.

In der Blockchain führt der Prozess des Forkings zu einer Verschiebung der bestehenden Regeln hin zu einem Satz neuer und vorgegebener Regeln. In einigen Fällen können nicht alle Mitglieder des Netzwerks die Änderungen in den Regeln mittragen, aber das ändert nichts an der Einzigartigkeit der Regeln. Es ist entscheidend, dass die Regeln von den Knoten, die in einem Blockchain-Netzwerk eingesetzt werden, erkannt werden. Sollte sich ein Knoten weigern, sich an die Änderungen der Regeln zu halten, wird der Knoten zwar zugelassen, aber diese Entscheidung ist auch mit einigen Konsequenzen verbunden. Dies bringt uns zu den zwei Haupttypen von Forks – Hard Fork und Soft Fork.

Hard Fork

Diese Art von Fork wird im Blockchain-Raum als ein „nicht abwärtskompatibles" Upgrade einer bereits existierenden Blockchain betrachtet. Bei einer Hard Fork folgen die Knoten im Blockchain-Netzwerk entweder dem Update des Software-Protokolls oder entscheiden sich, beim veralteten Protokoll zu bleiben, was zu einer separaten Instanz der Blockchain führt. Ein gutes Beispiel für eine Hard Fork ist die von Ethereum und Ethereum Classic. Auch Bitcoin hat Hard Forks erlebt, wie die Existenz von bitcoin und Bitcoin Cash.

Soft Fork

Dies kann man als das Gegenteil der Hard Fork sehen. Es bezieht sich auf ein „abwärtskompatibles" Upgrade eines Blockchain-Netzwerks, bei dem die Knoten, die aktualisiert werden, immer noch mit denen kommunizieren können, die nicht upgegradet wurden. Die neu geschaffenen Regeln in einer Soft Fork kollidieren also in keiner Weise mit den bereits existierenden. Zum Beispiel haben Ethereum und Bitcoin Soft Forks verwendet, um neue Updates durchzuführen, die in der Regel abwärtskompatibel sind. Es gibt Fälle, in denen eine Soft Fork aufgrund einer vorübergehenden Verschiebung in der Blockchain stattfindet, wenn Miner Knoten nutzen, die unter Verletzung der neuen Konsensregeln nicht aktualisiert wurden. Dieses Szenario ist jedoch sehr selten und es ist sehr unwahrscheinlich, dass solche Ereignisse eintreten.

Sobald eine Hard Fork stattfindet, werden alle Änderungen eines Knotens, der noch das alte Regelwerk verwendet, ungültig. Das bedeutet, dass ein alter Knoten, der versucht, einen Block zu erstellen und zu überprüfen, nicht als gültig angesehen wird. Jede einzelne Änderung, die im Laufe einer Hard Fork auftritt, kann nach Abschluss der Fork nicht mehr gelöscht oder verändert werden. Auf der anderen Seite wird ein alter Knoten, der sich entscheidet, einen Block in einer Soft Fork zu erstellen und zu verifizieren, von jedem einzelnen Knoten im Netzwerk als gültig angesehen, unabhängig von seinem Zustand – alt oder neu.

CHAPTER 4

DECENTRALIZED VS. CENTRALIZED NETWORKS

In the first chapter, I promised that you will understand the meaning of some of the terms you will come across repeatedly in this book. So, it is crucial to explain what they all mean to ensure that you do not get confused. Earlier, we discussed the difference between blockchain and distributed ledger technology. I believe you now understand what both concepts mean. Let's take a look at the difference between two commonly used words – decentralized and centralized networks and understand the pros and cons of each of these types of networks.

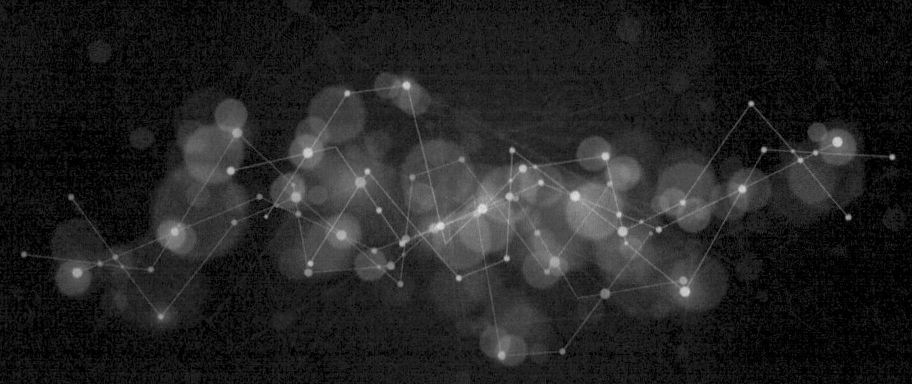

ZENTRALE NETZWERKE

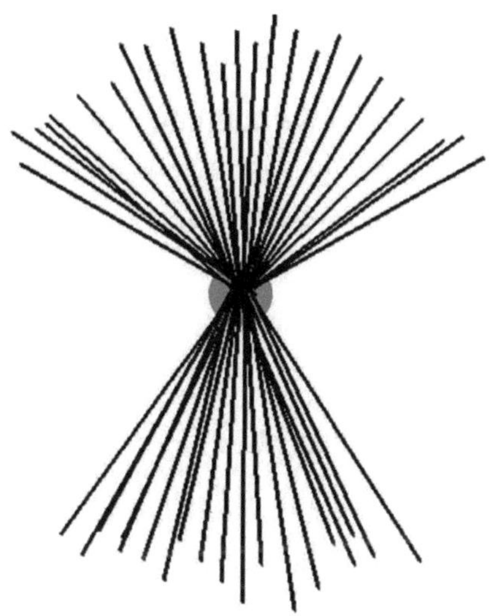

Zentrales Netzwerk

In zentralen Netzwerken liegt die Kontrolle in erster Linie bei einem zentralen Server, den man als Master-Knoten bezeichnen kann. Dieser zentrale Server verwaltet alle Datenverarbeitungsaufgaben des gesamten Netzwerks und speichert außerdem Daten sowie Benutzerinformationen, auf die andere Benutzer des Netzwerks zugreifen können. Die Client-Knoten verbinden sich mit dem zentralisierten Server und anstatt direkte Datenanfragen durchzuführen, müssen die Client-Knoten ihre Datenanfragen an den Hauptserver übermitteln.

Gute Beispiele für Unternehmen, die ein zentralisiertes Netzwerk betreiben, sind die meisten Webdienste wie Ihr Online-Banking-Konto, YouTube, Google, der Mobile App Store und einige andere. Der Betrieb dieser Unternehmen wird von einem zentralen Netzwerkbesitzer koordiniert, was bedeutet, dass für jede Datentransaktion in solchen Netzwerken eine Überprüfung durch eine dritte Instanz erforderlich ist.

Das zentrale Netzwerk ist derzeit der häufigste Netzwerktyp, da die meisten herkömmlichen Unternehmen und Organisationen eine zentralisierte Struktur aufweisen. Bevor sie andere Benutzer und Geräte verbinden können, benötigen sie einen zentralen Netzwerkeigentümer. Dies bedeutet auch, dass es in solchen Netzwerken einen so gennanten Single Point of Failure gibt, und böswillige Akteure solche Schwachstellen gezielt ausnutzen können.

Vorteile von zentralen Netzwerken

Zentrale Netzwerke bieten mehrere Vorteile, weshalb sie immer noch verwendet werden. Im Folgenden sind einige der Vorzüge dieser Art von Netzwerken aufgeführt.

- ***GeringeWartungskosten***:VonallenverschiedenenNetzwerktypen sind zentrale Netzwerke am kostengünstigsten, insbesondere für kleine Systeme, und sie benötigen nicht viele Ressourcen für die Einrichtung. Für den Fall, dass ein Netzwerkadministrator eine Aktualisierung des Netzwerks durchführen möchte, kann er einfach den zentralen Server aktualisieren, was den Zeitaufwand und die Fixkosten für die Pflege eines stets aktuellen Netzwerks reduziert.
- ***Das Deployment erfolgt unkompliziert und schnell:*** In zentralen Netzwerken sind die Befehlsketten eindeutig definiert und es ist relativ einfach, innerhalb des Netzwerks zu delegieren. Das Hinzufügen oder Entfernen von Client-Knoten vom zentralen Server des Netzwerks ist ebenfalls eine einfache Aufgabe, da lediglich die Verbindungen zwischen dem Hauptserver und dem

Client-Knoten unterbrochen werden müssen. Allerdings sollten Sie bedenken, dass dadurch die Rechenleistung des Netzwerks nicht erhöht wird.

- ***Beständigkeit:*** Angesichts der hierarchischen Struktur von zentralen Netzwerken – von oben nach unten – können die Interaktionen zwischen den Client-Knoten und dem Hauptserver leicht standardisiert werden. Dies führt letztendlich zu einer schlankeren und beständigeren Handhabung für den Endbenutzer. Es ist auch nicht schwierig, überflüssige Aktivitäten innerhalb des Netzwerks festzumachen und zu beseitigen, und zwar in Übereinstimmung mit den Schwerpunkten des Netzwerks, da der Prozess des Erfassens und Sammelns von Daten innerhalb des Netzwerks recht einfach ist.

Nachteile von zentralen Netzwerken

Einige der Nachteile eines zentralen Netzwerks haben Einzelpersonen und Unternehmen dazu bewogen, andere Arten von Netzwerken zu erproben. Nachfolgend sind einige wesentliche Nachteile eines zentralisierten Netzwerks aufgeführt:

- Erhöhte Sicherheitsrisiken: Die Tatsache, dass es einen Single Point of Failure gibt, erhöht die Möglichkeit von Sicherheitsstörungen oder -verletzungen durch Cybersecurity-Bedrohungen wie DDOS-Angriffe. Der Grund dafür ist, dass ein böswilliger Akteur nur ein Ziel anvisieren muss, nämlich den Hauptserver. Darüber hinaus führt der Umstand, dass es nur einen einzigen Server gibt, auf dem die Daten der Benutzer gespeichert sind, dazu, dass es in zentralisierten Netzwerken häufig zu Datenschutzproblemen kommt. Es kann zu einem dauerhaften Verlust von Daten kommen, wenn der Hauptserver beschädigt wird oder nicht mehr online ist.

- Risiko von erhöhten Ausfallzeiten: Die Hauptserver von zentralen Netzwerken führen auch zu dem Problem der verlängerten Ausfallzeit. Was passiert, wenn der Server abstürzt? Natürlich wird dadurch das gesamte Netzwerk heruntergefahren. Dies hat Auswirkungen auf das gesamte Netzwerk, da Client-Knoten möglicherweise keine Informationen senden oder empfangen können. Außerdem kann es vorkommen, dass das Unternehmen seinen Hauptserver vorübergehend ausschaltet, wenn eine Serverwartung erforderlich ist. Diese vorübergehende Abschaltung kann zu Unterbrechungen des Dienstes führen, was die Zuverlässigkeit des gesamten Netzwerks aus Sicht der Benutzer weiter senkt, insbesondere mit den damit verbundenen Unannehmlichkeiten.
- Einschränkungen bei der Erweiterbarkeit: Es ist in der Regel schwieriger, zentrale Netzwerke über bestimmte Punkte hinaus zu skalieren. Der Grund dafür ist, dass das Unternehmen die Speicherkapazität des Servers und seine Verarbeitungsleistung erhöhen und sogar mehr Speicher zum zentralen Server hinzufügen muss, bevor es über die bestehende Größe hinaus expandieren kann. Aber was passiert, wenn das Netzwerk einen starken Anstieg des Datenverkehrs erlebt – und damit die Kapazität des Netzwerks überschreitet? Wenn dies in zentralen Netzwerken auftritt, kann es zu Informationsengpässen kommen und Benutzer müssen möglicherweise vom Hauptserver abgezogen werden, der eine erhöhte Verzögerung erfährt.

DEZENTRALE NETZWERKE

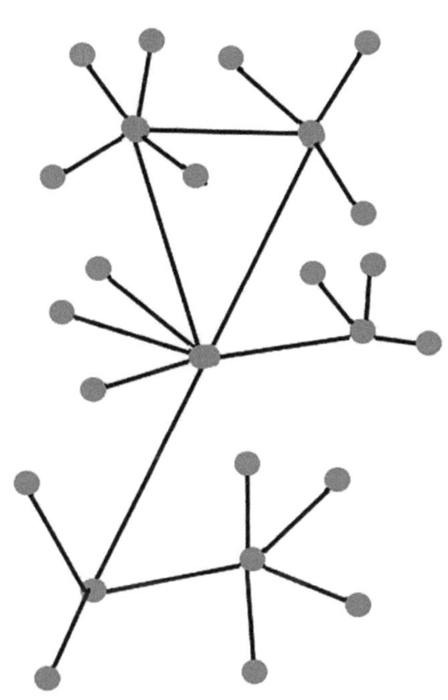

Sie können dies als das Gegenteil des ersten Netzwerktyps betrachten, den wir gerade besprochen haben. Es handelt sich um ein Netzwerk, das die Arbeitslast der Informationsverarbeitung auf mehrere Geräte verteilt, anstatt nur von einem zentralen Server abhängig zu sein. Jedes einzelne Gerät im dezentralen Netzwerk dient als Mini-Zentrale, die auch unabhängig voneinander mit anderen Knoten interagiert.

Die Auswirkung dieser Anordnung ist, dass selbst wenn einer der Master-Knoten beeinträchtigt wird oder abstürzt, die anderen den Benutzern weiterhin den Zugriff auf die Daten ermöglichen. Der Ausfall eines oder mehrerer Knoten stört also nicht den Betrieb eines dezentralen Netzwerks, da es keine Unterbrechungen in ihrem Betrieb gibt. Einer der Gründe für den Einsatz dezentraler Netzwerke sind die jüngsten Fortschritte in der Technik, wodurch die meisten Geräte und Computer mit einer enormen Rechenleistung ausgestattet sind.

Es ist einfach, die meisten dieser neuen Geräte zu synchronisieren und für die verteilte Verarbeitung zu nutzen. Obwohl sich dezentrale Netzwerke deutlich von zentralen Netzwerken unterscheiden, ist die Datenspeicherung und -verarbeitung nicht gleichmäßig über das gesamte Netzwerk verteilt. Diese Art von Netzwerken hängt immer noch von Hauptservern ab, aber es gibt normalerweise mehr als einen solchen Hauptserver für jedes Netzwerk.

Vorteile eines dezentralen Netzwerks

- ***Datenschutz***: Einer der herausragenden Vorzüge dezentraler Netzwerke ist, dass sie die Privatsphäre der Benutzer besser schützen, weil die Datenspeicherung im Netzwerk über verschiedene Punkte verteilt ist und nicht über einen zentralen Mittelpunkt läuft. Natürlich ist der Datenfluss in einem solchen Netzwerk nicht immer leicht über das Netzwerk hinweg zu verfolgen. Auch für böswillige Akteure wäre es schwierig, Angriffe durchzuführen, da es kein besonderes Ziel gibt, das sie angreifen können.

- ***Bessere Skalierbarkeit/Flexibilität***: Im Gegensatz zu zentralen Netzwerken, die ihren Betrieb einstellen könnten, wenn ihr Hauptserver ausfällt, gibt es in dezentralen Netzwerken keinen Single Point of Failure. Das bedeutet auch, dass der normale Betrieb weiterläuft, selbst wenn ein Hauptknoten herunterfährt oder beeinträchtigt wird. Auch die Erweiterung von dezentralen Netzwerken ist nicht schwer, da einfach die Anzahl der Geräte im Netzwerk erhöht und deren Rechenleistung gesteigert werden kann. Bei der Wartung des Netzwerks ist zudem oft kein komplettes Herunterfahren des Netzwerks erforderlich.

- Erhöhte Geschwindigkeit: Da es für Netzwerkadministratoren möglich ist, Master-Knoten an Orten mit hoher Benutzeraktivität einzurichten, anstatt Verbindungen über große Entfernungen zu einem zentralen Hauptserver zu leiten, werden Benutzeranfragen in einem dezentralen Netzwerk schnell erledigt.

Nachteile eines dezentralen Netzwerks

- ***Hohe Kosten für die Wartung:*** Wenn es um die Frage geht, ob ein dezentrales Netzwerk oder ein zentrales Netzwerk ausfallsicherer ist, hat das dezentrale Netzwerk die Oberhand. Das hat aber auch seinen Preis, denn die Wartung ist oft arbeitsintensiver und kostspieliger. Die Grundlage von dezentralen Netzwerken sind die vielen Geräte im System und dies belastet letztendlich die IT-Ressourcen einer Organisation entsprechend. Daher sind dezentrale Netzwerke möglicherweise nicht ideal für Unternehmen, die ein kleines System benötigen. Das Kosten-Nutzen-Verhältnis des Einsatzes eines dezentralen Netzwerks wird für solche Unternehmen nicht günstig ausfallen.
- ***Probleme bei der Koordination***: Für größere Unternehmen kann es zu Koordinationsproblemen und sogar zu Schwierigkeiten bei der Leitung und Ausführung gemeinsamer Aufgaben mit dezentralen Netzwerken kommen. Dies ist darauf zurückzuführen, dass die Hauptknoten in einem dezentralen Netzwerk unabhängig voneinander arbeiten und möglicherweise nicht mit den anderen kommunizieren.

VERTEILTES NETZWERK

Dieser Netzwerktyp weist einige Ähnlichkeiten mit dem dezentralen Netzwerk auf, u. a., dass es keinen zentralen Hauptserver gibt, sondern mehrere Netzwerkbesitzer. Ein wesentlicher Unterschied zwischen den beiden ist jedoch, dass im Gegensatz zum dezentralen Netzwerk, in dem es Master-Knoten gibt, das verteilte Netzwerk aus miteinander verbundenen Knoten besteht, die alle gleichberechtigt sind. Das heißt, der Besitz der Daten sowie die Rechenleistung des Netzwerks sind auf alle Knoten im Netzwerk gleichermaßen verteilt.

Manchmal wird der Begriff „verteiltes Netzwerk" auch für ein Netzwerk verwendet, das geografisch verstreut ist und eine Top-Down-Struktur der Knotenhierarchie aufweist. In den meisten Fällen, in denen der Begriff verwendet wird, bezieht er sich jedoch auf einen Netzwerktyp, der die Rechenressourcen gleichmäßig auf die verschiedenen Knotenstandorte verteilt.

Das Fehlen einer eigenen Kategorie von Masterknoten oder eines zentralisierten Servers in einem verteilten Netzwerk bedingt, dass die Aufgabe der Datenverarbeitung in der Verantwortung aller Benutzer im Netzwerk liegt – crowdsourced. Jeder Knoten im Netzwerk genießt den gleichen Zugang zu den Daten. In einem verteilten Netzwerk nehmen alle teilnehmenden Knoten an allen Entscheidungsprozessen teil, da sie über die Freigabe eines neuen Status abstimmen können. Die Gesamtheit der Ergebnisse der Entscheidungen aller Knoten bestimmt das endgültige Verhalten des gesamten Systems.

Der Konsensmechanismus des Netzwerks ist auch für die Festlegung der besonderen Abläufe verantwortlich, mit denen die Teilnehmer in einem verteilten Netzwerk abstimmen und Entscheidungen treffen. Es ist jedoch entscheidend zu wissen, dass verteilte Netzwerke aufgrund ihrer wirklich dezentralen Natur hochgradig fehlertolerant und sicher sind. Sie haben zwar ähnliche Vorzüge und Nachteile wie dezentrale Netzwerke, aber in beiden Fällen auf einem höheren Niveau.

Vorzüge von verteilten Netzwerken

- ***Geschwindigkeit und Skalierbarkeit:*** Im Vergleich zu zentralen und dezentralen Netzwerken ist das verteilte Netzwerk besser erweiterbar. Dieser Netzwerktyp bietet eine geringe Verzögerung durch die gleichmäßig verteilte Verarbeitungsleistung des Netzes und der Daten.
- ***Äußerst fehlertolerant:*** Wenn ein Knoten in einem verteilten Netzwerk ausfällt, kann dies nicht das gesamte System betreffen. Wenn das geschieht, gleicht das gesamte Netzwerk die Rechenlast sofort durch andere aktive Knoten aus. Dies macht verteilte Netzwerke deutlich robuster als viele andere Netzwerkstrukturen, die in der Regel auf einer Top-Down-Knotenstruktur beruhen.
- ***Erhöhte Transparenz:*** Da die Daten in einem verteilten Netzwerk gleichmäßig über das gesamte Netzwerk verteilt sind, ist es ungleich schwieriger, Informationen im Netzwerk erfolgreich zu zensieren, zu verändern oder zu löschen. Dies bedeutet auch, dass ein verteiltes Netzwerk transparenter ist als andere Systeme, insbesondere wenn die Daten kryptografisch gesichert sind.

Nachteile

Während das verteilte Netzwerk eine Reihe von Vorteilen bietet, gibt es auch einige Nachteile, wie meistens im Leben:

- ***Die Wartungskosten sind hoch:*** Genau wie bei dezentralen Netzwerken benötigen Unternehmen, die ein verteiltes Netzwerksystem nutzen möchten, mehr Ressourcen, um es aufzusetzen oder zu warten. Der Grund dafür ist, dass jede nennenswerte Änderung die Aktualisierung aller vorhandenen Knoten erfordert. In Anbetracht der Tatsache, dass es unterschiedliche Verzögerungszeiten für verteilte Knoten gibt, die nicht mit der gleichen Taktung laufen, ist es für Netzwerkadministratoren nicht möglich, Befehle oder Protokolle temporär anzuordnen. Das macht es äußerst schwierig, Algorithmen für diese Art von Netzwerk zu entwerfen und zu testen.
- ***Herausforderungen bei der Koordination:*** In diesem Netzwerktyp gibt es keine Knotenhierarchie, und das bedeutet auch, dass kein einzelner Knoten für die Überwachung der Aktivitäten der untergeordneten Knoten verantwortlich ist. Das führt dazu, dass einzelne Knoten im System möglicherweise nicht richtig reguliert werden. Außerdem ist es in verteilten Netzwerken oft nicht einfach, große Aufgaben zu bewältigen oder zeitnahe Entscheidungen zu treffen. Für die Knoten im System ist es sogar noch schwieriger, gut informierte Entscheidungen zu treffen, während sie den Zustand der anderen Knoten im Netzwerk berücksichtigen, da es für einen einzelnen Knoten oft schwer ist, einen globalen Überblick über das gesamte Netzwerk zu erhalten.

KAPITEL 5

DIE HAUPTFUNKTIONEN VON BLOCKCHAIN UND IHRE BEDEUTUNG

Einer der Hauptgründe für den enormen Anstieg der Beliebtheit der Blockchain-Technologie hat mit ihren zahlreichen Funktionen zu tun. Obwohl die Technologie bereits seit über einem Jahrzehnt existiert, ist sie immer noch präsent im Rampenlicht. Natürlich gibt es, wie bei jeder neuen Technologie und jedem neuen Phänomen, gemischte Gefühle gegenüber der Blockchain, aber niemand hat die Rolle, die sie im globalen Wirtschaftsraum spielt und spielen wird, mit Erfolg unterschätzt.

Während bitcoin zahlreiche Kontroversen hervorruft und von Regierungen und Ökonomen auf der ganzen Welt bekämpft wird, hat die Kryptowährung erfolgreich die Aufmerksamkeit der Welt auf die ihr zugrundeliegende Technologie - Blockchain - gelenkt. Sie ist daher nicht mehr nur ein Backup für digitale Währungen, sondern kann so viel mehr als das. In diesem Abschnitt werden wir uns die verschiedenen Eigenschaften von Blockchain ansehen und erläutern, warum sie so unwiderstehlich geworden ist. Sie können sich einen ersten Eindruck von dem verschaffen, was wir erörtern werden, indem Sie sich diese Infografik unten ansehen.

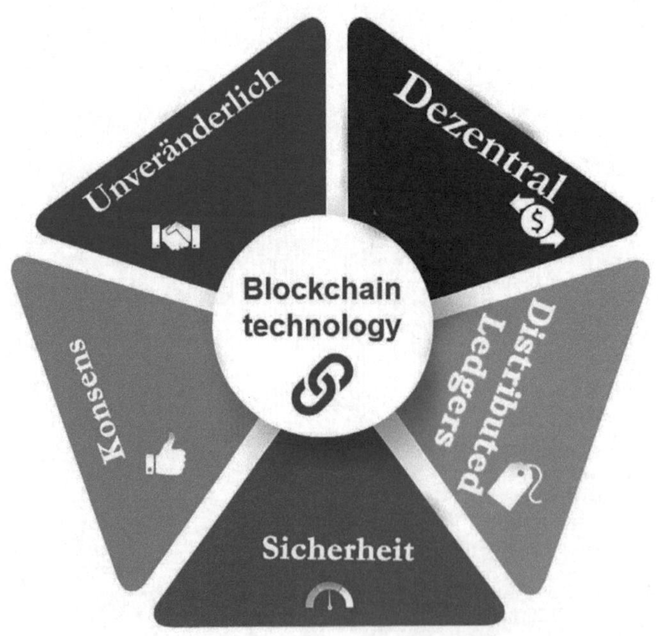

Eigenschaften eines Blockchain-Netzwerks

Unveränderlich

Eine der aufregenden und außergewöhnlichen Eigenschaften der Blockchain-Technologie ist ihre Unveränderlichkeit. Diese gehört zu den Kernmerkmalen der Technologie. Sie werden sich jetzt vielleicht die Frage stellen, warum es schwierig ist, diese Technologie zu manipulieren. Um eine gute Antwort auf die Frage zu bekommen, sollten wir zunächst verstehen, was der Begriff Unveränderlichkeit bedeutet. Wenn etwas unveränderlich ist, bedeutet das, dass man es nicht verändern oder umgestalten kann. Es ist also unmöglich, Blockchain zu verändern oder zu modifizieren – die Aufzeichnungen sind dauerhaft und nicht manipulierbar. Wie ist das möglich?

Im Gegensatz zum traditionellen Bankensystem ist die Blockchain nicht von einer zentralen Behörde abhängig, sondern wie bereits erwähnt von mehreren Knotenpunkten. Da es eine Kopie des digitalen Ledgers für alle Knoten im System gibt, müssen die Knoten die Gültigkeit jeder neuen Transaktion überprüfen, bevor sie diese hinzufügen. Sobald sie sich alle einig sind, dass eine Transaktion gültig ist, fügen sie sie dem Register hinzu. In dem Moment, in dem die Knoten einen neuen Transaktionsblock zum digitalen Register hinzufügen, ist es für niemanden mehr möglich, ihn zu ändern. Kein Benutzer im Netzwerk – nicht einmal Satoshi Nakamoto, Vitalik Buterin oder der Präsident der Vereinigten Staaten – kann die Informationen löschen, bearbeiten oder aktualisieren.

Inwiefern hilft dies, mit dem Problem der Korruption umzugehen?

Immer wieder hört man von der beträchtlichen Menge an Geldern, die jedes Jahr von Hackern über gängige Wege gestohlen werden. Um sich vor Cyberangriffen und anderen böswilligen Akteuren zu schützen, geben Unternehmen auf der ganzen Welt jedes Jahr Milliarden von

Dollar aus. Aber einer der Bereiche, den wir oft nicht berücksichtigen, ist der der internen Cybersecurity-Risiken, die durch korrupte Behörden und Einzelpersonen verursacht werden. Die meisten Hacks gelingen oft aufgrund einer internen Verbindungsperson, die die meisten Sicherheitsmaßnahmen der Organisation kennt.

Vorliegende Daten von idwatchdog zeigen, dass die Hauptursache für 60 Prozent der Datenverletzungen Bedrohungen durch interne Personen sind. Seit 2018 gab es einen Anstieg von 47 Prozent bei Insider-Sicherheitsvorfällen, was zu einem dramatischen Anstieg von 31 Prozent bei den Kosten von Insider-Bedrohungen führt. Nur um sicherzugehen, dass Sie verstehen, was unter Insider-Bedrohungen zu verstehen ist: „Ein Insider ist jeder, der rechtmäßigen Zugang zu den Vermögenswerten eines Unternehmens hat und dem Unternehmen absichtlich oder unabsichtlich schaden kann.“ Das können Auftragnehmer, Mitarbeiter, Partner oder ehemalige Mitarbeiter des Unternehmens sein.

Dies bedeutet, dass Unternehmen letztendlich den Preis für das Vertrauen in einige Mitarbeiter zahlen müssen. Außerdem vertrauen wir unseren finanziellen Einrichtungen wie Banken kaum, was die Bedeutung einer zuverlässigen Infrastruktur unterstreicht. Die Blockchain-Technologie bietet genau jene zuverlässige Infrastruktur, die benötigt wird, um das Problem des Vertrauens zu lösen. Sie bietet eine korruptionsfreie Umgebung, die Unternehmen nutzen können, um das perfekte Funktionieren ihres internen Vernetzungssystems sicherzustellen. Durch die Einbeziehung der Blockchain-Technologie wäre es für böswillige Personen schwierig, sich in die Datenbank eines Unternehmens zu hacken, nützliche Informationen zu ändern oder zu stehlen.

Eines der besten Beispiele für Blockchains, die diese korruptionsfreie Umgebung bieten, sind öffentliche Blockchains, die wir in Kapitel zwei besprochen haben. Auf einer öffentlichen Blockchain können alle Beteiligten die Transaktionen sehen und das macht sie äußerst transparent. Private, hybride und föderierte Blockchains eignen sich für Organisationen, die daran interessiert sind, die Transparenz unter ihren Mitarbeitern zu fördern und gleichzeitig ihre sensiblen Informationen vor der Öffentlichkeit zu schützen.

Distributed Ledgers

Transaktionen, an denen die Teilnehmer eines öffentlichen Ledgers beteiligt sind, sind in der Regel dank des Distributed Ledgers verfügbar. Die Informationen können sich praktisch nirgendwo verstecken. Aber wenn es um andere Arten von Blockchain geht, gibt es einige Unterschiede. Trotz dieser Unterschiede können diejenigen, die den richtigen Zugang haben, alle Vorgänge einsehen, die sich im Ledger abspielen. Der Grund dafür ist, dass die Benutzer des Systems das Netzwerk pflegen und die verteilte Rechenleistung über alle Knoten bemerkenswerte Ergebnisse gewährleistet.

Dies erklärt auch, warum das Distributed Ledger als eine der wichtigsten Eigenschaften der Blockchain-Technologie angesehen wird. Es sorgt für eine erhöhte Effizienz, die mehr Vorteile bieten kann als die herkömmliche zentrale Lösung. Im Folgenden finden Sie weitere Gründe, warum das Distributed Ledger zu den Hauptfunktionen der Blockchain gehört?

- Teilhabe an der Überprüfung: In einem verteilten Netzwerk dienen alle Knoten als Prüfstellen, was bedeutet, dass sie alle jede Transaktion verifizieren müssen, bevor sie dem digitalen Register hinzugefügt wird. Dieses System stellt eine faire Beteiligung für alle sicher.

- Verwaltung: Alle aktiven Knoten müssen an der Verwaltung des Registers teilnehmen und auch an der Überprüfung beteiligt sein, um sicherzustellen, dass die Funktionen der Blockchain korrekt ablaufen.
- Keine zusätzlichen Bevorzugungen: Teilnehmer des Netzwerks können keine besonderen Bevorzugungen von anderen erfahren. Jeder Teilnehmer muss die richtigen Kanäle nutzen, bevor er einen seiner Blöcke hinzufügen kann. Niemand hat größeren Einfluss und daher kann auch niemand mehr Vorrechte besitzen als andere.
- Reaktion auf böswillige Änderungen in Echtzeit: Da niemand das Register ändern kann, reagiert das Distributed Ledger sehr gut auf Manipulationen oder verdächtige Aktivitäten. Aktualisierungen erfolgen schnell durch die teilnehmenden Knoten, sodass es einfach ist, die Vorgänge im System zu verfolgen.

Dezentral

Was unter einem dezentralen Netzwerk zu verstehen ist, haben wir bereits weiter oben in diesem Kapitel besprochen. Es ist auch eines der hervorstechenden Eigenschaften der Blockchain-Technologie und stellt sicher, dass keine einzelne Person für das Netzwerk verantwortlich ist.

Die Bedeutung des dezentralen Ansatzes

Falls Sie sich fragen, warum die dezentrale Beschaffenheit von Vorteil ist, finden Sie hier die wichtigsten Gründe:

- Kontrolle durch die Benutzer: Ein dezentrales Netzwerk stellt sicher, dass die Benutzer mehr Kontrolle über ihre Assets haben.

Es besteht keine Notwendigkeit für Vermittler, die ihnen bei der Verwaltung ihrer Assets helfen.

- Geringere Fehlerquote: Es gibt zwei herausragende Aspekte, die dazu beitragen, die Fehlerquote bei diesem System zu senken und es äußerst fehlertolerant zu machen. Erstens sind alle Vorgänge in der Blockchain ordentlich organisiert und es besteht keine Notwendigkeit für menschliche Berechnungen. Zufällige Ausfälle sind in diesem System ungewöhnlich.
- Hochgradig resistent gegen Ausfälle: Diese Art von Netzwerk besitzt alle Voraussetzungen, um bösartige Angriffe zu überstehen. Es kann böswillige Angriffe leicht verkraften, weil es für Hacker sehr teuer ist, das System zu hacken, und das macht es widerstandsfähig gegen Ausfälle.
- Keine Betrügereien: Böswillige Akteure können andere Teilnehmer in einem Blockchain-Netzwerk aufgrund der Algorithmen, die das System ausführt, nicht betrügen. Keine einzelne Person oder Gruppe von Personen kann Blockchain ausnutzen, um persönliche Vorteile zu erlangen.

Sicherheit

Sie haben sicher schon mehrfach gelesen, dass es in der Blockchain keine zentrale Instanz gibt, und das bedeutet auch, dass es für niemanden möglich ist, eines der Merkmale eines Blockchain-Netzwerks für persönliche Vorteile zu manipulieren. Eine weitere Sicherheitsschicht für das System wird durch die Verschlüsselung bereitgestellt. Bietet dieses System also mehr Sicherheit im Vergleich zu den herkömmlichen Technologien, an die wir alle gewöhnt sind? Selbstverständlich, der Einsatz von Kryptographie gewährleistet, dass es extrem sicher ist. Die Kombination aus Kryptographie und Dezentralisierung bietet zusätzliche Sicherheitsebenen für jeden Benutzer.

Falls Sie sich nicht sicher sind, was Kryptografie bedeutet: Es handelt sich um einen überaus komplexen mathematischen Algorithmus, der als ausgezeichnete Firewall für jeden Angriff dient. In einem Blockchain-Netzwerk werden alle Informationen kryptografisch gehasht oder die Informationen in einem Distributed Ledger aufgezeichnet, wodurch die wahre Natur der Daten verschleiert wird. Im Zuge dieses Prozesses müssen alle Eingaben einen mathematischen Algorithmus durchlaufen. Dabei entsteht schließlich eine völlig andere Form von Zahlenwerten mit einer festen Länge.

Man könnte es auch so sehen, dass das Netzwerk eine eindeutige Identifikation für alle Daten bereitstellt. Jeder Block in einer Blockchain besitzt seinen eindeutigen Hash zusammen mit dem Hash des vorherigen Blocks. Der Versuch, die Daten in einem Distributed Ledger zu verändern, bedeutet auch, alle Hash-IDs zu verändern, was eigentlich unmöglich ist.

Konsens

Eines der Dinge, die Blockchains zum Erfolg verhelfen, ist der Konsensalgorithmus. Die Struktur des Designs einer Blockchain ist ausgeklügelt und das Herzstück dieser Architektur sind Konsensalgorithmen. Die Funktion des Konsens in jedem Blockchain-Algorithmus ist es, den Entscheidungsprozess des Netzwerks zu unterstützen. Der Konsens hat mit einem Entscheidungsprozess für alle teilnehmenden Knoten in einem bestimmten Netzwerk zu tun. Er sorgt dafür, dass sich die Knoten so schnell wie möglich und relativ schnell einigen.

Falls Sie sich immer noch nicht sicher sind, was das bedeutet, betrachten Sie Konsens einfach als ein Abstimmungssystem, das sicherstellt, dass die Mehrheit sich durchsetzt, während sie die Unterstützung der Minderheit genießt. Es ist der Konsens eines Netzwerks, der das Vertrauen überflüssig macht, da alle teilnehmenden Knoten des Netzwerks einander nicht wirklich vertrauen müssen. Alles, was benötigt wird, damit das System funktioniert, sind die Algorithmen, die den Kern des Netzwerks bilden. Außerdem sind durch den Konsens alle Entscheidungen, die im Netzwerk getroffen werden, ein Gewinn für das Blockchain-Netzwerk und ein großer Vorteil der Möglichkeiten von Blockchain.

Blockchains auf der ganzen Welt verwenden verschiedene Arten von Konsensalgorithmen und jeder von ihnen hat seinen eigenen Entscheidungsprozess, der hilft, ursprünglich gemachte Fehler zu korrigieren. Diese Architektur schafft eine Atmosphäre der Fairness im Internet. Es ist auch wichtig zu wissen, dass der eigentliche Wert eines Blockchain-Netzwerks verloren geht und seine dezentrale Funktion möglicherweise nicht mehr zum Tragen kommt, wenn es keinen Konsensalgorithmus gibt.

Hashing

In der Blockchain-Technologie ist das Hashing nicht umkehrbar und unveränderbar, da es äußerst komplex ist. Es ist unmöglich, dass eine Person einen öffentlichen Schlüssel dazu verwendet, das Ergebnis eines privaten Schlüssels zu erhalten. Vielmehr könnte eine einzige Änderung in der Eingabe zu einer völlig anderen ID führen. In einem solchen System sind kleine Änderungen kein Aufwand. Damit ein böswilliger Akteur das Netzwerk verändern oder manipulieren kann, muss er alle Daten verändern, die auf allen Knoten im Netzwerk gespeichert sind – das können Tausende und Millionen von Knoten sein oder alle Individuen in einem Netzwerk, die eine Kopie des Ledgers besitzen.

Haben Sie sich überlegt, was es für jemanden kosten würde, Tausende und Millionen von Computern gleichzeitig zu hacken? Es ist einfach zu teuer und unmöglich. Das erklärt auch, warum Hashing eines der hervorstechenden Eigenschaften der Blockchain-Technologie bleibt. Da es extrem schwer zu umgehen ist, können die Nutzer eines Blockchain-Netzwerks mit der Gewissheit ruhen, dass niemand ihre digitalen Assets einfach hacken kann. Aber vergessen Sie nicht, dass es andere Möglichkeiten gibt, wie Hacker das Vermögen oder die Gelder von Menschen stehlen können, die Teil eines Blockchain-Netzwerks sind. Wenn zum Beispiel ein böswilliger Akteur Ihren privaten Schlüssel entwendet, kann er damit leicht Ihr Vermögen stehlen.

VORTEILE DER BLOCKCHAIN-TECHNOLOGIE

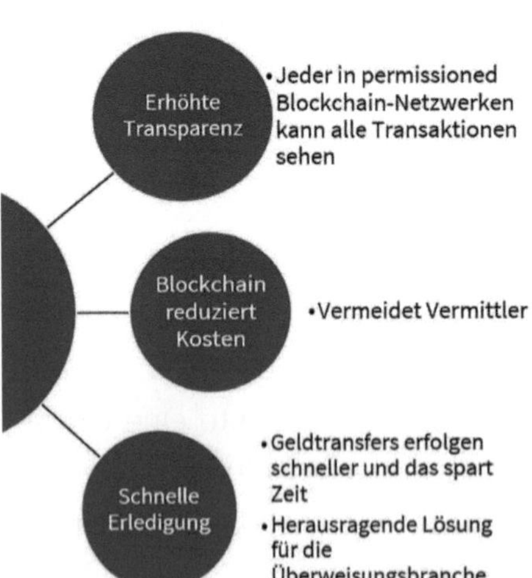

Die Vorteile der Blockchain sind direkt mit ihren Funktionen verbunden. Obwohl wir einige dieser Vorteile bei der Erörterung ihrer Funktionen kennengelernt haben, wäre es besser, die Vorteile zu betrachten, die sich über verschiedene Branchen erstrecken. Wenn Ihr Unternehmen die Verwendung von Blockchain in Erwägung zieht oder Blockchain bereits einsetzt, dann sollten Sie die Vorteile kennen, die die Technologie zu bieten hat. Die folgende Infografik gibt Ihnen einen Überblick über diese Vorteile.

Erhöhte Transparenz

Um Transparenz zu gewährleisten, sind viele Organisationen dazu übergegangen, noch mehr Regeln und Vorschriften aufzustellen. Allerdings ist Transparenz für eine Organisation mit zentralen Systemen möglicherweise nie vollständig zu erreichen. Organisationen, die sich die Blockchain-Technologie zu eigen machen, können tatsächlich von einem zentralen Netzwerk zu einem vollständig dezentralen Netzwerk übergehen, wenn die Notwendigkeit einer zentralen Autorität nicht gegeben ist. Dies erhöht die Transparenz des Unternehmens erheblich.

Wenn es um Organisationen geht, ist Transparenz eine wichtige Sache. Auch Regierungen auf der ganzen Welt können ihr Maß an Transparenz bei der Verwaltung oder bei Wahlen erhöhen. Mehr über den Einsatz von Blockchain bei Wahlen später, wenn wir die verschiedenen Anwendungsfälle der Blockchain-Technologie besprechen.

Schnellere Abrechnung

Wir alle wissen, dass traditionelle Bankensysteme sehr langsam sind. In einigen Fällen dauert die Verarbeitung von Transaktionen Tage, nachdem alle Abrechnungen abgeschlossen sind. Außerdem ist es sehr einfach, traditionelle Bankensysteme zu manipulieren. Hier kommt die Blockchain ins Spiel, da sie eine schnellere Abwicklung und eine deutliche Verbesserung der herkömmlichen Bankensysteme gewährleistet. Damit können Benutzer Geld relativ schnell überweisen und sparen letztendlich eine Menge Zeit.

Dies ist eine der Besonderheiten, die Blockchain zu einer herausragenden Lösung für ausländische Arbeitnehmer machen, die in einem anderen Land wohnen und arbeiten, während ihre Familien in ihrem Heimatland leben. Es dauert oft sehr lange, bis ihr Geld bei ihren Familien ankommt, besonders wenn es dringend benötigt wird. Mit Blockchain ist es äußerst schnell möglich, den Angehörigen Geld zu schicken, und mit Smart Contracts können Abrechnungen aller Art schneller erfolgen als bei herkömmlichen Systemen. In Kapitel 12 werden wir einen tiefergehenden Blick darauf werfen, wie die Blockchain-Technologie den Finanzsektor beeinflussen kann.

Blockchain senkt Kosten

Um bestehende Systeme zu verwalten, geben Unternehmen viel Geld aus, und das ist auch einer der Hauptgründe, warum sie zunehmend nach Möglichkeiten suchen, ihr Geld nicht nur für die Verwaltung ihrer Unternehmen auszugeben, sondern auch für einzigartige Möglichkeiten, die Prozesse ihrer Systeme zu verbessern. Blockchain kann die Kosten für Unternehmen senken, da Drittanbieter eine Hauptursache für zusätzliche Kosten für Unternehmen sind. Es gibt praktisch keine Notwendigkeit für Kosten für Anbieter, da Blockchain keine zentralen Akteure benötigt. Darüber hinaus ist bei der Überprüfung von Transaktionen weniger Aufwand erforderlich, sodass auch bei der Ausführung der grundlegendsten Aufgaben keine zusätzlichen Mittel aufgewendet werden müssen.

NACHTEILE VON BLOCKCHAIN

Der Hype um die Vorteile der Blockchain könnte viele zu der Annahme verleiten, dass diese Technologie keine Nachteile hat, aber das entspricht nicht der Wahrheit. Genau wie jede andere Sache auf der Welt, weist auch Blockchain einige Nachteile auf.

51-Prozent-Angriffe

Einer davon sind die 51-Prozent-Angriffe. Natürlich hat der Proof-of-Work-Konsens die Bitcoin-Blockchain in den letzten zehn Jahren erfolgreich vor Hacks geschützt. Aber Blockchains sind anfällig für einige wenige potenzielle Angriffe, die ihren Betrieb beeinträchtigen können, und einer dieser Angriffe sind sogenannte 51-Prozent-Angriffe. Ein 51-Prozent-Angriff findet statt, wenn eine Person oder eine Gruppe von Personen es schafft, mehr als 51 Prozent der Hashing-Leistung eines bestimmten Blockchain-Netzwerks zu besitzen. Dies würde ihnen schließlich die Befugnis geben, das Netzwerk in jeder gewünschten Weise zu beeinflussen, indem sie absichtlich die angeordneten Transaktionen verändern oder ausschließen.

Die Bitcoin-Blockchain hat noch keinen erfolgreichen 51-Prozent-Angriff erlebt, obwohl dies theoretisch möglich ist. Das liegt daran, dass es für Miner immer schwieriger wird, ihr Geld für den Versuch eines Angriffs auf die Bitcoin-Blockchain auszugeben, da sie immer noch Belohnungen für ihr ehrliches Handeln im Netzwerk erhalten. Bedenken Sie aber, dass bei einem erfolgreichen 51-Prozent-Angriff die Hintermänner Änderungen an den letzten Transaktionen vornehmen können – allerdings nur für eine begrenzte Zeit, da alle Blöcke über kryptografische Beweise aneinander gekettet sind. Es wäre also eine enorm hohe Rechenleistung dafür nötig.

Daten können nicht leicht verändert werden

Die zweite Herausforderung ist auch einer der Vorzüge der Blockchain-Technologie, nämlich ihre Unveränderbarkeit. Sobald Daten zur Blockchain hinzugefügt wurden, ist es äußerst schwierig, diese zu verändern. Natürlich ist diese Stabilität nicht immer eine gute Eigenschaft, da es notwendig sein kann, Änderungen an Datensätzen vorzunehmen, was eine schwierige Aufgabe wäre. Um Änderungen am Code oder den Daten der Blockchain vorzunehmen, muss sich das Netzwerk möglicherweise für eine Hard Fork entscheiden. Eine Hard Fork ist ein Vorgang, bei dem das Netzwerk eine alte Kette aufgibt und eine neue aufnimmt. Ein gutes Beispiel für eine Hard Fork ist Ethereum und Ethereum Classic. Ethereum Classic ist die alte Kette, die einige Mitglieder der Ethereum-Gemeinschaft beibehalten wollten, während die neue Kette, die aufgenommen wurde, das ist, was wir heutzutage als Ethereum kennen.

Privater Schlüssel

Die Verwendung von öffentlichen und privaten Schlüsseln in der Blockchain garantiert den Besitz von Einheiten der Kryptowährung oder beliebiger in der Blockchain gespeicherter Daten durch Einzelpersonen. Jeder öffentliche Schlüssel besitzt auch einen entsprechenden privaten Schlüssel. Der öffentliche kann geteilt werden, aber das ist nicht der Fall für den privaten Schlüssel, da dieser vor der Öffentlichkeit geschützt aufbewahrt werden muss. Während es äußerst schwierig ist, die Blockchain zu hacken, ist es für Hacker nicht sonderlich schwer, sich Zugang zu den privaten Schlüsseln von Personen zu verschaffen.

Da der private Schlüssel jedem Zugriff auf Gelder oder Ressourcen gewährt, verhalten sie sich wie einzelne Banken. Sobald dieser private Schlüssel in die Hände der falschen Personen fällt, sind die Gelder verloren. Außerdem gab es zahlreiche Fälle von Personen, die ihren privaten Schlüssel entweder verloren oder vergessen haben, und das bedeutet, dass alle Gelder auf diesem Konto verloren sind und es absolut nichts gibt, was man tun könnte, um sie wiederzuerlangen.

Speicherung

Erinnern Sie sich daran, dass wir Blockchain als ein digitales Register beschrieben haben, das Einträge speichert. Wenn jedoch immer mehr Informationen in der Blockchain gespeichert werden, steigt ihre Größe. Ein gutes Beispiel für dieses Problem ist die Bitcoin-Blockchain, die etwa 200 GB an Speicherplatz benötigt. Das derzeitige Wachstum der Größe der Blockchain scheint für die meisten unserer Festplatten zu groß zu werden. Das bedeutet, dass das Netzwerk Gefahr läuft, einen großen Teil seiner Knoten zu verlieren, sobald es für die Teilnehmer zu groß wird, um es herunterzuladen und zu speichern.

Trotz der Nachteile überwiegen die Vorteile der Blockchain-Technologie bei weitem, und deshalb wird sie nicht nur auf Dauer bestehen bleiben, sondern die Art und Weise, wie wir Dateien speichern, verändern. Wenn Sie die Vor- und Nachteile kennen, können Sie die richtige Entscheidung für die beste Blockchain treffen, die Sie für Ihr Unternehmen benötigen. Im nächsten Abschnitt gehen wir einige der Branchen durch, in denen die Blockchain das Potenzial hat, diese zu revolutionieren.

KAPITEL 6

DAS AUFTAUCHEN VON SMART CONTRACTS

Es liegt auf der Hand, dass die Zuversicht bezüglich des Nutzens der Blockchain-Technologie groß ist. Im Jahr 2019 befragte ein weltweit tätiges Beratungsunternehmen 1.386 Führungskräfte aus etwa 12 verschiedenen Ländern rund um den Globus. Die Umfrage offenbarte interessante Erkenntnisse über Blockchain; zum Beispiel zeigte sie, dass mehr als 80 Prozent der Befragten zustimmten, dass Blockchain in der Tat überzeugende Geschäftsfälle aufweist. Außerdem glauben die Befragten, dass sich die Technologie im Alltag durchsetzen wird.

Es gab jedoch einen Rückgang bei der Anzahl der Befragten, die zwischen 2018 und 2019 den Einsatz von Blockchain eingeführt haben. Im Jahr 2018 lag der Anteil bei etwa 34 Prozent und sank im folgenden Jahr auf 23 Prozent. Interessanterweise glauben etwa 95 Prozent der Befragten, dass einer der Aspekte der Blockchain-Technologie, der mäßig oder sehr wichtig ist, Smart Contracts sind. In diesem Kapitel werden wir Smart Contracts besprechen, die ich im ersten Kapitel kurz vorgestellt habe. Denken Sie daran, dass Smart Contracts als Teil der zweiten Generation von Blockchains nach der Entstehung von Bitcoin entstanden sind.

GESCHICHTE UND GRUNDLAGEN VON SMART CONTRACTS

Smart Contracts gibt es schon seit über zwei Jahrzehnten, aber viele wurden erst mit dem Start der Ethereum-Blockchain darauf aufmerksam. Mitte der 1990-er Jahre brachte Nick Szabo mehrere Arbeiten heraus, in denen er das Konzept der Smart Contracts überzeugend darstellte. Der Informatiker beschrieb sie in seinen Veröffentlichungen als

„Eine Reihe von Versprechen, die in digitaler Form festgelegt sind, einschließlich Protokollen, innerhalb derer die Parteien diese Versprechen erfüllen."

Das Ziel von Smart Contracts ist es, wesentliche Elemente eines Vertrages algorithmisch zu erfassen und gleichzeitig zu verhindern, dass Vereinbarungen durch Kryptographie verfälscht werden können. Vereinfacht kann man einen Smart Contract als eine automatisierte und einklagbare Vereinbarung sehen. Während ein smarter Vertrag dank eines Computers automatisierbar ist, erfordern einige Teile davon möglicherweise Eingaben oder Kontrolle durch den Menschen. Wenn wir einen Blick auf Szabos Definition eines Smart Contracts werfen, sehen wir die wichtigsten Elemente eines smarten Vertrags.

Ein Smart Contract umfasst „eine Reihe von Versprechen", die entweder vertraglich oder nicht vertraglich sein können – dies hängt vom Modell des Smart Contracts ab. Außerdem können solche Versprechen aus regelbasierten Operationen und/oder vertraglichen Bedingungen bestehen, die zur Verarbeitung der Businesslogik festgelegt werden.

Das zweite Element in der Definition ist „in digitaler Form festgelegt". Dies bedeutet auch, dass ein smarter Vertrag hauptsächlich in elektronischer Form vorliegt, die aus mehreren Zeilen Code und der Software besteht, die dabei hilft, die richtigen Bedingungen sowie die Vertragsgegenstände festzulegen. Alle Vertragsklauseln und/oder Vertragsgegenstände werden der Software als Code hinzugefügt.

Auch „Protokolle", wie sie in Szabos Definition verwendet werden, kommen in Form eines Algorithmus, der spezifische Regeln festlegt, die die Art und Weise bestimmen, wie alle Beteiligten Daten in Bezug auf einen Smart Contract verarbeiten. Außerdem bezieht sich der Begriff auf regelbasierte und technologiegestützte Vorgänge, die die Ausführung bestimmter Aktionen wie die Freigabe von Zahlungen ermöglichen. Eine der zentralen Bestandteile von Smart Contracts hat mit der automatisierten Ausführung zu tun.

Wir können auch die Definition von Smart Contracts untersuchen, die von der International Financial Corporation (IFC) vorgelegt wurde. Sie definiert den Begriff als „selbstausführender Software-Code, der auf einer Blockchain läuft." Im Einklang mit dieser Definition werden wir uns hauptsächlich auf Blockchain-basierte Smart Contracts konzentrieren. Smart Contracts können in Verbindung mit der Distributed-Ledger-Technologie einen effizienten, automatisierten und transparenten Weg zur Ausführung verschiedener vertraglicher Prozesse eröffnen, insbesondere wenn es darum geht, die Erfüllung von Verträgen zu verfolgen, ohne von Vermittlern abhängig zu sein.

Basierend auf den beiden Definitionen, die wir bisher gesehen haben, können wir also schließen, dass Smart Contracts einfach auf Blockchain basiertende Computerprotokolle sind. Diese Protokolle ermöglichen digital die Kontrolle, Überprüfung und tatsächliche Ausführung einer Vereinbarung zwischen zwei oder mehreren Parteien – es besteht keinerlei Notwendigkeit für Vermittler.

Wie Smart Contracts funktionieren

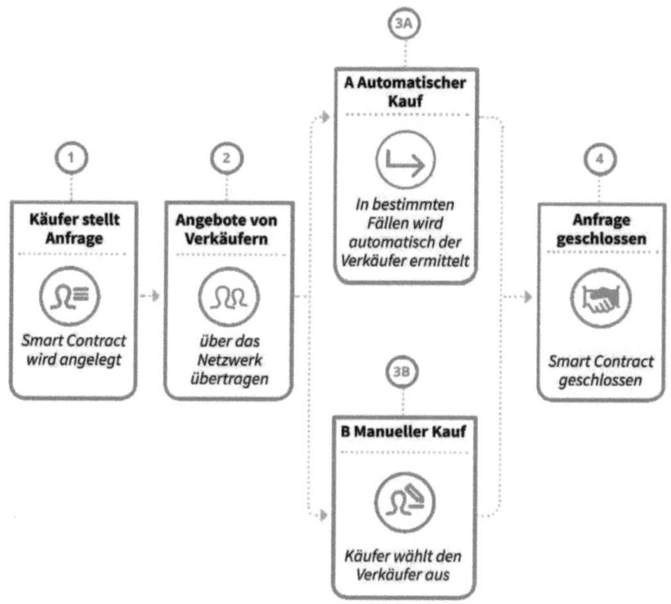

Der Ausgangspunkt ist, dass die Vertragsparteien eine Vereinbarung treffen. An dieser Stelle müssen alle beteiligten Parteien eine unternehmerische Angelegenheit und die erwarteten Ergebnisse festlegen. Die Geschäftsgelegenheit, die sie beschreiben, ist in der Regel etwas, von dem alle beteiligten Parteien auf die eine oder andere Weise profitieren können. Vereinbarungen könnten in diesem Fall den Tausch von Vermögenswerten, die Übertragung von Rechten, Geschäftsprozessen und einige andere beinhalten.

Sobald die Vertragsparteien die Geschäftsmöglichkeiten und die gewünschten Ergebnisse festgelegt haben, geht es in der nächsten Phase darum, die Bedingungen für den Smart Contract aufzustellen. Es ist möglich, dass die an einem Smart Contract beteiligten Parteien ihn selbst in Gang setzen, oder er kann auch ausgelöst werden, wenn bestimmte Bedingungen erfüllt sind, z. B. Naturkatastrophen, Indikatoren des Finanzmarktes oder ein bestimmtes Ereignis. Auch könnten zeitliche Bedingungen Smart Contracts bei religiösen Ereignissen, Geburtstagen oder Feiertagen in Gang setzen.

Die nächste Phase beinhaltet die Codierung der Geschäftslogik. Ein Entwickler kann diesen Bereich der Smart Contracts bearbeiten, wenn die Parteien nicht in der Lage sind, dies selbst zu tun. Es handelt sich um ein Computerprogramm, das so geschrieben ist, dass es die automatische Ausführung der Vereinbarung sicherstellt, sobald die Bedingungen erfüllt sind. Dann durchläuft die Nachricht die Blockchain-Verschlüsselung, um die Überprüfung und Authentifizierung der Nachricht zwischen allen Beteiligten des Smart Contracts zu gewährleisten. Sobald der Entwickler den Smart Contract geschrieben hat, überprüft eine Instanz, der alle Beteiligten zustimmen, den Smart Contract und zeichnet die Vereinbarung auf einer Blockchain auf.

Die Art der Blockchain, die den Smart Contract hostet, bestimmt auch die Art des Smart Contracts. Transaktionen in einem Smart Contract sind für die Öffentlichkeit sichtbar, wenn er auf einer öffentlichen/permissionless Blockchain wie Ethereum gehostet wird.

Der vierte Schritt beinhaltet die Ausführung und Verarbeitung. In der Blockchain wird der Smart Contract in einen Block geschrieben, nachdem die Knoten einen Konsens über die Überprüfung und Beglaubigung des Smart Contracts erreicht haben. Zu diesem Zeitpunkt wertet der Smart Contract die Daten aus und führt sich selbst aus oder läuft ab – die Bedingungen der Vereinbarung bestimmen das Ergebnis. Anschließend aktualisiert das Netzwerk alle Knoten nach der Ausführung des Smart Contracts, um den neuen Zustand wiederzugeben. Der Datensatz des Smart Contracts kann nicht mehr geändert werden, sobald er verifiziert und in das Blockchain-Netzwerk eingestellt wurde.

In der dritten Phase von Smart Contracts, die auf der Blockchain gehostet werden, wird der Smart Contract mit externen Datenquellen verbunden, und zwar über Datenbankdienste wie Konten bei Finanzinstituten oder einen Datenfeed. Die häufigsten Anweisungen, die in Smart Contracts enthalten sind, sind einfache Anweisungen wie „wenn/wenn...dann..." Diese Anweisungen werden dann in Code in das bevorzugte Blockchain-Netzwerk geschrieben. Sobald die vorgegebenen Bedingungen erfüllt und überprüft sind, führt ein Netzwerk von Knoten die Aktionen aus.

Beispiele für die Aktionen sind die Registrierung eines Autos, die Freigabe von Geldern an die richtige Person, die Ausstellung eines Tickets oder sogar das Senden einer bestimmten Benachrichtigung. Sobald die Knoten die Aktionen ausführen, werden diese Informationen in der Blockchain aktualisiert, um zu zeigen, dass sie abgeschlossen sind. Innerhalb eines Smart Contracts kann es mehrere Bedingungen geben, sofern sie erforderlich sind, um die Teilnehmer von der erfolgreichen Erledigung der Aufgabe in Kenntnis zu setzen.

Im Zuge der Festlegung der Bedingungen müssen alle beteiligten Parteien feststellen, wie ihre Daten und Transaktionen auf der gewählten Blockchain-Plattform dargestellt werden. Sie müssen sich auch auf die „wenn/wenn...dann..."-Regeln einigen, die für alle ihre Transaktionen Gültigkeit haben werden. Ein weiterer wichtiger Faktor, auf den sich die Vertragsparteien einigen müssen, sind alle möglichen Ausnahmen und für den Fall, dass Streitigkeiten auftreten, müssen sie sich auf die entsprechenden Richtlinien zur Streitbeilegung einigen.

Abgesehen von Entwicklern, die bei der Programmierung des Smart Contracts helfen können, entstehen mit der Entwicklung der Branche weitere Optionen. Zum Beispiel haben weitere Firmen, die Blockchain für Geschäfte nutzen, mittlerweile Vorlagen, ansprechende Benutzeroberflächen sowie andere Online-Tools entwickelt, die dabei helfen können, Smart Contracts zu vereinfachen und zu strukturieren.

LEISTUNGSFÄHIGKEIT UND VORTEILE VON SMART CONTRACTS

Die Anzahl der Vorteile von Smart Contracts könnte in Zukunft noch zunehmen, wenn die Technologie weiter verbessert wird. Smart Contracts bieten mehrere Vorteile gegenüber herkömmlichen Vereinbarungen, wie z. B.:

- ***Erhöhte Genauigkeit:*** Eine der Voraussetzungen von Smart Contracts ist es, alle Vertragsbedingungen ausdrücklich und detailliert festzuhalten. Eine einzige Unachtsamkeit könnte zu Transaktionsfehlern führen, weshalb automatisierte Verträge helfen, die Nachteile des manuellen Ausfüllens von Formularen zu vermeiden.
- ***Klare Kommunikation:*** Alles ist eindeutig, weil die Genauigkeit bei der Angabe der Vertragsbedingungen gewährleistet ist. Dies schließt die Möglichkeit einer missverständlichen Kommunikation oder Missinterpretation aus. So verringern die Vertragsparteien die Häufigkeit von Fehlern, die durch Kommunikationslücken entstehen.
- ***Schnelligkeit:*** Im Gegensatz zu traditionellen Verträgen, die mit Schreibarbeit verbunden sind, laufen Smart Contracts über Softwarecode und dieser findet live im Internet statt. Das bedeutet auch, dass sie schnell und einfach ausgeführt

werden können. Die Geschwindigkeit der Ausführung von Smart Contracts trägt dazu bei, die Anzahl der Stunden zu reduzieren, die durch traditionelle Geschäftsprozesse verschwendet werden. Mit Smart Contracts entfällt die manuelle Bearbeitung von Dokumenten, da die Ausführung digital erfolgt. Infolge der höheren Abwicklungsgeschwindigkeit von Smart Contracts agieren Unternehmen mit mehr Effizienz. Höhere Effizienz führt außerdem zu einer größeren Anzahl an wertschöpfenden Transaktionen, die pro Zeiteinheit verarbeitet werden.

- ***Keine Notwendigkeit für Schriftstücke:*** Eines der wichtigsten Themen, mit denen sich die meisten Regierungen und Organisationen rund um den Globus beschäftigen, ist das Thema Klimawandel. Wir werden uns zunehmend der Auswirkungen unserer Aktivitäten auf unseren Planeten bewusst. Dies unterstreicht auch den Bedarf an papierlosen Transaktionen, da Smart Contracts die „Go-green“-Bewegung unterstützen. Alle Transaktionen finden in der virtuellen Welt statt und es besteht oft keine Notwendigkeit, riesige Mengen an Papier für Transaktionen zu verbrauchen.

- ***Speicherung und Backup:*** Jedes wesentliche Detail einer Transaktion wird in Smart Contracts ordnungsgemäß aufgezeichnet. Die Eigenschaft der Unveränderlichkeit von Smart Contracts hat zur Folge, dass eine an der Transaktion beteiligte Partei jederzeit auf die Details des Vertrages zugreifen kann, da die Aufzeichnungen dauerhaft sind. Im Gegensatz zu traditionellen Speichermedien, die auf Papier angewiesen sind, das in der Zukunft verloren gehen kann, können alle Eigenschaften einer Transaktion leicht abgerufen werden, wenn eine Partei ihre Daten verliert.

Wenn Smart Contracts richtig kodiert sind und alle Bedingungen klar formuliert sind, kann die Notwendigkeit von Gerichten und Rechtsstreitigkeiten erheblich reduziert oder sogar verhindert werden. Die Vertragsparteien verpflichten sich, sich an alle Regeln des zugrunde liegenden Codes zu halten, wenn sie einen selbstausführenden Vertrag verwenden.

Reduzierung der Transaktionskosten

„Die Kosten, die Smart Contracts verursachen, werden von Ökonomen unter dem Sammelbegriff 'Transaktionskosten' zusammengefasst." - Nick Szabo

Die Transaktionskosten, zu deren Reduzierung Smart Contracts beitragen können, sind die Mess-, Durchsetzungs- und Verhandlungskosten, die im Prozess des wirtschaftlichen Austauschs häufig anfallen. Das Bemerkenswerte an intelligenten Verträgen ist, dass sie dazu beitragen, dass Organisationen und Unternehmen weniger auf bestehende klassische Einrichtungen wie Finanzinstitute und Durchsetzung von Forderungen durch Dritte angewiesen sind, die den wirtschaftlichen Austausch unterstützen. Vielleicht sind die Kosten für die Durchsetzung von Verträgen die häufigste Art von Transaktionskosten, die mit Hilfe von Smart Contracts minimiert werden können. Was sind also solche Durchsetzungskosten?

Diese Kosten sind mit der Erhaltung und Nutzung der Dienste von Dritten zur Durchsetzung von Vereinbarungen verbunden, zusätzlich zu dem fortlaufenden Prozess der Überwachung und Überprüfung von wirtschaftlichen Vereinbarungen. Smarte Verträge können die Kosten für die Durchsetzung von Vereinbarungen auf dreierlei Weise senken, unter anderem durch die Erhöhung der Kosten für die

Verletzung der Vertragsbedingungen durch die Selbstausführung und Unveränderlichkeit. Dies trägt dazu bei, die Unsicherheit und die Möglichkeit eines Vertragsbruchs zu verringern und letztendlich die Notwendigkeit zu senken, teure Vermittler als Mechanismen zur Vollstreckung von Verträgen zu unterhalten. Smart Contracts können auch die Kosten für die Durchsetzung senken, indem sie automatisierte Protokolle nutzen, um den Aufwand zu verringern und gleichzeitig die Geschwindigkeit und Genauigkeit der Überwachung und Überprüfung zu erhöhen.

Eine weitere Möglichkeit zur Kostensenkung durch Smart Contracts ist der Einsatz der Blockchain-Technologie, die eine transparente Plattform für die Überwachung von Transaktionen bietet, die zudem für alle Beteiligten zugänglich ist, wodurch die Notwendigkeit einer kostspieligen Vervielfältigung entfällt. Indem sie mehr Vertrauen und erhöhte Transparenz bei der Vertragserfüllung fördern, können Smart Contracts auch die Kosten für Verhandlungen und Abrechnungen senken.

Nutzen für Unternehmen und Verbraucher

Unternehmen und Privatpersonen können durch die selbständige Ausführung, die Automatisierung, den dezentralen Zugriff, die Überprüfung und die Unveränderlichkeit von Smart Contracts zahlreiche Vorteile nutzen. Für Finanzinstitute können sie eine Reihe von Effizienzsteigerungen bewirken, wie z. B. verbessertes Risikomanagement, geringere Betriebskosten, verbesserte Koordination usw. So können Finanzinstitute durch eine verbesserte Automatisierung u. a. die Notwendigkeit der Papierdokumentation, betriebliche Risiken und Betriebskosten reduzieren.

Die Unveränderlichkeit und selbständige Ausführung können das Risiko der Gegenpartei und das Betriebsrisiko senken. Für die Kunden von Finanzinstituten ergeben sich mehrere Vorteile, die sich in Form einer Reduzierung der Servicekosten, einer verbesserten Termintreue, einer möglichen Erhöhung des Zugangs zu verschiedenen Produkten und Dienstleistungen, Transparenz bei Transaktionen und einigem mehr zeigen könnten. Man sollte jedoch bedenken, dass Kunden von Finanzinstituten diese Vorteile von Smart Contracts nur dann in Anspruch nehmen können, wenn die Finanzinstitute sich bereit erklären, die Gewinne aus der verbesserten Effizienz mit ihren Kunden zu teilen.

DIE WICHTIGSTEN SMART CONTRACTS-PLATTFORMEN

Während Smart Contracts grundsätzlich allgemein angelegt sein können, können Unternehmen sie auch von Grund auf neu entwerfen, um ihre spezifischen Bedürfnisse zu erfüllen. Um einen Smart Contract von Grund auf zu entwerfen, müssen Entwickler den Smart Contract codieren. Es gibt jedoch Unternehmen, die es Unternehmen und Einzelpersonen erlauben, Smart Contracts auf ihrer Plattform einzurichten und im Gegenzug einen Gewinn aus den erhobenen Gebühren zu erzielen. Die Gebühren für die Nutzung dieser Blockchain-Netzwerke richten sich nach dem Grad der Verarbeitung, die ein Smart Contract benötigt. So kosten Smart Contracts mit komplexeren Prozessen mehr und umgekehrt.

Wenn Sie mit dem Gedanken spielen, eine der Smart-Contract-Plattformen im Blockchain-Bereich zu nutzen, dann sollten Sie eine der folgenden in Betracht ziehen, je nachdem, welche besonderen Funktionen Sie benötigen.

Ethereum

Wir können mit Fug und Recht behaupten, dass Ethereum die führende Smart-Contract-Plattform der Welt ist und einer der Favoriten der meisten Entwickler geblieben ist. Seit seiner Einführung im Jahr 2015 hat Ethereum trotz einiger Herausforderungen auf dem Weg dorthin ein stetiges Wachstum beibehalten. Viele sind vertraut mit Ethereum durch seine Token, die ether genannt werden, aber nicht viele sind sich bewusst, dass es sich um eine führende Smart-Contract-Plattform handelt. Eines der interessanten Dinge an den Smart Contracts von Ethereum hat mit dem Ausmaß der Standardisierung sowie dem hervorragenden Support zu tun, den die Plattform bietet.

Die Plattform hat eine Reihe von wohldefinierten Regeln aufgestellt, denen jeder Entwickler bei der Entwicklung eines Smart Contracts folgen kann. Unter allen derzeit verfügbaren Smart-Contract-Plattformen hat das Ethereum-Netzwerk die größte Marktkapitalisierung und das Team der Kernentwickler der Plattform zeigt ein hohes Maß an Engagement bei der Verbesserung der Erstellung und des Betriebs von Smart Contracts. Dies ist der Grund, warum die Plattform eine eigene Programmiersprache für Smart Contracts mit dem Namen Solidity entwickelt hat. Interessanterweise werden mit der vollständigen Einführung von Ethereum 2.0 auch andere populäre Programmiersprachen auf der Plattform erlaubt sein, was es für Entwickler noch einfacher macht, Smart Contracts zu programmieren.

Herausforderungen für die Ethereum-Plattform

Die Ethereum-Plattform ist mit einigen Herausforderungen konfrontiert. Forscher aus Großbritannien und Singapur führten eine Untersuchung durch und entdeckten, dass 34.000 Smart Contracts im Ethereum-Netzwerk anfällig für Programmierfehler waren. Allerdings hat das Team der Ethereum-Entwickler die meisten der Bugs schnell beseitigt. Ein weiteres großes Problem, das Sie kennen sollten, hat mit der Kapazitätsgrenze zu tun.

Die Plattform lief mehrmals mit voller Kapazität und dies ist eines der Probleme, die Entwickler beschäftigen, die gewährleisten wollen, dass die Abwicklung ihrer Verträge nicht verzögert wird. Einige der Funktionen, die Entwickler nutzen können, wenn sie das Ethereum-Netzwerk verwenden, sind:

- Stellt unkomplizierte Richtlinien für Entwickler zur Verfügung
- Das Einrichten von Smart Contracts ist kostenlos, es fallen jedoch Gebühren für Transaktionen an.
- Eine hilfsbereite Entwickler-Community.
- Ethereum-Token-Standard (ERC-20)
- Dokumentationen/Hilfe für Anwender verfügbar
- Viele Smart-Contract-Entwickler haben Erfahrung mit der Ethereum-Blockchain.

Bei der Überlegung, ob Sie das Ethereum-Netzwerk nutzen sollten oder nicht, sollten Sie bedenken, dass das Netzwerk häufig überlastet ist, obwohl das Team Anstrengungen unternimmt, vom Proof-of-Work- zum Proof-of-Stake-Konsens überzugehen, was das Netzwerk skalierbarer machen sollte. Außerdem ist die Plattform teurer als andere.

Hyperledger Fabric

Hyperledger Fabric ist zweifelsohne einer der Konkurrenten von Ethereum und die Plattform hat in letzter Zeit an Beliebtheit gewonnen. Die Smart-Contracts-Plattform wurde von der Linux Foundation im

Jahr 2015 als Open-Source-Projekt ins Leben gerufen. Das Ziel der Plattform ist es, als Open-Source-Projekt die Entwicklung von auf Blockchain basierenden Distributed Ledgern zu unterstützen. Einige der Frameworks, die derzeit unter der Plattform entwickelt werden, sind Hyperledger Sawtooth, Hyperledger Burrow, Hyperledger Indy und Hyperledger Fabric.

Für Entwickler, die auf der Suche nach einer Smart-Contract-Plattform sind, gibt es mehrere Gründe, warum Hyperledger eine hervorragende Wahl sein könnte. Die Plattform hat im Laufe der Zeit gezeigt, dass sie eine zuverlässige Alternative zu Ethereum ist. Hyperledger Fabric gehört zum Typ der Permissioned Blockchain-Infrastruktur, die die Ausführung von Smart Contracts unterstützt. Da es sich um ein Permissioned Network handelt, sind die Identitäten aller Teilnehmer bekannt, was es zu einer optimalen Lösung für Unternehmen macht, die Smart Contracts erzeugen wollen und gleichzeitig mit den Datenschutzgesetzen konform gehen wollen.

Eines der Merkmale, die Hyperledger einzigartig und flexibler machen, ist, dass Entwickler Smart Contracts in JavaScript sowie in anderen gängigen Programmiersprachen erstellen können, indem sie einfach die entsprechenden Module installieren. Auf dieser Plattform sind Entwickler also nicht auf eine einzige Sprache wie Solidity angewiesen, um ihre Smart Contracts zu programmieren.

Herausforderungen für Hyperledger Fabric

Im Gegensatz zu Ethereum verfügt die Plattform nicht über ein Token System, und während diese Tatsache einige Vorteile bietet, hat sie auch ihre Nachteile. Zum Beispiel schränkt es die Art von Smart Contracts ein, die Sie auf der Plattform entwickeln können. Für Unternehmen oder Organisationen, die Smart Contracts entwickeln möchten, die einen Zahlungstransfer erfordern, wie z. B. bei einem ICO, ist Ethereum die bessere Wahl. Andere wichtige Funktionen, die Sie in Hyperledger finden werden, sind:

- zugelassene Mitgliedschaften
- verlässliche Leistung
- unterstützt Plug-in-Komponenten
- Open Source und kostenlos zu verwenden
- Entwickler können Smart Contracts in mehreren Sprachen programmieren
- Es wird von IBM unterstützt.

Wie ich bereits erwähnt habe, ist ein großer Nachteil der Plattform die Tatsache, dass es kein Token-System gibt.

Nem

Einer der Gründe, warum einige Entwickler Nem bevorzugen, ist, dass es in Java geschrieben ist, einer bekannten Programmiersprache. Es besteht also keine Notwendigkeit, eine neue Programmiersprache zu lernen, die speziell für eine Blockchain-Plattform wie Solidity gedacht ist. Der andere gute Grund, warum einige Entwickler diese Plattform bevorzugen, ist, dass Java tatsächlich weiter entwickelt ist, sodass es weniger Sicherheitslücken im Vergleich zu neueren Programmiersprachen gibt.

Die meisten Sicherheitsexperten haben offengelegt, dass die Veröffentlichung des Mijin V.2-Updates von Nem das Blockchain-Netzwerk zur sichersten Smart-Contract-Plattform gemacht hat, die Sie im Blockchain-Bereich finden können. Abgesehen von der Verbesserung der NEM-Blockchain wird das Update als ein Meilenstein in der Branche gesehen, der uns in eine Ära neuer Möglichkeiten für Distributed-Ledger-Datenbankfunktionen geführt hat. Das vielleicht größte Verkaufsargument von Nem ist, dass es hoch skalierbar ist. Während Ethereum zum Beispiel etwa 15 Transaktionen pro Sekunde (TPS) abwickelt, kann Nem hunderte von Transaktionen pro Sekunde abwickeln. Das ist der Grund, warum immer mehr Entwickler von Nem angezogen werden. Werfen Sie einen Blick auf eine Zusammenfassung der wichtigsten Eigenschaften von Nem:

- herausragende Leistung
- einfache Handhabung durch die Programmiersprache Java
- skalierbar
- keinerlei plattformspezifische Sprache

Trotz seiner Vorteile hat Nem auch ein paar Nachteile und einer davon ist, dass es nicht viele Werkzeuge enthält. Da die Plattform Codes verwendet, die nicht Blockchain-basiert sind, ist sie weniger dezentralisiert. Schließlich hat Nem im Vergleich zu anderen Plattformen auch eine kleinere Entwicklergemeinschaft.

Faktoren, die bei der Auswahl einer Smart-Contract-Plattform zu berücksichtigen sind

Wenn Sie daran interessiert sind, eine Smart-Contract-Plattform auszuwählen, gibt es zahlreiche von ihnen im Blockchain-Bereich. Wir haben nur ein paar von ihnen vorgestellt, aber es gibt einige Dinge, die Sie beachten sollten, bevor Sie eine auswählen.

Berücksichtigen Sie die Reputation der Plattform

Im Laufe der Jahre ist Ethereum beliebter geworden als andere Smart-Contract-Blockchain-Plattformen für Anwender, die ein kryptografisches Token erstellen möchten. Das Entwicklerteam von Ethereum hat die „Ethereum Virtual Machine“ (EVM) geschaffen. Dabei handelt es sich um ein vollständiges Turing-System, das jeder für die Entwicklung von Blockchain-Anwendungen nutzen kann. Ethereum verfügt über ein umfangreiches Ökosystem, das es den Entwicklern erleichtert, dezentrale Anwendungen (dApps) zu erstellen.

Ethereum wäre auch die beste Wahl für Sie, wenn Sie Sicherheit durch Dezentralisierung benötigen und dies liegt an seiner Nutzung des PoW-Konsensmechanismus. Derzeit verwendet eine beträchtliche Anzahl von dezentralen Finanzprojekten die Ethereum-Plattform. Mit dem Übergang zu Ethereum 2.0, die auch den Übergang der blockchain von PoW zu PoS einleitet, werden die Probleme der Skalierbarkeit reduziert und die Plattform erhöht weiter ihre Sicherheit.

Wenn Sie keinen Token benötigen

In Wahrheit benötigen nicht alle Projekte einen kryptografischen Token. Wenn Ihr Projekt zu dieser Art von Projekten gehört, dann sind Sie höchstwahrscheinlich an Anwendungsfällen interessiert, die eine Permissioned Blockchain voraussetzen. Wenn Sie zum Beispiel versuchen, ein System zur Sicherung der Lieferkette zu entwickeln, dann benötigen Sie kein kryptografisches Token. Die beste Art von Smart-Contract-Plattform für Ihr Projekt ist dann eine Enterprise-Blockchain-Lösung und eine dieser Plattformen ist Hyperledger Fabric. Eine Smart-Contract-Plattform wie Quorum ist ideal für ein Unternehmen, das an einem FinTech-spezifischen Anwendungsfall interessiert ist. Quorum ist ebenfalls eine Enterprise-Blockchain-Plattform, die mit Unterstützung von JP Morgan entwickelt wurde. Im Jahr 2020 wurde das Unternehmen von ConsenSys übernommen.

KAPITEL 7

DIE BLOCKCHAIN-TECHNOLOGIE UND IHRE HERAUSFORDERUNGEN

Die Liste der Unternehmen, die sich für den Einstieg in den Blockchain-Bereich interessieren, ist im Laufe der Jahre immer weiter angewachsen. Trotz der zahlreichen Vorteile der Distributed-Ledger-Technologie gilt es noch einige große Hürden zu überwinden, bevor sie sich allgemein durchsetzen kann. Einige dieser Herausforderungen reichen vom Fehlen einer adäquaten Regulierung über die geringe Skalierbarkeit bis hin zu unzureichend qualifiziertem Personal. In diesem Abschnitt gehen wir die technischen und organisatorischen Herausforderungen der Blockchain-Technologie durch und sehen uns auch an, welche Lösungen der dritten Generation implementiert werden, um mit einigen dieser Herausforderungen umzugehen.

DIE GRÖSSTEN HERAUSFORDERUNGEN DER BLOCKCHAIN-TECHNOLOGIE

Eine der Herausforderungen, die die Verbreitung der Blockchain-Technologie im Laufe der Jahre erlebt hat, hat mit ihrem Ruf zu tun. Gegenwärtig setzen die meisten Menschen die Blockchain-Technologie mit bitcoin und Kryptowährungen gleich. Leider sieht die Welt Kryptowährung immer noch als (und durch Assoziation mit Blockchain) betrügerisch an, sowie als Werkzeug für Spekulanten, Hacker und bösartige Akteure. Wir befassen uns sowohl mit den nicht-technischen oder organisatorischen Herausforderungen als auch mit den technischen, wie z. B. der fehlenden Interoperabilität, den Schwierigkeiten bei der Integration mit Altsystemen, Problemen der Skalierbarkeit, der Komplexität der Distributed-Ledger-Technologie und dem Mangel an Fachkräften.

Zu den organisatorischen Herausforderungen auf Unternehmensebene gehören das fehlende Bewusstsein und Verständnis für die Technologie, das Fehlen einer guten Unternehmensführung, fehlende Benutzererfahrung und einige andere. Wir werden uns die meisten dieser Herausforderungen ansehen und was die Blockchain-Branche unternimmt, um die meisten von ihnen zu bewältigen.

Herausforderungen in Zusammenhang mit dem Image

Eine der größten Herausforderungen der Blockchain-Technologie ist in der Tat das Imageproblem. Weiter oben im ersten Kapitel haben wir festgestellt, dass Blockchain durch bitcoin populär gemacht wurde, als Satoshi Nakamoto das bitcoin-Whitepaper veröffentlichte. Dies öffnete die Tür für weitere Blockchain-Projekte und in der Folge wurde Blockchain mit Kryptowährungen in Verbindung gebracht. Wir sind auch Zeugen mehrerer betrügerischer Krypto-Projekte geworden, die die Menschen um ihr hart verdientes Geld gebracht haben. Viele

Menschen glauben, dass diejenigen, die mit Kryptowährung zu tun haben, Betrüger und Hacker sind, die die Technologie für kriminelle Aktivitäten ausnutzen.

Das negative Image von Kryptowährungen wirkt sich nun auf die Blockchain-Technologie aus, was viele Organisationen und Einzelpersonen dazu veranlasst, ernsthaft darüber nachzudenken, bevor sie die Technologie übernehmen. Die breite Öffentlichkeit muss den Unterschied zwischen Kryptowährungen wie bitcoin, ether, litecoin usw. und Blockchains wie der Bitcoin-Blockchain, Ethereum-Blockchain und einigen anderen verstehen. Einer der Gründe für dieses Buch ist es, Menschen weiter darüber aufzuklären, was Blockchain bedeutet und welche Auswirkungen dieses Konzept auf unsere Welt hat, wenn mehr Einzelpersonen und Unternehmen es anwenden können.

Blockchain unterscheidet sich von Krypto, tatsächlich sind Kryptowährungen nur ein Beispiel für die Anwendung der Distributed-Ledger-Technologie. Im nächsten Abschnitt werden wir andere Anwendungsfälle von Blockchain in verschiedenen Branchen rund um den Globus untersuchen. Wenn mehr Menschen informiert werden, erleben wir einen deutlichen Rückgang der negativen Wahrnehmung der Menschen in Bezug auf Blockchain und dies wiederum kann deren Bereitschaft erhöhen, Blockchain anzunehmen.

Es ist gut zu wissen, dass mehrere Gemeinschaftsinitiativen verschiedener Branchen im Blockchain-Bereich zu positiven Veränderungen in dieser Hinsicht führen, und solche Initiativen und gegenseitige Abhängigkeiten sind eine hervorragende Möglichkeit, den Blockchain-Markt in Richtung einer weltweiten Verbreitung voranzubringen.

Große Unternehmen haben Angst vor der disruptiven Natur von Blockchain

Die meisten Organisationen fühlen sich mit der zerstörerischen Natur von Blockchain nicht sehr wohl. Dies ist sogar zu einer Art Alptraum für einige Unternehmen geworden, die das Gefühl haben, dass sie durch die Blockchain-Technologie ihren Marktanteil verlieren oder letztendlich obsolet werden. Blockchain bedeutet zu 80 Prozent eine Veränderung der Geschäftsprozesse und zu 20 Prozent die Implementierung einer Technologie. Das bedeutet eine völlige Abkehr von den herkömmlichen Methoden, Aufgaben zu erledigen. Dies gilt auch für die meisten Branchen, die im Laufe der Jahre eine bemerkenswerte Transformation durch digitale Technologien erlebt haben.

Vergessen Sie nicht, dass die Blockchain-Technologie die Abhängigkeit von zentralen Behörden beseitigt und Vertrauen und Autorität in ein dezentrales Netzwerk legt. Der Verlust der Kontrolle durch mächtige zentrale Institutionen ist ziemlich beunruhigend und viele würden sich lieber gegen solche Trends wehren. Natürlich kennen wir nicht alle Branchen und Institutionen, die durch die Blockchain-Implementierung durcheinander gebracht werden, und auch nicht alle Geschäftsbereiche, die davon betroffen sein werden. Dies bedingt, dass es einen fantasievollen Ansatz braucht, um die ungeheuren Möglichkeiten zu erschließen, die die Distributed-Ledger-Technologie zu bieten hat und wie sie unser Leben verändern wird.

Kosten und Effizienz

Es besteht kein Zweifel daran, dass Blockchain-Netzwerke Peer-to-Peer-Transaktionen effizient und schnell ausführen, aber dies ist mit hohen Gesamtkosten verbunden, wobei sich diese Kosten bei verschiedenen

Blockchains unterscheiden. Nehmen wir die Bitcoin-Blockchain, die derzeit den PoW-Konsens verwendet. Die Kosten für den Betrieb der Knoten, die Transaktionen überprüfen und Transaktionen über das öffentliche Register verteilen, sind enorm. Schätzungen zeigen, dass die Kosten für die Validierung und den Austausch von Transaktionen im Bitcoin-Netzwerk jedes Jahr etwa 600 Millionen Dollar betragen, und diese Zahl steigt weiter an. Tatsächlich schließt diese Schätzung die Kosten für den Kauf spezieller Mining-Hardware aus.

Abgesehen von den Kosten ist ein Teil des Grundes, warum der Preis von bitcoin gefallen ist, das Ergebnis von Bedenken über die Auswirkungen des bitcoin-Minings auf unsere Umwelt. Dies bedeutet, dass jede Organisation, die Blockchain-Lösungen implementieren möchte, den Prozess sorgfältig durchdenken muss, bevor sie Entscheidungen trifft. Diese Herausforderung ist allgemein als das „Blockchain-Paradoxon“ bekannt.

Sicherheit und Datenschutz

Obwohl Blockchains wie Bitcoin Pseudonymität bieten (weil Transaktionen im Netzwerk nicht mit Personen, sondern mit Wallets verbunden sind), bevorzugen einige Anwendungsmöglichkeiten Smart Contracts und Transaktionen, die eindeutig mit Personen verbunden sind. Dies kann zu Problemen hinsichtlich der Privatsphäre sowie der Sicherheit der Daten führen, die auf dem Distributed Ledger gespeichert und abgerufen werden. Um die Akzeptanz der Blockchain-Technologie zu erhöhen, sollten sich die Beteiligten proaktiv mit dem Thema Datenschutz auseinandersetzen, basierend auf Konzepten wie Vertrauen, Sicherheit und Wert. Jede Organisation, die Blockchain nutzen möchte, muss sich mit den verschiedenen Möglichkeiten auseinandersetzen, wie Datenschutz und Sicherheit das Design der Blockchain-Lösung beeinflussen können.

Die Eigeninteressen von etablierten Gruppen

Die größte Hürde, die Blockchain-Innovatoren überwinden müssen, sind die bestehenden Vorschriften. Dies liegt daran, dass die meisten der bestehenden Verordnungen hauptsächlich die etablierten Konzerne sowie deren ureigene Interessen gegenüber den Newcomern – den Blockchain-Unternehmen – begünstigen. Der Prozess der Informationsdigitalisierung findet in einem intensiven regulatorischen Umfeld statt. Das ist nicht verwunderlich, denn die alteingesessenen Autoritäten der Regierungen wurden hauptsächlich zum Schutz von Verbraucher- und Eigentumsrechten gegründet.

Regulierungsbehörden auf der ganzen Welt sehen sich nun dank der Digital-Ledger-Technologie mit neuen Herausforderungen konfrontiert, da sie nach Wegen suchen, Verbraucher und Märkte zu schützen. Leider hat die starre Herangehensweise der Regulierungsbehörden in den meisten großen Volkswirtschaften rund um den Globus in Bezug auf Blockchain nur dazu geführt, dass Wachstum und Innovation in diesem Sektor erstickt wurden. Es gibt jedoch einen allmählichen Wandel in den Ansichten der Regulierungsbehörden, während sich auch Regierungen dafür interessieren, was Blockchain zu bieten hat.

Die Anzahl der Länder, die bereits die Schaffung von digitalen Zentralbankwährungen (CBDCs) erforschen, hat in letzter Zeit zugenommen, wobei China an der Spitze steht, da sie bereits den digitalen Renminbi in einigen Städten testen. Da die Regierungen immer mehr Vorteile der Blockchain-Technologie sehen, müssen sie schließlich ein Regulierungsmodell einführen, das innovative Ideen und Projekte unterstützt und gleichzeitig die Verbraucher schützt. Die Etablierung von Regularien in diesem Bereich kann die Sichtweise anderer Menschen auf die Blockchain-Technologie verbessern und die Akzeptanz weiter erhöhen.

Regulierungen

Regulierungen haben schon immer eine Rolle gespielt, wenn es um technologische Fortschritte geht, und eine ganze Reihe von Technologien wie Bitcoin-Blockchain haben es geschafft, sich der Regulierung zu entziehen, während sie gleichzeitig versuchten, die meisten der ineffizienten Praktiken und Methoden zu lösen, die herkömmlichen Systemen innewohnen. Der Lösungsansatz von Blockchain verringert jedoch die Kontrollmöglichkeiten, und dies war in der Tat einer der Beweggründe, die zu seiner Entstehung führten. Zentralisierte Systeme haben immer als eine Art „Stoßdämpfer" inmitten der Probleme gedient, mit denen sie auch konfrontiert sind.

Auf der anderen Seite sind dezentrale Netzwerke möglicherweise nicht so widerstandsfähig wie zentrale Systeme, und das kann sich direkt auf die Teilnehmer auswirken, wenn bei der Entwicklung solcher Lösungen nicht ausreichend Sorgfalt walten gelassen wird. Dies erklärt, warum oft vorgeschlagen wird, dass Blockchain-Anwendungen innerhalb der vorhandenen Regulierungsstrukturen funktionieren müssen, anstatt sie zu umgehen. Das bedeutet, dass die Regulierungsbehörden in verschiedenen Branchen die Distributed-Ledger-Technologie sowie ihre Auswirkungen auf Verbraucher und Unternehmen in verschiedenen Sektoren genau verstehen müssen.

Integration mit Altsystemen

Eine der Herausforderungen, mit denen Unternehmen konfrontiert sind, ist die Integration von Blockchain in Altsysteme. Unternehmen, die Blockchain nutzen wollen, müssen ihr bisheriges System komplett umstrukturieren oder eine Lösung finden, wie sie beide Technologien integrieren können. Die Herausforderung bei dieser Integration ist jedoch der Mangel an qualifizierten Entwicklern, da die meisten

Unternehmen nicht in der Lage sind, auf die erforderlichen Fachkräfte für die Blockchain zuzugreifen, die diesen Prozess unterstützen würden.

Natürlich können sie die Situation bewältigen, indem sie die Dienste einer externen Firma in Anspruch nehmen, aber die meisten Lösungen im Blockchain-Bereich erfordern, dass interessierte Unternehmen eine Menge Ressourcen und Zeit investieren, um einen erfolgreichen Übergang zu schaffen.

Ein weiterer Faktor, der die meisten Unternehmen entmutigt, hat mit den hohen Fällen von Zerstörung und Verlust von Daten im Zuge der Umstellung auf die Distributed-Ledger-Technologie zu tun. Die meisten Unternehmen sind oft sehr zögerlich und zurückhaltend, wenn es darum geht, an ihrer Datenbank Änderungen vorzunehmen, und sie haben einen guten Grund dafür. Sie versuchen, das Risiko einer Beschädigung oder eines Verlusts von Daten zu vermeiden, was sich negativ auf ihren Betrieb auswirken könnte. In der Blockchain-Szene wird auch an Lösungen gearbeitet, die es Legacy-Systemen ermöglichen, sich mit einem Blockchain-Backend zu verbinden.

Ein hervorragendes Beispiel für eine solche Lösung ist Modex Blockchain Database. Das Produkt wurde entwickelt, um Personen, die über keine nennenswerten Kenntnisse dieser Technologie verfügen, dabei zu unterstützen, die zahlreichen Vorteile der Distributed-Ledger-Technologie zu nutzen und gleichzeitig alle Hindernisse zu beseitigen, die sich aus dem Verlust sensibler Informationen ergeben könnten.

Die Distributed Ledger Technologie ist noch unausgereift

Blockchain und DLT im Allgemeinen sind noch eine unausgereifte Technologie, und das erklärt auch, warum es einige Herausforderungen bei der Implementierung gibt. Dies bringt uns zu einigen der technischen Herausforderungen der Blockchain-Technologie.

Skalierbarkeit

Die Skalierbarkeit gehört zweifellos zu den schwierigsten Hürden im Blockchain-Bereich. Man kann dieses Problem einfach als einen Mangel an Skalierbarkeit bezeichnen, und das bedeutet, dass das Ausmaß, in dem Transaktionen auf Distributed Ledger verarbeitet werden, im Vergleich zu den herkömmlichen Plattformen begrenzt ist. Gegenwärtig verarbeiten die meisten Legacy-Unternehmen Tausende von Transaktionen pro Sekunde, aber die meisten Top-Blockchain-Netzwerke sind noch weit davon entfernt. Bei privaten Blockchains ist die Skalierbarkeit oft kein Thema, da vertrauenswürdige Parteien in die Aktivitäten der Knoten in solchen Netzwerken involviert sind, und das ist eine ausgezeichnete Geschäftsstrategie. Die Top-Blockchain-Netzwerke wie Bitcoin und Ethereum sind nicht in der Lage, das Niveau der Transaktionen in ihrem Netzwerk effektiv zu handhaben, und das liegt an der Struktur ihrer Netzwerke.

Es gibt eine Grenze für die Anzahl der Transaktionen, die wir auf der Kette verarbeiten können, und dieses Problem der mangelnden Skalierung ist eine große Herausforderung für Unternehmen, die Netzwerke benötigen, die einen hohen Transaktionsdurchsatz ermöglichen und gleichzeitig eine niedrige Latenz haben. Was sind also die verfügbaren Blockchain-Lösungen für das Problem der Skalierbarkeit?

1. Off-Chain Lösungen

Viele Blockchain-Plattformen sind der Meinung, dass Off-Chain-Lösungen die Transaktionsgeschwindigkeit von Blockchain-Netzwerken erhöhen, während gleichzeitig die Dezentralisierung und Sicherheit auf dem digitalen Register erhöht werden soll. Für den Fall, dass Sie nicht verstehen, was Off-Chain-Skalierungslösungen bedeuten: Es geht um Lösungen, die die Ausführung von Transaktionen ermöglichen, ohne die Blockchain zu sehr zu belasten. Jedes Protokoll, das Off-Chain-Scaling-Lösungen einsetzt, erlaubt es also den Nutzern auf ihrer Plattform, Geld zu senden und zu empfangen, während die Details der Transaktion nicht in der Hauptkette erscheinen. Derzeit erforschen viele Blockchain-Projekte verschiedene Off-Chain-Lösungen, um das Problem der Skalierbarkeit zu lösen, und wir werden uns einige von ihnen ansehen.

2. Beschleunigte Chips

Skynet Core ist ein Vorreiter bei beschleunigten Chips und diese Lösung könnte die Geschwindigkeit der Bestätigung sowie die Transaktionszeiten erhöhen. Das Projekt konzentriert sich auf die Bewältigung der Herausforderungen bei der Einführung der Blockchain-Technologie sowie auf die Funktionalität des Internet of Things (IoT). Eines der Kernziele von Skynet ist es, ein End-to-End-System bereitzustellen, und dazu gehören ein extrem skalierbares IoT-Blockchain-Netzwerk und ein lizenzfreier Blockchain-IoT-Chip, bekannt als Skynet Core.

Das Projekt beabsichtigt, Milliarden von lizenzfreien Blockchain-Chips bereitzustellen, die in Geräten auf der ganzen Welt eingesetzt werden, die sich über das Blockchain-Netzwerk des Unternehmens verbinden. Dieser lizenzfreie Blockchain-Chip soll die CPU ersetzen, die wir alle derzeit verwenden, und er hat einen Kern, der für die Distributed-Ledger-Technologie und das IoT optimiert ist. Mit der Hardware können Skynet Core-Geräte einen angemessenen Schutz vor Diebstahl digitaler Währungen bieten und Blockchain-Netzwerke mit hohem Durchsatz betreiben.

3. *Sidechains*

Eine der vielversprechendsten Lösungen für das Problem der Skalierbarkeit ist die Verwendung von Sidechains. Dabei handelt es sich einfach um eine separate Blockchain, die aber keine eigenständige Plattform darstellt, da sie in gewisser Weise an die Hauptkette angekoppelt ist. So sind sowohl die Sidechain als auch die Hauptkette interoperabel – Assets können frei von einer Kette zur anderen fließen. Der primäre Grund für die Schaffung von Sidechains ist die Verringerung der Last, die ein Blockchain-Netzwerk hat. Um dies zu erreichen, werden Transaktionen durch alle verknüpften Sidechains geschickt und der Endzustand der Transaktion auf der Hauptblockchain hinzugefügt. Dieser Mechanismus hilft, die Hauptblockchain von der Last der Verarbeitung zahlreicher Transaktionen zu entlasten.

Um den Transfer von Geldern zu gewährleisten, gibt es eine Vielzahl von Sidechain-Lösungen. Einige Lösungen verschieben zum Beispiel Daten von der Haupt-Blockchain an eine spezielle Adresse, während ein entsprechender Betrag auch auf der Sidechain ausgegeben wird. Eine andere Möglichkeit ist das Senden der Gelder an eine Depotstelle, die wiederum die hinterlegten Gelder gegen Gelder auf der Sidechain austauscht.

4. *Sharding*

Ethereum ist eines der Blockchain-Netzwerke, das die Verwendung von Sharding als Lösung zur Skalierung erforscht. Sharding hat schlicht und einfach damit zu tun, dass der Rechen- und Speicherbedarf von einem Blockchain-Netzwerk auf einzelne Knoten verteilt wird. Netzwerke, die Sharding einsetzen, teilen also ihre Blockchain in mehrere separate Bereiche auf, die als Shards bezeichnet werden. Das Netzwerk weist jedem der Shards eine kleine Gruppe von Knoten zu, die sie betreut.

Das bedeutet, dass die Knoten des Netzwerks nicht die Transaktionslast des gesamten Netzwerks verarbeiten. Von jedem Knoten wird lediglich erwartet, dass er die Informationen verwaltet, die zu seinen Shards oder seiner Partition gehören. Durch die Verwendung von Sharding entfällt die Notwendigkeit, dass jeder einzelne Knoten in einem Blockchain-Netzwerk an einer Transaktion beteiligt sein muss.

5. *Mehrschichtige Struktur*

Dies ist auch eine der Lösungen, an denen Blockchain-Projekte arbeiten, um die Skalierung zu verbessern. Gemeint ist damit die Entkopplung von zwei verschiedenen Teilbereichen der Blockchain-Technologie – der Transaktionsverarbeitung und der Datenspeicherung. Cardano ist eines der Blockchain-Netzwerke, die an dieser Lösung arbeiten. Das Projekt, das gemeinhin als Blockchain der dritten Generation angesehen wird, ist ein dezentrales und Open-Source-Blockchain-Projekt, das eine geschichtete Struktur hat. Seine Struktur umfasst zwei Schlüsselelemente; Cardano Computational Layer (CCL) und Cardano Settlement Layer (CLS).

Die Zwei-Schicht-Architektur des Projekts macht Cardano sehr einzigartig, da die Mehrheit der bestehenden blockchain-Netzwerke mit einer einzigen Schicht arbeiten, was schließlich zu einer Überlastung des Netzwerks führt, die Geschwindigkeit der Transaktionen reduziert und zu einem Anstieg der Gebühren führt. Die Abwicklungsschicht von Cardano kümmert sich sowohl um die Transaktionsbestätigung als auch um den Geldfluss der eigenen Münze. Auf der anderen Seite ist die Rechenschicht des Netzwerks verantwortlich für die Aufrechterhaltung der Sicherheit des Netzwerks. Außerdem kümmert sie sich um den Einsatz von Smart Contracts und die Kernentwickler haben sie so programmiert, dass sie die Identität der Daten erkennt.

Eingeschränkte Interoperabilität aufgrund fehlender Standardisierung

Die Interoperabilität ist eine große Herausforderung für den Blockchain-Bereich. Es gibt über 6.500 Projekte, die verschiedene Blockchain-Plattformen (die meisten davon sind eigenständige Plattformen) und Lösungen mit unterschiedlichen Kodierungssprachen, Protokollen, Datenschutzmaßnahmen und Konsensmechanismen nutzen. Der Blockchain-Markt befindet sich zweifellos in einem unübersichtlichen Zustand, da viele verschiedene Netzwerke existieren und es keinen universellen Standard gibt, der es jedem dieser Netzwerke erlauben würde, reibungslos zu kommunizieren.

Da es keine Einheitlichkeit zwischen den verschiedenen Blockchain-Protokollen gibt, fehlt es grundlegenden Prozessen wie der Sicherheit an Einheitlichkeit. Das macht die breite Einführung der Technologie sehr schwierig. Was Unternehmen dabei helfen könnte, Proofs of Concept zu überprüfen, bei der Entwicklung von Anwendungen zusammenzuarbeiten und Blockchain-Lösungen gemeinsam zu nutzen, ist die Etablierung von branchenweiten Standards für verschiedene Blockchain-Protokolle. Dies könnte auch dazu beitragen, die Integration von Blockchain-Plattformen in bestehende Systeme zu erleichtern. Die gute Nachricht ist, dass viele Blockchain-Projekte bereits Interoperabilität zwischen verschiedenen Blockchain-Netzwerken anbieten.

Wichtige Interoperabilitätsprojekte

Derzeit erlauben die meisten Blockchain-Netzwerke die Erstellung von Sidechains und wie bereits erwähnt, sind Sidechains einfach Blockchains, die neben der Hauptblockchain laufen. Aber die Anzahl der Interoperabilitätsprojekte im Blockchain-Bereich hat in letzter Zeit zugenommen. Dies ist eine Reaktion auf die Notwendigkeit, dass verschiedene Blockchains miteinander kommunizieren und das Potenzial der Technologie erhöhen. Wir werden uns drei Beispiele für große Interoperabilitätsprojekte ansehen.

1. Polkadot

Dieses Projekt ist eine hochkarätige Multi-Chain-Technologie, die an der Verbesserung der Interoperabilität in der Blockchain arbeitet. Eines der Kernziele von Polkadot ist es, die Übertragung von Smart-Contract-Daten über verschiedene Blockchain-Plattformen zu erleichtern. Das Ökosystem des Projekts hat mehrere „Parachains", bei denen es sich einfach um einzelne Blockchains handelt. Diese Parachains sind in ihren Eigenschaften unterschiedlich, gehören aber dennoch zum Polkadot-Ökosystem.

Die Transaktionen in der Polkadot-Blockchain sind über einen großen Bereich verteilt, wenn man die Anzahl der Ketten des Netzwerks bedenkt. Als Bindeglied aller Parachains dient eine Relay-Chain. Das Ziel des Polkadot-Blockchain-Projekts ist es, öffentliche

Netzwerke, private Chains sowie Oracles und Permissionless Interfaces nahtlos miteinander zu verbinden. Das Team hinter dem Interoperabilitätsprojekt möchte ein Internet ermöglichen, in dem unabhängige Blockchain-Lösungen die Relay-Chain von Polkadot nutzen können, um Informationen auszutauschen.

2. Cosmos Blockchain

Dieses Blockchain-Interoperabilitätsprojekt ist eines der interessantesten in der Blockchain-Szene und es basiert auf dem Fehlertoleranz-Protokoll, das als Tendermint Byzantine bekannt ist. Eines der Ziele des Projekts ist es, der Knotenpunkt für mehrere Projekte zu sein. Seine Struktur besteht aus verschiedenen unabhängigen Blockchains (bekannt als Zonen), die mit einer zentralen Blockchain, dem „Hub", verbunden sind. Diese Zonen sind mit dem Cosmos-Netzwerk verbunden und können mit Hilfe des Cosmos-Hubs miteinander kommunizieren. Außerdem ist es möglich, neue Zonen anzuschließen.

Ein hervorstechendes Merkmal des Cosmos Network Interoperabilitätsprojekts ist, dass es den Zonen erlaubt, ihren Konsensmechanismus beizubehalten. Der Antrieb jeder Zone ist in diesem Fall der Tendermint Core, der neben seiner sicheren und beständigen Konsens-Engine auch eine verbesserte Leistung bietet. Dank der IBC-Verbindung kann die Cosmos-Blockchain problemlos verschiedene Zonen von öffentlichen bis hin zu privaten Projekten miteinander verbinden.

3. *Blockchain Industrial Alliance (BIA)*

Es gibt auch eine zunehmende Anzahl von Blockchain-Projekten, die sich zusammenschließen, um ihren Blockchains die Erlaubnis zu geben, miteinander zu kommunizieren. Ein herausragendes Beispiel ist die BIA, eine Allianz, die von drei Blockchain-Projekten (AION, WANChain und ICON) gebildet wurde, um ihren Blockchains die Kommunikation untereinander zu ermöglichen. Das primäre Ziel dieser Allianz ist es, das Problem der Blockchain-Isolation zu lösen. Die Mitglieder des Teams haben ein gemeinsames Ziel, die Vernetzung zwischen verschiedenen isolierten Blockchains zu fördern.

Ihr Hauptaugenmerk liegt dabei auf der Erforschung von Interchain-Transaktionen sowie der Kommunikation. Sie konzentrieren sich auch auf die Schaffung gemeinsamer Industriestandards und jede teilnehmende Blockchain in BIA arbeitet daran, Blockchain-Protokolle zu verbinden.

Bevor wir die Implementierung der Blockchain-Technologie in größerem Umfang sehen können, müssen die wichtigsten Probleme der bestehenden Blockchain-Plattformen, die wir diskutiert haben, gelöst werden. Es ist recht interessant zu wissen, dass die Blockchain innerhalb kurzer Zeit eine rasante Verbesserung in ihrer Struktur und ihren Funktionen erfahren hat. Es handelt sich um eine relativ junge Technologie, und der Start neuer Projekte, die versuchen, Lösungen für diese Probleme zu bieten, ist ein Zeichen dafür, dass Blockchain tatsächlich das Potenzial hat, Branchen zu verändern. Diese Hürden werden sicherlich schneller überwunden werden, als die meisten von uns denken.

ABSCHNITT II ANWENDUNGSFÄLLE DER BLOCKCHAIN: TRENDS UND ENTWICKLUNG IN DER BLOCKCHAIN

Dieses Buch ist keines dieser Bücher, die behaupten, dass Blockchain all unsere Probleme lösen kann, sobald sie überall eingeführt ist. Im Gegenteil, ich muss darauf hinweisen, dass die Neigung, die Distributed-Ledger-Technologie übertrieben zu loben, sich langfristig eher negativ auf die Aussichten dieser Technologie auswirken könnte. Der innovative Einsatz der Technologie erfordert eine sorgfältige Abstimmung zwischen den besonderen Vorzügen der Distributed-Ledger-Technologie und den Anwendungsfällen, deren Verwirklichung diese Vorteile erleichtern wird.

Es erfordert auch viel Hingabe und harte Arbeit, um die geeigneten Lösungen zu finden, die von Branchen auf der ganzen Welt genutzt werden. Das Ganze dauert eine gewisse Zeit und kann nicht über Nacht erfolgen. Gehören Sie zu denjenigen, denen gesagt wurde, dass Blockchain alle Probleme lösen kann, die Sie in Ihrem Geschäft oder Leben haben? Nun, wenn ja, dann sollten Sie es jetzt besser wissen.

Wie versprochen, werden wir in diesem Abschnitt tief in die verschiedenen Branchen eintauchen, in denen Blockchain bereits eingesetzt wird, und in die, die den Einsatz der Technologie noch erproben. Die meisten Anwendungsfälle von Blockchain befinden sich noch in der Konzeptionsphase, genauso wie einige, die bereits umgesetzt werden. In den kommenden Jahren werden einige der Vorhersagen bezüglich der verschiedenen Möglichkeiten, wie Unternehmen auf der ganzen Welt die Technologie nutzen können, eintreffen und neue werden hinzukommen.

KAPITEL 8

DIE UMGESTALTUNG DES GESUNDHEITSWESENS

Die (öffentliche und private) Gesundheitsbranche steht unter erheblichem Druck, ihre Kosten in den Griff zu bekommen und gleichzeitig den Patienten hochwertige Betreuung zu bieten. Inmitten dieses Drucks wird es für die Gesundheitsbranche immer schwieriger, die Kosten niedrig zu halten und trotzdem den Grad an Service zu liefern, den die Patienten neben dem Aufstieg von disruptiven Technologien erwarten. Dieser zunehmende Druck ist der Grund dafür, dass Anbieter im Gesundheitswesen weiterhin nach Möglichkeiten suchen, die Kosten zu senken und dennoch die Qualität der von ihnen erbrachten Leistungen zu verbessern.

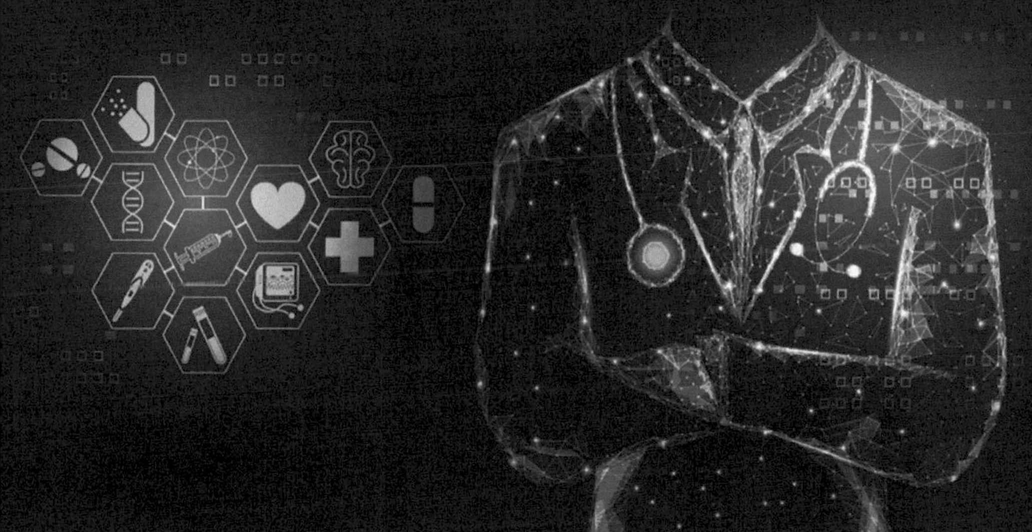

Es wäre äußerst schwierig für sie, mit den Veränderungen des Marktes Schritt zu halten, ohne die entsprechenden technologischen Fortschritte zu nutzen, die sich für das Gesundheitswesen eignen. Ein hervorragendes Beispiel für eine Technologie, die das Potenzial hat, die Gesundheitsbranche zu unterstützen, ist die Distributed-Ledger-Technologie und Blockchain ist dabei die beste Wahl. Die Blockchain-Technologie hat das Zeug dazu, eine der größten Herausforderungen der Branche zu lösen, nämlich die Übertragung von Patientendaten, ohne deren Sicherheit und Datenschutz zu gefährden. Blockchain verfügt tatsächlich über das Potenzial, das Gesundheitsmanagement positiv zu beeinflussen. Vielleicht ist es am besten, dieses Kapitel mit einer Betrachtung der aktuellen Herausforderungen zu beginnen.

AKTUELLE HERAUSFORDERUNGEN FÜR DAS GESUNDHEITSWESEN

Die COVID-19-Pandemie hat unter anderem gezeigt, wie ineffizient der Gesundheitssektor ist und dass hier dringend Verbesserungsbedarf besteht. In den Vereinigten Staaten beispielsweise betrugen die Gesamtausgaben für das Gesundheitswesen im Jahr 2017 schätzungsweise 3,55 Milliarden US-Dollar, und es gibt Prognosen, dass sie im Jahr 2025 5,5 Milliarden US-Dollar überschreiten werden. Das Gesundheitswesen ist generell ein riesiger Markt, nicht nur in den USA, sondern auch in anderen Ländern.

Leider gilt dieser zentrale Bereich unseres Lebens als höchst ineffizient. Schätzungen des Institute of Medicine zeigen, dass zwischen 20 und 30 Prozent der gesamten für das Gesundheitswesen ausgegebenen Mittel entweder verschwendet werden oder zu schlechten Ergebnissen führen. Wie also entstehen diese Kosten in den Gesundheitseinrichtungen? Einige dieser überhöhten Kosten umfassen:

- überteuerte medizinische Tests
- medizinischer Betrug
- hohe administrative Gebühren
- verpasste Möglichkeiten der Prävention
- nutzlose Behandlungen

Einige Schätzungen zeigen, dass die Gesundheitsbranche etwa 975 Milliarden Dollar für doppelt erbrachte Leistungen ausgibt, was auf schlechte Kommunikation zwischen Krankenhäusern und Ärzten zurückzuführen ist. In Großbritannien sah sich der NHS mit einem Finanzierungsdefizit von 30 Milliarden Pfund konfrontiert, obwohl er über ungenutzte Datenwerte verfügte, die diesen Wert überstiegen. Die Blockchain-Technologie kann dazu beitragen, die Effizienz der Gesundheitsversorgung zu steigern. Sie hat das Potenzial, auch das Forschungspotenzial der NHS-Datenbestände zu erschließen und soziale Vorteile zu erzielen.

Die meisten Einrichtungen des Gesundheitswesens speichern die Daten von Patienten in isolierten Silos in privaten Gesundheitseinrichtungen und NHS Trusts. Es gibt nur ein begrenztes Maß an Integration oder gemeinsamer Datennutzung in einer Art und Weise, die dazu beitragen kann, die Qualität der Versorgung zu verbessern und weitere Vorteile wie höhere Produktivität, schnelleren Zugang zu Behandlungen, Innovationen bei neuen medizinischen Durchbrüchen sowie Kosteneinsparungen zu erzielen. Der Sektor der medizinischen Informatik und Analytik hat ein beträchtliches Wachstum erfahren und dies ist einer der Gründe, warum es jetzt eine Verlagerung hin zur medizinischen Forschung gibt, die datengesteuert ist.

Allerdings ist die Zustimmungserteilung im Gesundheitswesen ziemlich komplex, da medizinisches Fachpersonal die Gesundheitsdaten eines Patienten nicht nutzen kann, ohne das erforderliche Einverständnis zu erhalten, und dieser sich wiederholende Prozess ist eine echte Zeitverschwendung und stressig. Durch die Nutzung der Vorteile der Blockchain-Technologie wäre es möglich, den Nutzen von Gesundheitsdaten zu erschließen und soziale Vorteile zu erzielen. Dies würde die Entwicklung einer Infrastruktur für die Einverständniserklärung per Blockchain erfordern, die es zwei oder mehr Parteien ermöglicht, in einer vertrauensfreien Umgebung zusammenzuarbeiten. Derzeit werden die Daten in verschiedenen Systemen gehalten, ohne ausreichende Integration oder gemeinsame Nutzung.

Zusammenfassend lassen sich folgende Herausforderungen für die Gesundheitsbranche nennen:

- Es gibt kein einheitliches System für die Pflege von Gesundheitsdaten in Form von universellen Krankenakten. Dies wirkt sich auf den Standard der Behandlung aus, die Patienten von Gesundheitseinrichtungen erhalten.
- Gesundheitsdaten sind schlecht organisiert und der Umgang mit ihnen ist oft kostenintensiv und zeitaufwendig.
- Probleme wie versehentlicher Verlust oder Beschädigung von Daten und in betrügerischer Absicht vorgenommene Änderungen mindern die Qualität von Gesundheitsdaten.
- Die Verwaltung und Nachverfolgung der Daten von Hilfsmaßnahmen oder Gesundheitsförderungskampagnen ist umständlich, weil sie auf verschiedene Stellen verteilt sind.

- Medizinische Fachkräfte stoßen bei ihrer Arbeit auf verschiedene Probleme, und eines davon hat mit dem Zugriff auf die Krankengeschichte ihrer Patienten zu tun. Dies erhöht letztendlich den Aufwand und die Zeit, die für erneute Diagnosen aufgewendet werden müssen.
- Krankenhäuser sowie andere Einrichtungen des Gesundheitswesens haben auch Probleme mit dem Erhalt von Zahlungen, die Patienten leisten. Sie stehen vor dem Problem mangelnder Zahlungsmoral sowie der Verwaltung von Ansprüchen und Überweisungen.
- Viele Einzelpersonen und Organisationen hantieren mit pharmazeutischen Produkten – von der Produktionsstätte bis zum Patienten. Dies führt zu dem Problem, dass auf echte Rezepte gefälschte Medikamente ausgegeben werden und die Gesundheit der Patienten gefährdet wird.
- Um die Effizienz eines neuen Medikaments bei der Vorbeugung, Erkennung und Behandlung verschiedener Krankheiten zu ermitteln, testen Forscher im Gesundheitswesen neuartige Behandlungen und zeichnen dann die Ergebnisse solcher klinischen Studien auf und speichern sie. Dabei stoßen sie jedoch oft auf Probleme wie unterschiedliche Erfassungssysteme, die Befürchtung, dass Forschungsdaten gestohlen werden könnten, Beschädigungen von Daten, die Nachverfolgung großer Datenmengen und die Möglichkeit einer Zerstörung von Daten.

WAS BLOCKCHAIN DEM GESUNDHEITSSEKTOR ZU BIETEN HAT

Blockchain ist durchaus eine hochentwickelte Waffe im Kampf gegen Fälle von Datenmissbrauch und anderen Arten von virtueller Kriminalität. Es gibt verschiedene laufende Projekte im Gesundheitssektor, die Blockchain bereits nutzen, um einige der größten Herausforderungen in dieser Branche zu lösen. Im Folgenden werden wir einige der potenziellen und bestehenden Anwendungsfälle der Blockchain-Technologie diskutieren.

1. Blockchain und klinische Studien

Bei klinischen Studien werden in der Regel neue Medikamente getestet, um festzustellen, wie wirksam sie in einer kontrollierten Umgebung sind. Dieser Prozess dauert oft Jahre und ist für Pharmaunternehmen äußerst wichtig, weshalb sie umfangreich in Studien investieren. In Wahrheit steht für diese Pharmaunternehmen viel auf dem Spiel, und das erklärt auch, warum es bei klinischen Studien immer wieder zu Betrugsfällen kommt.

Im Verlauf einer klinischen Studie liefern die Unternehmen Unmengen von Daten wie medizinische Bilder, Umfragen, Statistiken, Bluttests usw. Aber eine der größten Herausforderungen für das Team, das für die klinischen Studien verantwortlich ist, besteht darin, dass von ihnen erwartet wird, dass sie mit den erhobenen Daten sorgsam umgehen. Mit zentralen Systemen und dem Faktor Mensch ist es oft schwierig, die Daten zu verwalten, was zu Fehlern führt.

Es gibt auch das leidige Thema des Betrugs, der sich als Manipulation von Daten äußert. Böswillige Akteure im System verbergen wichtige Informationen, die niemals in die entsprechenden Datenbanken gelangen, während andere verändert werden, um das gewünschte

Ergebnis zu erzielen. Leider können die meisten Unternehmen, die an klinischen Studien arbeiten, die Fälle von Manipulationen von Informationen niemals offenlegen. Ein anderes Problem, mit denen klinische Studien konfrontiert sind, ist das Versäumnis, entscheidende Informationen schon vor Beginn der Studien zu teilen.

Eine Distributed-Ledger-Technologie wie Blockchain kann in vielerlei Hinsicht Abhilfe schaffen. Sie kann unterstützen, indem sie für Datenintegrität sorgt und als Nachweis bei der Überprüfung der Echtheit eines Dokuments dient. Das verteilte Netzwerk der Blockchain hilft dabei, die Unversehrtheit der Daten zu bewahren und sicherzustellen, dass niemand die Daten ohne autorisierten Zugriff verändert. Zu den Unternehmen, die die Anwendungsfälle umsetzen, gehören Sanofi, Pfizer und Amgen.

2. *Pseudonymisierte patientenorientierte Gesundheitsempfehlungen*

Einer der spannenden möglichen Anwendungsfälle der Blockchain-Technologie im Gesundheitswesen ist die Bereitstellung von pseudonymen, auf den Patienten zugeschnittenen Gesundheitsempfehlungen oder verschlüsselten Gesundheitswarnungen und -ratschlägen. Das bedeutet, dass die Identität eines Patienten zwar sicher ist, seine Gesundheitsdaten aber in eine Datensammlung in einem Distributed Ledger eingebracht werden können. Damit wäre es möglich, verschlüsselte Empfehlungen zur Gesundheitsvorsorge zu geben, die patientenspezifisch sind und sicher an den Patienten gesendet werden. Diese Informationen (die de facto an einen anonymen Patienten gesendet werden) würden streng auf den Daten des Patienten, Risikofaktoren usw. basieren.

Die jüngste Entwicklung im Gesundheitswesen, die sich nun zunehmend auf ein gemeinschaftsorientiertes und proaktives Vorsorgemodell der Behandlung konzentriert, verleiht diesem Szenario noch mehr Bedeutung. Falls Sie sich nicht sicher sind, worum es beim Modell der vorbeugenden Pflege geht: Es geht darum, das Auftreten einer Verletzung oder einer Krankheit zu verhindern, bevor sie eintritt. Mit der Blockchain-Technologie wäre es möglich, medizinische Aufzeichnungen in verschlüsselter Form sicher zu teilen, und dies würde der Bevölkerung eine neue Möglichkeit des Verständnisses für Gesundheitsfragen eröffnen. Blockchain ist nicht zentralisiert, im Gegensatz zu herkömmlichen Gesundheitssystemen, die Vermittler haben, die als riesige Speicher von Patientendaten dienen.

3. *Leistungsansprüche und Abrechnungen*

Leistungsansprüche stellen für das Gesundheitswesen ein Problem dar. In der Tat gibt es eine hohe Betrugsrate bei Abrechnungen und Ansprüchen, wobei die Abrechnung am meisten betroffen ist. Krankenhäuser leiden am meisten unter dieser Herausforderung, da sie ihren Patienten oft Leistungen in Rechnung stellen, die sie nie erbracht haben oder deren Preise über den Branchenstandards liegen. Die meisten dieser betrügerischen Aktivitäten werden durchgeführt, um den Gewinn zu steigern, ohne die Interessen der Patienten zu berücksichtigen.

In den meisten Fällen sind Ärzte und Krankenhäuser daran beteiligt, den Gesundheitszustand eines Patienten falsch darzustellen und dadurch die Situation zu verschlimmern. Dritte, die für die Überprüfung der Ansprüche verantwortlich sind, sind oft sehr zögerlich in der Erfüllung ihrer Aufgabe, und dies überlässt die Endverbraucher schließlich der Gnade der Gesundheitseinrichtungen. Die Bearbeitung von

Ansprüchen nimmt im Allgemeinen viel Zeit in Anspruch, und vor der Bearbeitung muss jemand die Praxis aufsuchen.

Die Blockchain-Technologie könnte den Prozess der Abrechnung und Anspruchsbearbeitung effizient gestalten. Durch die Verknüpfung des Abrechnungsprozesses mit Blockchain können Gesundheitsdienstleister ihren Patienten keine überhöhten Preise mehr in Rechnung stellen oder in betrügerischer Absicht Leistungen einbeziehen, die sie nie für einen Patienten erbracht haben. Der gesamte Prozess des Forderungsmanagements wird beschleunigt, da es aufgrund der Automatisierung des gesamten Prozesses keine Notwendigkeit für Dritte gibt.

4. *Identitätsmanagement im Gesundheitswesen*

Der Gesundheitssektor benötigt ein verbessertes Identitätsmanagement-System. Für eine verbesserte Leistungserbringung im Gesundheitswesen ist es notwendig, dass Institutionen des Gesundheitswesens die Identität von Einzelpersonen (dazu gehören Leistungserbringer und Patienten) und sogar Organisationen (wie Hochschulen, Forschungseinrichtungen, Krankenhäuser und Apotheken) genau überprüfen. Blockchain sorgt beim Identitätsmanagement im Gesundheitswesen unter anderem für mehr Zuverlässigkeit und Transparenz.

Dadurch wird es möglich, mit der unterschiedlichen Versionierung von Identitäten umzugehen und letztendlich eine sichere Feststellung der Identität zu ermöglichen. Da immer mehr Daten einfließen – durch das Internet der Dinge, tragbare medizinische Geräte usw. – wird es immer wichtiger, dass Gesundheitseinrichtungen Informationen über Einzelpersonen mit ihren elektronischen Krankenakten abgleichen können.

Außerdem ist es für Gesundheitsdienstleister (Organisationen und Einzelpersonen) unerlässlich, aktualisierte und genaue Informationen über die Verfügbarkeit ihrer Dienste und ihren Standort bereitzustellen, damit beispielsweise Zulassungsbehörden sie erfassen, Kostenträger sie ordnungsgemäß erstatten und Patienten sie finden können. Mit Blockchain können wir die Verlässlichkeit und Genauigkeit der richtigen Informationen tatsächlich verbessern. Durch die Verwendung eines Distributed Ledger können die Beteiligten ein unveränderliches Protokoll erstellen, in dem alle Änderungen oder Zugriffe auf einen Datensatz festgehalten sind.

Gegenwärtig schützt Estland bereits Regierungsdaten (dazu gehören elektronische Gesundheitsakten) vor internem Missbrauch und externen Cyberangriffen, indem es eine Anwendung in der Blockchain mit der Bezeichnung KSI verwendet. Die KSI-Technologie bietet zwar Sicherheit, verletzt aber auch nicht den Datenschutz. Sie gleicht jede Änderung eines Datensatzes mit separaten elektronischen Protokollen ab und kann so jeden verdächtigen Zugriff schnell feststellen und mögliche bösartige Aktivitäten verhindern. Blockchain funktioniert wie eine Überwachungskamera, die an Orten mit hohem Risiko für Verbrechen positioniert wird.

Während jemand ein Verbrechen begeht, greift die Blockchain nicht ein; stattdessen bietet sie umfassende Transparenz und macht es böswilligen Akteuren unmöglich, die Aufzeichnung zu unterbrechen oder zu verändern (Unveränderlichkeit). Innerhalb eines Gesundheitsinformationssystems ist die Blockchain-Technologie am nützlichsten, wenn sie zusammen mit anderen Technologien wie dem Internet of Things und einigen anderen eingesetzt wird.

Im Jahr 2020 gab ein Reiseziel in Südkorea – die Insel Jeju – bekannt für den Einsatz einer Blockchain-fähigen Lösung, die bei der Kontaktverfolgung von Besuchern der Insel helfen soll, die möglicherweise positiv auf COVID-19 getestet wurden. Personen, die die Insel besuchten, sollten eine App auf ihr Smartphone herunterladen, mit der sie QR-Codes aller Geschäfte sowie Dienstleistungen scannen können, die sie während ihrer gesamten Zeit auf der Insel genutzt haben.

Sobald die Nutzer die App herunterladen, müssen sie ihre Identität über eine öffentliche Blockchain bestätigen, die ein Zertifikat ausstellt. Als Nächstes richtet der App-Benutzer eine Authentifizierung mit digitalem Fingerabdruck und PIN-Code auf seinem Mobilgerät ein, und eine private Blockchain zeichnet ein Zertifikat für alle Anmeldedaten auf. Die App auf dem Smartphone des Benutzers speichert beide Zertifikate, während seine persönlichen Daten nicht am selben Ort wie die Aufzeichnungen aller Dienste und Unternehmen, auf die er zugegriffen hat, gespeichert werden. Sofern nicht für die Kontaktverfolgung in einem COVID-19-Fall benötigt, bleiben alle Informationen des Smartphone-Nutzers privat.

5. ***Verwaltung der Zustimmung und Zugriffsberechtigung der Patienten auf ihre Daten***

Der Gesundheitssektor steht, wie bereits erwähnt, vor mehreren Herausforderungen, und eine davon ist der Schutz der Patientendaten und ihrer Privatsphäre. Leider waren Krankenhäuser bisher nicht in der Lage, medizinische Daten zufriedenstellend zu verwalten, was auf verschiedene Probleme zurückzuführen ist, wie z. B. schlechte Arbeitsweisen, ineffiziente Prozesse sowie die Anfälligkeit zentraler Systeme für Cyberattacken. Mit der Einführung der Distributed-Ledger-

Technologie können Gesundheitseinrichtungen mit den meisten dieser Herausforderungen umgehen. Sie können Hacker abwehren, indem sie die Lösungen nutzen, die von auf Blockchain basierenden Systemen für die Speicherung und den Austausch von medizinischen Daten bereitgestellt werden. Solche Lösungen können auch Patienten helfen, die Kontrolle über ihre Gesundheitsdaten zu behalten.

Einer der besten Anwendungsfälle für die Blockchain-Technologie ist die Bereitstellung eines überprüfbaren und transparenten Verfahrens, mit dem Menschen (unter Verwendung ihrer eindeutigen Anmeldeinformationen und eines Verschlüsselungsschlüssels) anderen Parteien die Erlaubnis zum Zugriff auf ihre Gesundheitsdaten erteilen können. So kann etwa auf ihre Krankenakte und andere persönliche Daten zugegriffen werden, um diese direkt für die Gesundheitsversorgung, für statistische oder sonstige Zwecke oder für Forschungszwecke zu nutzen, z. B. für Leistungserbringer, medizinisches Fachpersonal und alle anderen relevanten Akteure in diesem Bereich.

Es liegt in der Natur elektronischer Daten, dass wir sie immer wieder verwenden können, und da immer wieder neue Forschungsfragen und Verwendungszwecke für die Nutzung der Daten auftauchen, kann Blockchain eine abgestufte oder „dynamische“ Zustimmung ermöglichen, die eine äußerst nützliche Alternative zur „einmaligen“ Zustimmung darstellt, die bei zentralen Systemen üblich ist. Wann immer sich eine Person entscheidet, die Bedingungen der Zustimmung oder des Einverständnisses zu ändern, werden alle Änderungen als ein neuer Block hinzugefügt, der die ursprüngliche Anweisung, die auf der Kette aufgezeichnet wurde, außer Kraft setzt.

Ein hervorragendes Beispiel für diesen Anwendungsfall ist das Projekt „Malta Biobank“, das die dynamische Zustimmung von Personen zur Verwendung ihrer Bioproben für Forschungszwecke verwaltet, indem es eine Blockchain-Technologie namens Dwarna verwendet. Das Projekt nutzt das Dwarna-Webportal, um die Zustimmung von Personen in einer Blockchain zu speichern, was den Datensatz dauerhaft/unveränderlich macht. Diese Vorgehensweise hilft, das Vertrauen zu erhöhen und motiviert Einzelpersonen, Proben an die Biobank zu spenden. Die Teilnehmer haben tatsächlich die vollständige Kontrolle über die spezifischen Studien, an denen sie teilnehmen möchten, und sie können ihre Zustimmung zurückziehen oder die Vernichtung ihrer Bioproben verlangen.

Ein weiteres hervorragendes Beispiel dafür, wie Blockchain bei der Verwaltung von Patienteneinwilligungen und der Erlaubnis zum Zugriff auf deren Daten helfen kann, ist MedRec. Dabei handelt es sich um ein Blockchain-gestütztes System, das vom Medienlabor des Massachusetts Institute of Technology (MIT) entwickelt wurde. Das System verknüpft eine Krankenakte mit Anzeigeberechtigungen sowie Anweisungen zum Datenabruf für externe Datenbanken. Um die Interaktionen zwischen Patient und Anbieter aufzuzeichnen, nutzt das Projekt Smart Contracts. Sobald ein Anbieter einen Datensatz erstellt, wird dieser geprüft und der Patient gibt anderen die Berechtigung, ihn einzusehen.

Alle, die neue Daten erhalten, bekommen ebenfalls eine (automatisierte) Benachrichtigung sowie einen verschlüsselten Link auf die neue Krankenakte. Das System ist so konzipiert, dass die Patienten Zugang zur Verwaltung ihrer Daten erhalten, und die Berechtigungen werden auf der Blockchain gespeichert. Dieses Projekt hat erfolgreiche Ergebnisse in Bereichen wie Impfhistorie, Medikation, therapeutische Interventionen und Bluttests erbracht.

6. *Erhebliche Kostenreduktion*

Gesundheitsunternehmen und Patienten genießen durch den Einsatz der Blockchain-Technologie eine erhebliche Kostenreduzierung. Es ist nur allzu verständlich, dass die Kosten aufgrund der erhöhten Effizienz in der Lieferkette, der Vermeidung von gefälschten Medikamenten und Produkten sowie der Verhinderung von Diebstahl und anderen betrügerischen Handlungen sinken. Wenn Gesundheitseinrichtungen Smart Contracts nutzen, können sie tatsächlich direkte Transaktionen mit ihren Partnern durchführen, was teure Vermittler ausschaltet.

So schätzt ein Bericht von BIS Research aus dem Jahr 2018, dass die Gesundheitsbranche bei einer weit verbreiteten Nutzung der Blockchain-Technologie bis 2025 bis zu 100 Milliarden US-Dollar einsparen könnte. Dabei handelt es sich um Kosten im Zusammenhang mit Betriebskosten, Supportfunktionen und Personalkosten, IT-Kosten, Kosten im Zusammenhang mit Verstößen gegen Datenschutzbestimmungen, Versicherungsbetrug und Betrug im Zusammenhang mit Fälschungen.

7. *Ermöglichung groß angelegter Projekte und Kooperationen*

Die Mehrzahl der grundlegenden Probleme, die die Gesundheitsbranche betreffen, resultieren aus ihrer Abhängigkeit von verschiedenen Akteuren – Regierungen, Aufsichtsbehörden, öffentlichen und privaten Organisationen und einigen anderen, um reibungslos zu funktionieren. Folglich reagiert der gesamte Sektor in der Regel nur langsam auf sich schnell verändernde Bedingungen. Ein gutes Beispiel ist das Modell in den Vereinigten Staaten, das stark aufgesplittert ist und hauptsächlich von den Kräften des freien Marktes bestimmt wird. Dieses Modell führt sehr wahrscheinlich zu Schwierigkeiten für Patienten, die ihren Wohnort wechseln.

Auch Regionen wie Europa hängen hauptsächlich von universellen Gesundheitssystemen ab, was ebenfalls seine Tücken hat. Das Hauptproblem (auf globaler Ebene) besteht darin, eine reibungslose Zusammenarbeit zwischen verschiedenen Dienstleistern sowie zwischen Nationen und Regierungen herzustellen. Hier kommt die Blockchain ins Spiel, denn sie kann die Verteilung von Informationen über ein Netzwerk verbessern, Transparenz fördern und die Einhaltung von Vorschriften vereinfachen.

Eine Distributed-Ledger-Technologie wie Blockchain kann branchenweite Initiativen erleichtern, wie z. B. die Implementierung neuer Industriestandards und die Unterstützung bei der Abstimmung weltweiter Bemühungen zur Bewältigung von Gesundheitskrisen wie der COVID-19-Pandemie. Fakt ist, dass die zunehmende Entwicklung von Systemen, die sich über mehrere Blockchains erstrecken, und die steigende Anzahl von Projekten zur Interoperabilität schließlich einzigartige Möglichkeiten zur Verbesserung der Zusammenarbeit auf globaler Ebene bieten werden.

Der Ausbruch von COVID-19 hat den Zustand unserer Gesundheitseinrichtungen offengelegt und ist eine Bestätigung dafür, dass Regierungen und Gesundheitsorganisationen auf der ganzen Welt effizientere Methoden für das Management von Gesundheitskrisen dieses Ausmaßes benötigen. Dies erklärt auch, warum einige Organisationen im Gesundheitssektor Blockchain-basierte Lösungen erproben. Zum Beispiel arbeitet die Weltgesundheitsorganisation mit großen Blockchain- und Technologieunternehmen wie Oracle, IBM und Microsoft zusammen, um MiPasa zu lancieren. Das Projekt ist eine Plattform auf DLT, die für den Austausch von Informationen über die Pandemie entwickelt wurde. Wie Cointelegraph enthüllt, läuft die Plattform auf Hyperledger Fabric und arbeitet daran, „die frühzeitige Erkennung von Überträgern von COVID-19 und seinen Hotspots zu ermöglichen."

KAPITEL 9

BLOCKCHAIN & DIE PHARMAZEUTISCHE INDUSTRIE

In unserer modernen Gesellschaft stellen wir oft alles in Frage, was auf uns zukommt. Wann immer wir etwas im Supermarkt kaufen, wollen wir in der Regel wissen, ob wir wirklich genug für unser Geld bekommen. Das erklärt, warum Sie sich vielleicht schlecht fühlen, wenn Sie feststellen, dass das, was Sie im Lebensmittelladen gekauft haben, online sogar noch billiger war. Wir sind auch daran interessiert zu wissen, woher die Produkte, die wir kaufen, kommen, woraus sie gemacht sind und wer sie hergestellt hat. Dies sind einige der Punkte, über die wir Bescheid wissen wollen, wenn wir einkaufen.

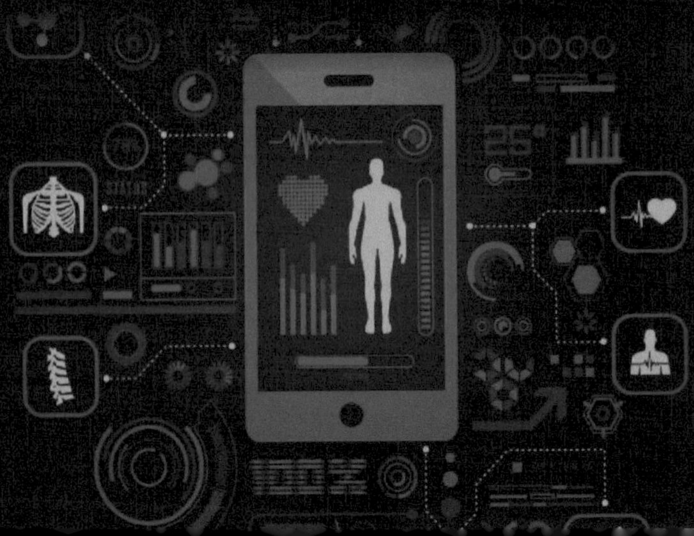

Interessanterweise sind dies auch im Gesundheitswesen sehr wichtige Fragen, da Apotheker und andere Mitarbeiter im Gesundheitswesen stets bemüht sind, die passenden Medikamente zu beschaffen. Leider gibt es in der pharmazeutischen Lieferkette einige Schwierigkeiten, und Apotheker dürfen Medikamente, die sie liefern oder verkaufen, nur aus seriösen Quellen beziehen. Diese vertrauenswürdigen Bezugsquellen für Medikamente haben sich an die vorgeschriebenen Vertriebsprozesse zu halten. Apotheker müssen auch sicherstellen, dass die Medikamente für den jeweiligen Zweck geeignet sind, für den sie hergestellt wurden. Die Beschaffung von Produkten im pharmazeutischen Bereich ist oftmals eine schwierige Aufgabe, vor allem dann, wenn es darum geht, dem Lieferanten genug Vertrauen zu schenken, dass er die richtigen Medikamente liefert.

Außerdem müssen Apotheker sicherstellen, dass die gekauften Medikamente für den Zweck geeignet sind, für den sie hergestellt wurden, und dass sie ordnungsgemäß gelagert und transportiert wurden. Die Lieferkette ist allerdings zu einem ernsten Problem geworden, unter anderem wegen der zunehmenden Zahl gefälschter Medikamente auf dem Markt und der falschen Kennzeichnung von Medikamenten.

Der Schwerpunkt des Gesundheitswesens verlagert sich immer mehr auf die Gemeinschaft, und Patienten werden zunehmend für die Erhaltung ihrer Gesundheit verantwortlich. Dies bedeutet auch, dass ein Schlüsselfaktor für Patienten, die nach Transparenz verlangen und sich von der Qualität des Gesundheitsprodukts, das sie erhalten, überzeugen wollen, die Lieferkette ist.

AKTUELLER STAND DER PHARMAZEUTISCHEN INDUSTRIE

Einer der wichtigsten Bereiche des Gesundheitswesens ist die Pharmaindustrie. Der Wert der Branche wird auf 482 Milliarden Dollar geschätzt, und ohne diesen Sektor gäbe es Bereiche wie die Entwicklung, den Vertrieb und die Entdeckung von Medikamenten nicht. Die pharmazeutische Industrie umfasst drei wesentliche Vorgänge: Entdeckung, Entwicklung und Vertrieb.

Entdeckung → Entwicklung → Vertrieb

Der derzeitige Zustand der Branche ist unzureichend und es besteht die Notwendigkeit, die Abläufe in diesem Sektor zu überarbeiten. Der schlechte Zustand des Wirtschaftszweigs erklärt auch, warum neun von zehn Medikamenten nicht bis zur klinischen Prüfung gelangen.

Krankenhäuser von Weltrang in den Vereinigten Staaten kämpften bereits mit Herausforderungen wie dem Mangel an grundlegender Ausrüstung für Krankenhauspersonal. Es fehlte an Dingen wie Gesichtsschutz, Kitteln und Masken, und die Bemühungen, diese Artikel zu beschaffen, zwangen das Krankenhauspersonal, sich auf die Suche nach zuverlässigen Lieferanten zu begeben. Die plötzliche Eskalation der Situation erforderte, dass das Personal die seit langem etablierten und traditionellen Wege zur Beschaffung der benötigten Artikel aufgab. Das bedeutet auch, dass es neue Lieferanten brauchte, diese gesucht und die Lieferungen so schnell wie möglich umverteilt werden mussten.

Dieser Druck legte die seit langem bestehenden Herausforderungen für die pharmazeutische Lieferkette offen. In den USA gab es Warnungen der US-Regierung, der amerikanischen Gesundheitsbehörde FDA und des staatlichen Gesundheitsamtes CDC vor manipulierten Atemschutzmasken, die zu dieser Zeit vertrieben wurden, sowie vor betrügerischen COVID-19-Testkits, die online verkauft wurden. Die Regierung musste sogar N95-Masken zu sehr hohen Preisen bei Anbietern bestellen, die nicht überprüft wurden.

Natürlich sind die Herausforderungen, mit denen die medizinische Lieferkette konfrontiert ist, nicht ungewöhnlich oder neu, und der Grund dafür ist nicht schwer zu verstehen. Die meisten dieser pharmazeutischen Produkte werden durch komplexe weltweite Lieferketten bewegt, in denen die meisten Dokumentationen noch auf Papier beruhen und von Hand erstellt werden. Diese Dokumente stapeln sich oft an verschiedenen Knotenpunkten und Grenzübergängen, was diese medizinischen Produkte verschiedenen Qualitätsrisiken aussetzt. Dies hat dazu geführt, dass Regulierungsbehörden und Vertreiber Schwierigkeiten haben, standardisierte medizinische Produkte zu erfassen, die in das System gelangen.

Nach Schätzungen der WHO ist jedes zehnte medizinische Produkt (Diagnosekits, Impfstoffe und Pillen) in Ländern mit niedrigem und mittlerem Einkommen entweder gefälscht oder minderwertig. Wie die BSI Group, das nationale Normungsgremium Großbritanniens, mitteilt, belaufen sich die Diebstähle von pharmazeutischen Gütern auf mehr als eine Milliarde Dollar jährlich. Großbritannien und die USA sind sogar für etwa die Hälfte aller erfassten Diebstähle verantwortlich. Diese Situation könnte sich als eine Art Probelauf für die Lieferketten im Gesundheitswesen erweisen, die wahrscheinlich noch stärker unter Druck geraten werden. Dies erklärt, warum sich die Branche verstärkt auf die Distributed-Ledger-Technologie konzentriert.

Lieferketten-Probleme in der Pharmaindustrie

Einige Experten in der Gesundheitsbranche sind der Meinung, dass die Aufrechterhaltung der Lieferkette eines der größten Hindernisse für die Pharmaindustrie darstellt. Es handelt sich um einen äußerst komplexen und risikobehafteten Prozess. Eines der Probleme im Zusammenhang mit der Lieferkette sind gefälschte Medikamente. Wenn jemand zu einem Apotheker geht, um ein Rezept einzulösen, geht er davon aus, dass das Medikament den höchsten Standards entspricht, unter den richtigen Bedingungen gelagert wurde, ein Originalprodukt ist und nicht manipuliert wurde. Leider gibt es zahlreiche Fälle, in denen gefälschte Medikamente in die Lieferkette gelangt sind, was eine ernsthafte Gefahr für die Gesundheit der Anwender darstellt. Zur Verdeutlichung: Gefälschte Medikamente sind:

- Medikamente mit falschen Inhaltsstoffen
- Medikamente, die gestohlen wurden
- Medikamente mit wenig oder gar keinem Wirkstoff
- Manipulierte Medikamente
- Medikamente mit gefälschten Verpackungen.

Die große Frage hierbei ist, wie Patienten oder Anwender feststellen können, ob die Medikamente, die sie kaufen, unter den richtigen Bedingungen gelagert wurden, während sie zu einer Apotheke gebracht wurden? Wie können die Anwender feststellen, ob die Medikamente die richtige Dosierung und Konzentration des Medikaments enthalten? Aufgrund der bestehenden Strukturen muss sich ein Apotheker einzig und allein darauf verlassen, dass die verschiedenen Beteiligten wie Hersteller, Großhändler und Lieferdienst die richtigen Abläufe einhalten.

Wenn die Medikamente schließlich an ihrem Bestimmungsort (einer Apotheke oder einem Krankenhaus) ankommen, muss der Apotheker auch sicherstellen, dass die Medikamente wirklich dem entsprechenden Standard entsprechen, bevor er sie an die Patienten ausgibt. Sie werden mir zustimmen, dass der gesamte Ablauf nicht transparent genug ist, da der Apotheker einen Prüfprozess durchlaufen muss, um die Qualität und den Standard der Medikamente zu gewährleisten, und das dauert eine ganze Weile. In der Lieferkette einer Apotheke gibt es mehrere Beteiligte, und schon einer von ihnen kann die Qualität des Endprodukts erheblich beeinflussen.

Zum Beispiel müssen die Hersteller sicherstellen, dass jede Tablette die richtige Zusammensetzung und Wirkstoffstärke enthält und ordnungsgemäß gelagert wurde. Die Hersteller müssen auch sicherstellen, dass die Medikamente für den menschlichen Verzehr geeignet sind. Großhändler, Logistikunternehmen oder Lieferanten spielen ebenfalls eine Rolle im gesamten Prozess, da sie gewährleisten müssen, dass die Qualität der Medikamente nicht durch Faktoren wie Feuchtigkeit oder Temperatur beeinträchtigt wird. Sie müssen auch verhindern, dass Kriminelle die Medikamente abfangen oder manipulieren und dass sie nicht von Kriminellen gestohlen werden.

BLOCKCHAIN-LÖSUNGEN FÜR DIE PHARMAINDUSTRIE

„Die Hauptanwendung für Blockchain in der Pharmaindustrie besteht darin, als 'Ledger of Truth' für den Austausch komplexer Informationen mit Aufsichtsbehörden, Apotheken, Leistungskontrolleuren, Vertragsproduzenten, Ärzten, Patienten, akademischen Forschern und Mitarbeitern der Forschung und Entwicklung zu dienen." - Arun Ghosh (KPMG-Analyst)

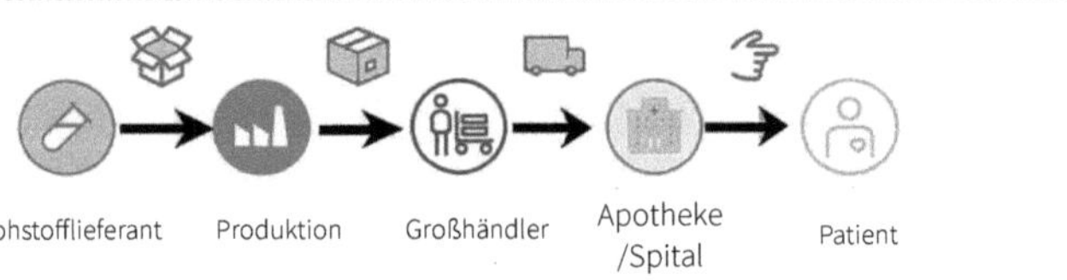

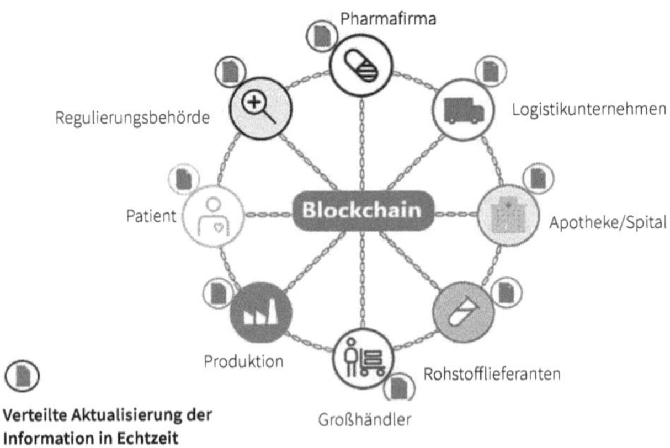

Wie ich bereits erwähnt habe, hat der Ausbruch der COVID-19-Pandemie die Herausforderungen für die globale Gesundheitsbranche offengelegt. Einer der Bereiche, der ernsthaft betroffen war, war die globale Lieferkette in der Pharmabranche, da es schwerwiegende

Probleme mit der Vernetzung sowie dem Datenaustausch gab. Dies sind Herausforderungen, die die Blockchain-Technologie leicht lösen kann. In der Tat erforschen führende Pharmakonzerne (Pfizer, Sanofi und Amgen) Möglichkeiten zur effektiven Nutzung der Blockchain-Technologie für die sichere Speicherung von Daten, was die Geschwindigkeit klinischer Studien erhöhen und letztendlich die Kosten für die Entwicklung von Medikamenten senken wird. Dies ist auf die Fähigkeit von Blockchain zurückzuführen, die Lieferkette in der Pharmaindustrie drastisch zu verbessern.

Diskrepanz zwischen den Daten in der Pharmaindustrie

Die Phase der Entwicklung der Pharmaindustrie ist auch das Herzstück der Branche, da es die Etappe ist, in der Unternehmen Daten für Experimente benötigen. Diese helfen ihnen, neue Medikamente zu verstehen und zu entwickeln, die zur Heilung verschiedener Krankheiten beitragen. Die Herausforderung, mit der die meisten Pharmaunternehmen konfrontiert sind, ist jedoch die Ungleichheit der Daten, wenn sie versuchen, eine bestimmte Krankheit zu bekämpfen. Die Ursache für die Diskrepanz der Daten liegt in den Datensilos, die im Laufe der Zeit angelegt wurden und die mit anderen Plattformen vernetzt sind.

Der Grund, warum die Ungleichheit der Daten zu einem großen Problem für pharmazeutische Unternehmen geworden ist, liegt darin, dass sie sich auf verschiedene Datenquellen verlassen müssen und nicht in der Lage sind, die hochgeladenen Daten, die verschiedene Quellen teilen, ordnungsgemäß zu überprüfen. Zu den Faktoren, die zu einer Datendiskrepanz führen, gehören die unterschiedlichen Strukturen und Modelle, die von verschiedenen Datenquellen und Fachabteilungen verwendet werden.

Blockchain-basierte Lösung in der pharmazeutischen Lieferkette

Die Blockchain-Technologie kann die gesamte pharmazeutische Lieferkette auf vielfältige Weise verändern. Da in der Branche verschiedene Stadien und Prozesse ablaufen, ist es möglich, Barcodes in allen Phasen des Prozesses zu scannen, und die Einzelheiten würden in einem verteilten Register gespeichert werden. Das Distributed Ledger wie die Blockchain zeichnet die gesamte Reise eines Medikaments auf und erstellt einen nachvollziehbaren Weg des Präparats. Es ist auch möglich, Sensoren in die Lieferkette einzubauen, um Temperatur oder Luftfeuchtigkeit im digitalen Register zu erfassen. Dieser Aspekt ist äußerst wichtig für Medikamente, die eine bestimmte Temperatur für die Lagerung im Kühlschrank benötigen, wie Insulin oder andere speziell hergestellte Medikamente.

Eines der Projekte, das an Möglichkeiten arbeitet, Blockchain zu nutzen, um die medizinische Lieferkette effizienter zu gestalten, ist MediLedger. Einer der Vorzüge von auf Blockchain basierenden Plattformen ist, dass Mitbewerber leicht auf der gleichen Plattform zusammenarbeiten können, um ein gemeinsames Ziel zu erreichen, wie z. B. die Sicherheit von Medikamenten zu gewährleisten oder gefälschte Medikamente aus dem Verkehr zu ziehen. Sie können mühelos zusammenarbeiten, ohne sensible Informationen austauschen zu müssen.

Das MediLedger Network ist ein Konsortium, das von mehr als 20 Unternehmen unterstützt wird, darunter Genentech, Gilead, AmerisourceBergen, Pfizer, McKesson und Amgen. Die zugrundeliegende Technologie hinter dem Projekt ist ein Startup namens Chronicled und der Schwerpunkt des Konsortiums liegt auf den Lieferketten der Pharmaindustrie. Die erste große Lösung von MediLedger ist ein Überprüfungssystem, das den Prozess der

Echtheitsüberprüfung eines nachweislich verifizierten Medikaments vereinfacht. Dieser Prozess gestaltet sich oft sehr schwierig, vor allem wenn man bedenkt, dass jedes Jahr über 60 Millionen Einheiten verkaufsfähiger Medikamente zurückgegeben werden, wie die Healthcare Distribution Alliance herausgefunden hat.

Bevor zurückgegebene Medikamente an Großhändler weiterverkauft werden, müssen sie als echt verifiziert werden. Der bestehende Prozess verlangt von den Großhändlern, dass sie sich mit den Herstellern in Verbindung setzen, um ihnen beim Ermitteln der Seriennummer des Medikaments zu helfen. Dieser Prozess kann bis zu 48 Stunden dauern, bevor er abgeschlossen ist. Durch den Einsatz von Blockchain wäre es für Großhändler möglich, die gleiche Verifizierung in weniger als einer Sekunde durchzuführen, indem sie einfach einen Barcode-Scanner verwenden.

Dies wiederum führt dazu, dass das Medikament sofort für den kommerziellen Vertrieb freigegeben wird, während alle Hersteller die Kontrolle über ihre Daten behalten. Auch Krankenhäuser und Apotheker können sich diese schnelle Verifizierung der Seriennummer zunutze machen. Alles, was die Mitarbeiter eines Krankenhauses oder einer Apotheke benötigen, um die Echtheit eines Medikaments beim Einräumen in ein Regal zu überprüfen, sind ein Barcode-Scanner und ein Webbrowser. Sie benötigen keine weitere aufwändige oder teure Infrastruktur.

Zwar können Fälscher sehr wohl Barcodes kopieren, um das Medikament als legitim durchgehen zu lassen, aber das verteilte Register wird solche Medikamente kennzeichnen und sie als verdächtige Aktivität erfassen. Die nächste Phase des MediLedger-Projekts besteht darin, die Blockchain-Technologie zu nutzen, um durch „Track and Trace" zu erkennen, wo sich ein Medikament befindet und wo es sich zu einem bestimmten Zeitpunkt befunden hat. Es ist auch möglich, diesen Prozess mit Hilfe der Blockchain-Technologie durchzuführen, ohne vertrauliche Geschäftsinformationen an andere Beteiligte im Ökosystem weiterzugeben.

Eine weitere Organisation, die nach Möglichkeiten sucht, die Vorteile der Blockchain-Technologie für das Gesundheitswesen und die Pharmaindustrie zu nutzen, ist United Health Care. Das Unternehmen nimmt neben Optum an einem Pharma-Blockchain-Konsortium teil, an dem auch Quest Diagnostics, Humana und Multiplan beteiligt sind. Das vorrangige Ziel des Pharma-Projekts ist es, die Gesamtkosten zu senken, die durch verschiedene administrative Vorgänge entstehen.

Die Blockchain-Technologie hat das Zeug dazu, den gesamten Prozess zu optimieren und darüber hinaus dabei zu helfen, die Datenbank häufiger zu aktualisieren als die bestehenden Systeme. Roche, einer der führenden Akteure in der Pharmaindustrie, wird nicht außen vor gelassen, da sie auch mit Pfizer und Abbvie zusammenarbeiten, um die Lieferkette über ihre Genentech-Abteilung zu verbessern.

Blockchain und die Verteilung von COVID-19-Impfstoffen

Derzeit mangelt es in vielen Ländern an dem Impfstoff gegen COVID-19 und es besteht die Notwendigkeit, diesen Impfstoff gerecht zu verteilen. Die ausgewogene Verteilung des Impfstoffs erfordert jedoch einen weltweiten Konsens über seine Aufteilung sowie ein transparentes, zeitnahes und überprüfbares Lieferkettenmanagement. Zweifellos ist die Blockchain-Technologie die am besten geeignete Technologie, um diese anspruchsvolle Aufgabe zu bewältigen und gleichzeitig sicherzustellen, dass alle teilnehmenden Nationen auf der ganzen Welt Knotenpunkte innerhalb des Netzwerks sind. Diese Knoten haben

Zugriff auf alle Datensätze, die nicht nur in Echtzeit aktualisiert werden, sondern auch unveränderbar sind.

Das Blockchain-gestützte Lieferkettensystem kann dabei helfen, wichtige Aspekte wie die Produktion des Impfstoffs, die Verteilung sowie den Bestand nicht nur des Impfstoffs, sondern auch aller anderen zugehörigen Vorräte wie Glas, Kühleinheiten, Nadeln, Fläschchen usw. in allen teilnehmenden Ländern zu überwachen. Das System könnte sogar die Qualität des Impfstoffs verfolgen, indem es Faktoren wie Temperaturkontrolle, Verfallsdatum, Chargennummer und Hersteller berücksichtigt. Es ist auch möglich, dass das System den Grad des Verlustes und der Verschwendung feststellt, um diese so weit wie möglich zu minimieren.

Es besteht kein Zweifel, dass die Blockchain-Technologie von einem Hype begleitet wird, aber das schmälert in keiner Weise das Potenzial der Technologie, verschiedene Branchen zu revolutionieren. Um das Ziel zu erreichen, die Blockchain-Technologie in der pharmazeutischen Lieferkette zu nutzen, ist es entscheidend, dass sie zusammen mit anderen Technologien sowie einem hervorragenden medizinischen Informationssystem eingesetzt wird. Wenn die Blockchain in Kombination mit anderen Technologien zum Einsatz kommt, hat sie das Zeug dazu, die beste Lösung zu liefern, um die Herausforderungen der Gesundheitsbranche zu bewältigen.

KAPITEL 10

DIE REVOLUTION DER LIEFERKETTE DANK DER BLOCKCHAIN-TECHNOLOGIE

Wir leben in einer Welt, die zunehmend digitalisiert wird, mit verschiedenen aufkommenden Technologien, die die Tür zu beeindruckenden Möglichkeiten öffnen, um den Geschäftserfolg in verschiedenen Bereichen voranzutreiben. Die Distributed-Ledger-Technologie breitet sich in unterschiedlichen Branchen aus, und eine davon ist die Lieferkette. Wir können die Möglichkeiten der Lieferkette durch den Einsatz der digitalen Ledger-Technologie erheblich verbessern, was zu einem gesteigerten Wirkungsgrad führt. Wenn die Blockchain-Technologie mit anderen Technologien der nächsten Generation wie künstlicher Intelligenz (KI), smarten Verträgen oder dem Internet der Dinge (IoT) kombiniert wird, kann sie eine äußerst effektive Schlüsseltechnologie darstellen. Um zu untersuchen, wie Blockchain das Lieferkettenmanagement revolutionieren kann, ist es wichtig, sich den aktuellen Stand der Dinge in diesem Sektor anzusehen.

DIE AKTUELLEN HERAUSFORDERUNGEN DER LIEFERKETTE

Bevor wir uns die Herausforderungen der Branche ansehen, ist es wichtig zu erklären, was Lieferkettenmanagement bedeutet, um sicherzustellen, dass Sie ein klares Bild von dem haben, worüber wir hier sprechen. Das Lieferkettenmanagement umfasst den Prozess der Planung der Bewegung von Produkten, Dienstleistungen und Waren – einschließlich Finanzen und Daten. Dies umfasst sämtliche Aktivitäten von der Beschaffung von Rohstoffen über die Herstellung bis hin zur Verteilung der Produkte an die Verbraucher, dem letztendlichen Bestimmungsort. Der Einfachheit halber werde ich die Abkürzung LKM für Lieferkettenmanagement verwenden.

Die Art und Weise, wie die meisten Aspekte des LKM gehandhabt werden, hat einen erheblichen Einfluss auf die Wettbewerbsposition eines Unternehmens in verschiedenen Bereichen, wie z. B. Serviceerlebnis, Produktkosten, Geschwindigkeit bis zum Markt und Anforderungen an das Arbeitskapital. Aufgrund der zunehmenden Globalisierung der Wirtschaft suchen Unternehmen nach individuellen Möglichkeiten, ihre Lieferketten zu optimieren, um ihre Effizienz zu steigern und die sich ständig ändernden Anforderungen der Verbraucher zu erfüllen.

In einem Deloitte-Artikel aus dem Jahr 2016 sind jedoch viele Unternehmen der Ansicht, dass sie noch nicht ganz auf die Disruptionen in verschiedenen Branchen vorbereitet sind, die durch solche digitalen Trends ausgelöst werden. Viele dieser Organisationen glauben, dass es etwa 40 Prozent der Fortune-500-Unternehmen aufgrund solcher Disruptionen in einem Jahrzehnt nicht mehr geben könnte. Die Ergebnisse der Studie aus dem Jahr 2016 sind ein deutliches Signal dafür, dass Unternehmen zunehmend unter Druck stehen, ihre bestehenden Lieferketten zu überarbeiten, Kosten zu senken, den Wert zu steigern und die Effizienz in einer zunehmend wettbewerbsorientierten Welt zu erhöhen.

Fachleute aus der Lieferkettenbranche haben den Großteil der Herausforderungen, mit denen die Branche konfrontiert ist, in vier zentrale Problemfelder eingeteilt. Diese Probleme betreffen nicht nur einige wenige Branchen oder bestimmte Regionen, sondern den gesamten Globus. Sie sind auch branchenübergreifend anzutreffen und müssen gelöst werden, bevor ein Unternehmen der Logistikbranche die verborgenen Werte der Sparte erschließen kann. Zu den Problemfeldern gehören:

- ***Rückverfolgbarkeit***: Dies beinhaltet die Möglichkeit, Ereignisse sowie Metadaten, die mit einem Produkt verbunden sind, zu überwachen.
- ***Einhaltung von Vorschriften***: Geeignete Kontrollen und Standards, die als Nachweis für die Einhaltung gesetzlicher Auflagen dienen.
- ***Stakeholder-Management:*** Etablierung einer angemessenen Steuerung, die eine Reduzierung der Risiken, sowie Kommunikation und Vertrauen zwischen allen Beteiligten fördert.
- ***Flexibilität***: Die Fähigkeit von Organisationen, sich schnell an Ereignisse oder Herausforderungen anzupassen und verschiedene Szenarien durchzuspielen, ohne dass die Betriebskosten drastisch steigen.

AUSWIRKUNG DER FUNKTIONEN VON BLOCKCHAIN AUF DIE LIEFERKETTE

Bevor wir die verschiedenen Anwendungsfälle von Blockchain in der Lieferkette diskutieren, lassen Sie uns kurz einen Blick auf einige der besonderen Merkmale der Technologie werfen, die sie extrem nützlich und anwendbar für das LKM machen. Wir haben bereits die vier größten Problemfelder in der Lieferkette besprochen, aber nun wollen wir sehen, wie die Blockchain-Technologie helfen kann, diese zu lösen. Die vier Funktionen umfassen:

- ***Unveränderlichkeit***: Die verteilte Struktur von Blockchain stellt sicher, dass es im Netzwerk keinen Single Point of Failure gibt. Da jede einzelne Transaktion fälschungssicher und mit einem Zeitstempel versehen ist, sind die Transaktionen unveränderlich und können nicht verändert werden, was dazu beiträgt, Betrugsfälle zu vermeiden.
- ***Überprüfbarkeit***: In einer Permissioned Blockchain können alle autorisierten Parteien sofort alle Transaktionen einsehen. Dies bedeutet, dass keine Person oder Gruppe von Personen Daten, die bereits zum digitalen Register hinzugefügt wurden, verändern, verbergen oder löschen kann.
- ***Smarte Verträge:*** Smart Contracts ermöglichen die Verfolgung von Daten in Echtzeit über die gesamte Lieferkette.
- ***Disintermediation***: Die Distributed-Ledger-Technologie ermöglicht Peer-to-Peer-Interaktionen, denen dank digitaler Signaturen vertraut werden kann.

Was die Blockchain-Technologie für das Lieferkettenmanagement zu bieten hat

Generell hat die Distributed-Ledger-Technologie das Potenzial, jede Branche, in der Vertrauen eine große Herausforderung darstellt, deutlich zu verbessern oder zu verändern. Aus den Erklärungen, die ich zu Beginn dieses Kapitels gemacht habe, ist klar, dass Vertrauen eine der größten Herausforderungen im Lieferkettenmanagement ist, da es sich um Transaktionen handelt, bei denen Hunderte und Tausende von Beteiligten versuchen, Geschäfte reibungslos abzuwickeln. Im Folgenden sind einige Möglichkeiten aufgeführt, wie die Blockchain-Technologie in diesem Bereich eine Veränderung bewirken kann.

Ersetzen von langsamen händischen Prozessen

Wie bereits erwähnt, sind viele Prozesse im Lieferkettenmanagement, insbesondere in den unteren Lieferstufen, recht langsam und hängen meist von Papier ab. Mit der Distributed-Ledger-Technologie wird dieser Prozess durch einen durchgängig digitalen Ablauf ersetzt, der ein höheres Maß an Transparenz und Sichtbarkeit bietet.

Verbesserte Rückverfolgbarkeit

Schätzungen des Global Brand Counterfeiting Report aus dem Jahr 2018 zeigen, dass Unternehmen aufgrund von Online-Fälschungen weltweit einen Gesamtschaden von 323 Milliarden US-Dollar erlitten haben. Als Antwort auf die zunehmende Nachfrage von Verbrauchern und Regulierungsbehörden nach Herkunftsangaben, die derzeit einen Wandel in der Branche vorantreibt, hat die Blockchain-Technologie die Lösung. Transparenz ist mit der Distributed-Ledger-Technologie möglich und deshalb setzen viele Unternehmen auf sie. Eine der beliebtesten Nutzungsmöglichkeiten von Blockchain in der Lieferkette ist die Möglichkeit der Nachverfolgung (Track & Trace).

Mit erhöhter Transparenz in der Lieferkette gibt es auch eine größere Sichtbarkeit in der gesamten Lieferkette und dies führt zu verbesserter Qualität, Lagerauslastung, drastischer Reduzierung von Umsatzverlusten aufgrund von Produktfälschungen und verbesserten Lieferzeiten.

Senkung der Transaktionskosten in der Lieferkette

Da auf Blockchain basierende digitale Währungen den grenzüberschreitenden Geldtransfer ohne Vermittler wie Banken erleichtern können, kann die Technologie Zahlungen deutlich beschleunigen und gleichzeitig die anfallenden Gebühren senken. Mit der Einführung von Smart Contracts wie Ethereum und einigen anderen wäre es möglich, dass Vorgänge in der Lieferkette automatisch über Smart Contracts ausgelöst werden. So kann ein smarter Vertrag verschiedene Bedingungen für die Lieferung eines bestimmten Produkts festlegen, die vereinbarte Zeit, zu der es geliefert werden soll, und die Folgen einer fehlgeschlagenen oder verspäteten Lieferung.

Außerdem kann ein Smart Contract die Lieferung eines Produkts verfolgen und vereinbarte Aktionen automatisch auslösen, sobald die Bedingungen verletzt werden. Mit dieser Funktion werden verschiedene Kosten im Zusammenhang mit Dritten, die beim alten, herkömmlichen System angefallen sind, deutlich reduziert.

Verbesserung des gesamten Ablaufs der Lieferkette

Theoretisch hat die Blockchain-Technologie das Potenzial, die Vollständigkeit jeder Transaktion und Information zu schützen, was zu weniger Fehlern und Unstimmigkeiten führt. Da weniger Nachbestellungen oder Produktrückrufe nötig sind, wird der gesamte Prozess deutlich beschleunigt. Außerdem wird mit Smart Contracts der Bedarf an dritten Parteien oder Vermittlern reduziert.

Einige Anwendungsfälle von Blockchain im Lieferkettenmanagement

Wie bereits erwähnt, ist die Blockchain-Technologie äußerst nützlich bei Transaktionen, bei denen Vertrauen ein Thema ist. Die Lieferkette ist zweifellos eine Branche, in der Vertrauen bei Hunderten und Tausenden von Transaktionen unerlässlich ist, da die Beteiligten versuchen, ihre Geschäfte effizient abzuwickeln. Im Folgenden werden die wichtigsten Möglichkeiten aufgezeigt, wie die Distributed-Ledger-Technologie in diesem Sektor einen bedeutenden Einfluss haben kann.

1. Herkunftsnachweis und verbesserte Rückverfolgbarkeit

Einer der Bereiche in der Lieferkette, der eine bedeutende „Blockchainisierung" erfahren wird, ist die Lieferkette für Lebensmittel, insbesondere im Bereich der Verteilung von Frischwaren. Seit einigen Jahren ist das Thema Rückrufe ein kostspieliges Problem für die Branche. Aber die steigende Anzahl von Ausbrüchen von Lebensmittelbakterien hat mehr Firmen dazu veranlasst, zu untersuchen, was die Distributed-Ledger-Technologie zu bieten hat, um die Sichtbarkeit und Rückverfolgbarkeit von Waren zu erhöhen. Mehr Druck kommt auch von den Verbrauchern, die zunehmend Einblicke in die Echtheit der Waren, die Lebensdauer vor dem Verkauf und die Herkunft verlangen.

Natürlich sind Verbraucher bereit, große Summen auszugeben, solange sie für nachhaltig und ethisch produzierte Waren und Dienstleistungen bezahlen. Tatsächlich zeigen Daten von Nielsen, dass etwa 45 Prozent der Käufer bereit sind, für hochwertige Produkte mit ausgezeichneten Sicherheitsstandards mehr zu bezahlen. In diesem Bereich gehört

Walmart in Zusammenarbeit mit IBM zu den Top-Unternehmen, die die Effektivität von auf Blockchain basierenden Lösungen zur Rückverfolgbarkeit erforschen, die sie einfach in ihrer Lebensmittel-Lieferkette anwenden können.

Das von ihnen getestete System ermöglichte die Nachverfolgung eingehender Lebensmittellieferungen durch Einzelhändler vom Bauernhof bis zum Laden fast in Echtzeit. Sie untersuchten nicht nur die erhöhte Sichtbarkeit, sondern auch, wie die Distributed-Ledger-Technologie zur Kontrolle und Überwachung der Ausbreitung von lebensmittelbedingten Bakterien eingesetzt werden kann, was wiederum die Rate der kostspieligen Rückrufe drastisch reduzieren kann. Eine Partnerschaft zwischen OriginTrail und TagItSmart konzentrierte sich darauf, die Kombination von Blockchain-Technologie und IoT zu testen, um das Problem gefälschten Weins zu verhindern.

Jede Stunde werden in China etwa 30.000 gefälschte Weinflaschen verkauft. Leider enthalten einige dieser gefälschten Weine Zusatzstoffe, die schädlich sind und zu schlimmen gesundheitlichen Problemen führen können, wenn die Verbraucher sie konsumieren. Das Blockchain-basierte Protokoll des Unternehmens ermöglicht die Überwachung aller Weinflaschen, angefangen vom Weinberg bis hin zu den verschiedenen Geschäften. Die fälschungssichere Technologie nutzt eine Kombination aus einzigartigen QR-Codes und photochromer Tinte, um die Herkunft und Echtheit jeder Flasche zu verifizieren.

Ein Bericht von Forbes zeigt, dass die Distributed-Ledger-Technologie bei der Überprüfung der Herkunft, Verwahrung und Echtheit von Diamanten in der Lieferkette hilft. Everledger ist eine Blockchain-Lösung, die mit Hilfe der Hyperledger-Plattform für die Lieferkette von Diamanten entwickelt wurde. Sie wurde geschaffen, um Betrug und illegalen weltweiten Diamantenhandel zu unterbinden. Jeder einzelne Stein verfügt über einen so genannten Fingerabdruck und laut Everledger befinden sich derzeit etwa 1,6 Millionen Diamanten auf der Blockchain.

2. *Beschaffung*

Um den Wert zu erklären, den Blockchain für die Lieferkette bringen wird, betrachten wir die folgende Abbildung.

Ende-zu-Ende Datentransparenz

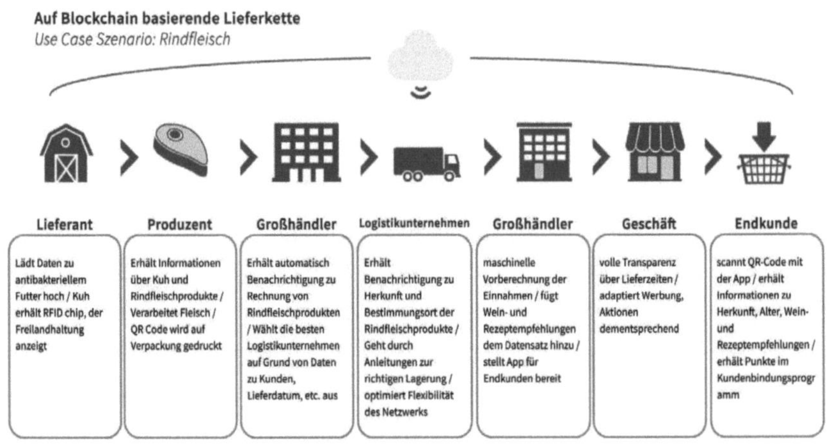

Das Beispiel zeigt, welche bedeutende Rolle die Blockchain-Technologie in der gesamten Lieferkette spielen wird. Die Nachfrage der Verbraucher nach biologischen Lebensmitteln, die auch eine klare Herkunftsangabe aufweisen, hat zugenommen. Eine Möglichkeit für Einzelhändler, diese Nachfrage zu erfüllen, besteht darin, den Verbrauchern über eine Anwendung verschiedene produktbezogene

Daten zur Verfügung zu stellen. Alles, was die Verbraucher tun müssen, um jeden Schritt, den das Rindfleisch in der Lieferkette zurückgelegt hat, zu überprüfen, ist das Scannen eines QR-Codes mit ihren Smart Devices. Dann können sie entscheiden, ob die Geschichte des Produkts mit ihren Erwartungen übereinstimmt. Die Blockchain-Datenbank, die als konsistente und einzige Wahrheitsquelle dient, liefert in Echtzeit alle Arten von vergangenen Daten über das Fleischprodukt. Dabei kann es sich um Informationen handeln, die sich auf Dinge beziehen wie:

- Die Herkunft des Fleisches, das Futter oder die Aufzucht.
- Zeitangaben wie Transportdauer, Reifedauer und Mindesthaltbarkeitsdatum.
- Standort des Betriebs sowie des Fleisches in der gesamten Lieferkette.
- Weitere Informationen wie Rezepte oder Weinempfehlungen.
- Einzelhändler können den Verkauf von anderen Produkten als Fleisch durch verschiedene Mehrwertdienste wie Weinempfehlungen oder verschiedene spezielle Rezepte tatsächlich ankurbeln.

3. *Lieferkette für die Automobilindustrie*

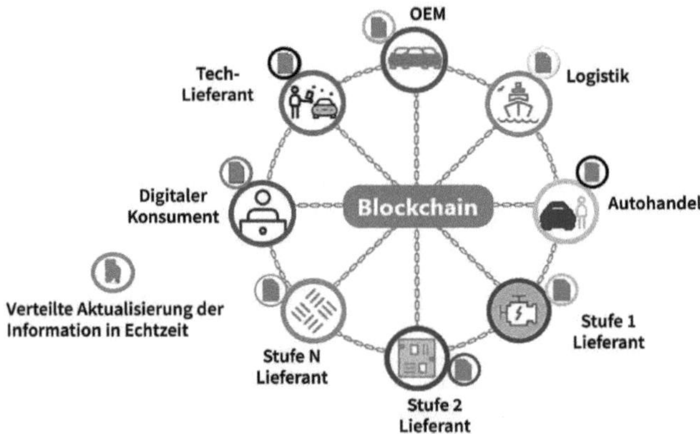

Einer der Sektoren, der bereit für eine Veränderung ist, ist die Automobilindustrie und Experten glauben, dass das Potenzial enorm ist. Frost und Sullivan sagen sogar voraus, dass bis 2025 die Verbreitung der Blockchain-Technologie in verschiedenen Funktionsbereichen wie Leasing und Einzelhandel, intelligente Fertigung und Lieferkettenlogistik 37,2 Prozent erreichen wird. EY hat vorausgesagt, dass es den Einsatz von Blockchain bei allen Transaktionen auf dem Automobilmarkt geben wird – bei Besitz, Zulassung, Finanzierung, Versicherung sowie bei Servicetransaktionen.

Wenn es um die Lieferkette im Automobilsektor geht, ist es möglich, das Ausmaß an gefälschten Teilen innerhalb der Lieferkette durch die Bestimmung der Herkunft zu reduzieren. Der Einsatz von Distributed-Ledger-Technologie für die Lieferkettenlogistik geht ein hartnäckiges Problem der meisten Hersteller von Originalteilen an, nämlich das der gefälschten Teile. Die Rückverfolgung jedes einzelnen Teils durch jeden Schritt der Lieferkette stellt sicher, dass alle versendeten Teile auch tatsächlich geliefert wurden. IBM weist darauf hin, dass diese Funktion nicht nur für die Automobilindustrie, sondern auch für andere Branchen gelten kann, die auf Bauteile angewiesen sind.

4. *Finanzierungsfragen in der Lieferkette*

Das Interesse vieler Unternehmen an Blockchain- und Finanzierungslösungen für die Lieferkette hat zugenommen. Der Grund dafür ist, dass die Distributed-Ledger-Technologie die Effizienz der Bearbeitung von Rechnungen erhöhen und sichere und transparente Transaktionen ermöglichen kann. Herkömmliche Zahlungsfristen für Rechnungen betragen oft 30 Tage oder in manchen Fällen mehr. Die Kombination aus Digital-Ledger-Technologie, Lieferkettenfinanzierung und smarten Verträgen kann automatisch sofortige Zahlungen unmittelbar nach der Lieferung eines Produkts tätigen, für das der Empfänger unterschrieben hat.

5. *Rückverfolgbarkeit der Kühlkette*

In den meisten Fällen gelten für Lebensmittel und pharmazeutische Produkte die gleichen Anforderungen an Lagerung und Versand. Die Kombination von Blockchain-Technologie mit IoT-Sensoren an verschiedenen Produkten kann helfen, Feuchtigkeit, Temperatur, Erschütterungen sowie verschiedene ökologische Kennzahlen zu verfolgen. Da diese Informationen auf einer Blockchain mit darauf angewendeten Smart Contracts gespeichert sind, wäre es einfach, auf mögliche Veränderungen der Messwerte zu achten, insbesondere wenn sie außerhalb des empfohlenen Bereichs liegen. Walmarts innovativer Einsatz von Distributed-Ledger-Technologie für die Lieferkette von Lebensmitteln ist zweifelsohne eine intelligente Methode, um die Herkunft und die Bedingungen von Schweinefleischprodukten, die aus China geliefert werden, zu verfolgen.

6. Zahlungen an Lieferanten

Laut American Express hat die Digital-Ledger-Technologie das Potenzial, kostengünstige, sichere und schnelle internationale Zahlungsabwicklungsdienste über verschlüsselte verteilte Register zu ermöglichen. Diese verschlüsselten Register bieten eine vertrauenswürdige, in Echtzeit durchgeführte Überprüfung von Transaktionen, ohne dass Zwischenhändler wie Clearingstellen und entsprechende Banken erforderlich sind. Ein hervorragendes Beispiel für den Einsatz der Distributed-Ledger-Technologie für die Bezahlung von Lieferanten findet sich in der Kaffeeindustrie.

Es besteht der dringende Bedarf, die Lieferkette für Kaffee zu reformieren, da der gesamte Produktionsprozess aufgesplittert ist. So wird der Rohstoff in der Regel in abgelegenen und sich entwickelnden Gebieten angebaut. Faktoren wie der Klimawandel bedrohen die Erzeuger in solchen Regionen und die Preise sind schwankend. Berichte von Menschenrechtsorganisationen haben zudem offengelegt, dass es mehrere Fälle von Missbrauch von Arbeitern gegeben hat. Natürlich kann die Blockchain-Technologie nicht alle diese Herausforderungen lösen, aber wenn es um die Lieferkette von Kaffee geht, hat sie das Potenzial, Transparenz und Effizienz zu erhöhen.

Ein Unternehmen namens Bext360 verfolgt mit Hilfe der Blockchain-Technologie alle Aspekte des globalen Kaffeehandels, vom Landwirt bis zum Verbraucher. Diese Strategie soll die Produktivität der Lieferkette erhöhen. Durch die Einführung von Kryptowährungen und die Anwendung der Digital-Ledger-Technologie in der Lieferkette erhalten die Bauern die Bezahlung für ihre Produkte direkt nach dem Verkauf.

Bext360 nutzt die Blockchain-Technologie, um die Produktivität zu steigern und gleichzeitig eine gerechtere Bezahlung für alle Landwirte zu gewährleisten. Dies führt zu einem dramatischen Anstieg der Transparenz, insbesondere in einer unfairen Branche. Dies kommt zu der Möglichkeit hinzu, dass Liebhaber von Kaffee bequem die genaue Herkunft des Kaffees, den sie trinken, nachprüfen können.

7. *Lebensmittelsicherheit*

Es ist oft schwierig, Probleme mit Lebensmitteln wie z.B. Verunreinigungen zu verfolgen und einzugrenzen. Der Grund dafür ist das Fehlen geeigneter Daten und die mangelnde Transparenz der Lieferkette. Dies führt dazu, dass bei jedem Auftreten solcher Probleme nur langsam gehandelt wird, was durch unnötige Zeitverschwendung noch verschlimmert wird. All dies führt zu wirtschaftlichen und rufschädigenden Auswirkungen, insbesondere wenn Produkte zurückgerufen werden.

Da es mehrere Wochen und in manchen Fällen sogar Monate dauert, die Ursache der Kontamination zu ermitteln oder den genauen Punkt zu bestimmen, an dem ein bestimmtes Produkt kontaminiert wurde, werden mehr Menschen krank, was oft zu Umsatzeinbußen und Lebensmittelverschwendung führt. Aufzeichnungen der CDC zeigen, dass es bei einem Salmonellenausbruch im Jahr 2017 mehr als zwei Monate dauerte, um die Herkunft der kontaminierten Papayas aufzuspüren. Nach Angaben der Weltgesundheitsorganisation (WHO) erkrankt eine von zehn Personen aufgrund von verunreinigten Lebensmitteln und etwa 420.000 Menschen sterben daran.

Derzeit nutzt ein Konsortium die Distributed-Ledger-Technologie bei der Verfolgung der Lieferkette, um Transparenz über jede einzelne Produktbewegung sowie den Produktstatus zu gewährleisten. Zu den Unternehmen, die den Zeitaufwand für die Nachverfolgung und Beseitigung möglicher Quellen von lebensmittelbedingten Krankheiten in der Lieferkette reduzieren, gehören Nestle, Unilever und Walmart.

8. *Kontrolle von Meeresfrüchten*

Es gab unzählige Berichte über falsch etikettierte Meeresfrüchte, und obwohl im Jahr 2016 viel darüber berichtet wurde, passiert es immer noch. Es ist möglich, dieses Problem mit Distributed-Ledger-Technologie zu lösen, indem Fisch und verschiedene Meeresfrüchte vom Herkunftsgebiet bis zum Verkauf verfolgt werden. Derzeit bemühen sich mehrere Unternehmen, die Blockchain-Technologie für diesen Zweck zu nutzen. Eine dieser Bemühungen ist das Pacific Tuna Projekt, das „The Blockchain Supply Chain Traceability Project" gestartet hat.

Das Projekt verfolgt den Thunfisch vom Schiff bis zum Markt. Das Ziel des Projekts (das sich eigentlich hauptsächlich auf die Thunfischindustrie der pazifischen Inseln konzentriert) ist es, das Problem der illegalen Fischerei sowie der Menschenrechtsverletzungen auszumerzen.

Mit der zunehmenden technischen Reife von Blockchain wird die Entwicklung der Lieferkette wahrscheinlich weiterhin verschiedene

Möglichkeiten zur Einführung von Blockchain in Unternehmen prüfen, insbesondere in Bereichen, in denen es am sinnvollsten ist. Um die Logistikbranche zu transformieren, müssen mehr Blockchain-Plattformen entwickelt werden, die die Effizienz und das Vertrauen in alle Transaktionen steigern können. Zweifellos sind wir noch nicht am Ziel, aber es gibt sehr positive Anzeichen dafür, dass viele Logistikunternehmen den Hype um die Blockchain-Technologie hinter sich gelassen haben und nun nach Möglichkeiten suchen, wie Blockchain herausragende Vorteile für ihre Unternehmen bringen kann.

KAPITEL 11

BLOCKCHAIN ERMÖGLICHT AUSSERGEWÖHNLICHE ANSÄTZE IN DER VERSICHERUNGSBRANCHE

Eine der frühesten Aufzeichnungen über die Versicherungsbranche liegt bereits tausend Jahre zurück. Aufzeichnungen zeigen, dass chinesische Handelsseeleute ihre Waren in einem gemeinsamen Fonds zusammenlegten, aus dem sie jedem Mitglied, dessen Schiff kenterte, den Schaden ausgleichen konnten. Trotz des Einflusses der Technologie auf andere Branchen, vor allem im letzten Jahrzehnt, hat die Versicherungsbranche ihre überholten Systeme in der Kundenbetreuung beibehalten.

Das traditionelle Versicherungsmodell, das wir alle seit Jahrzehnten kennen, hat sich im Laufe der Zeit als recht widerstandsfähig erwiesen. Aber wie wir alle wissen, gehört der Wandel zu den Dingen, die irgendwann in unserem Leben passieren müssen. Die herkömmliche Versicherung erfährt allmählich die Auswirkungen aufkommender Technologien, da diese die Art und Weise, wie Menschen mit Unternehmen interagieren, sowie die Art und Weise, wie Produkte und Dienstleistungen bereitgestellt werden, verändern. Blockchain ist eine dieser aufkommenden Technologien.

Unternehmen wie IBM warten mit beeindruckenden Strategien zur Umsetzung auf, die dafür sorgen, dass die Blockchain-Technologie Druck auf die Versicherungsbranche ausübt. Eine Branche wie die Versicherungswirtschaft existiert schon seit Jahrhunderten, aber es ist eine Branche, die keine nennenswerten Verbesserungen in ihren Abläufen erfahren hat.

AKTUELLE HERAUSFORDERUNGEN FÜR DIE VERSICHERUNGSBRANCHE

Die zwei wichtigsten Anwendungsfälle beim frühen Einsatz von Blockchain im Versicherungsbereich werden Assekuranz und die Bearbeitung von Schadensmeldungen sein.

Die meisten von uns sind bestens damit vertraut, eine Versicherung für ihr Leben, ihre Arztrechnungen und ihr Fahrzeug abzuschließen. Tatsächlich deckt der Versicherungssektor, der eine milliardenschwere Industrie ist, derzeit verschiedene Aspekte unseres Lebens ab. Bruce Springsteen hat zum Beispiel 6 Millionen Dollar ausgegeben, um seine Stimme zu versichern, und es gibt mittlerweile alle Arten von Versicherungsschutz – unsere Haustiere sind versicherbar, es gibt auch eine Reiseversicherung, die alle Kosten im Zusammenhang mit einer Entführung abdeckt, und einige andere. Dies mag das Bild einer etablierten und wertschöpfenden Branche vermitteln und das ist bis zu einem gewissen Grad auch richtig.

Aber die Wahrheit ist, dass die Versicherungsbranche vor mehreren Herausforderungen steht. Ganz oben auf der Liste der Herausforderungen, mit denen die Branche konfrontiert ist, stehen Fragen des menschlichen Versagens, der Ineffizienz, des Betrugs und das vielleicht größte Problem, mit dem die Branche konfrontiert ist, sind Cyberangriffe. Es gibt mehrere Berichte über Datenschutzverletzungen, die durch Cyberangriffe verursacht wurden, und Anthem Insurance wurde nicht verschont, als das Unternehmen bekannt gab, dass es eine Datenschutzverletzung gab, die zur Offenlegung von sensiblen Daten führte und 78,8 Millionen Kunden von diesem Vorfall betroffen waren. Abgesehen von den unschätzbaren Verlusten infolge des Identitätsbetrugs war die gesamte Branche davon betroffen.

Der aktuelle Stand in der Rückversicherung

Falls Sie nicht wissen, was Rückversicherer tun: Sie versichern die Versicherer, allerdings geschieht dies oft in einem undurchsichtigen und höchst ineffizienten System, das von händischen Prozessen und einmaligen Verträgen bestimmt wird. Basierend auf der spezifischen Art der Rückversicherung, die ein Unternehmen erwirbt, kann sie einige Aspekte des Risikos des Versicherers innerhalb eines bestimmten Zeitraums abdecken; in einigen Fällen deckt sie nur bestimmte Risiken wie Naturkatastrophen. Leider ist der bestehende Ablauf der Rückversicherung nicht nur komplex, sondern auch höchst ineffizient.

Bei der so genannten fakultativen Rückversicherung muss für jedes einzelne Risiko, das in einem Vertrag enthalten ist, die Haftung übernommen werden. Bedenken Sie, dass diese Verträge oft drei Monate lang zwischen allen beteiligten Parteien verhandelt werden müssen, bevor sie schließlich unterzeichnet werden. Das ist es, was ich meine, wenn ich sage, dass der Prozess bekannterweise unwirtschaftlich ist. In der Regel beauftragen die Versicherer mehr als einen Rückversicherer, und das bedeutet auch, dass sie bei der Schadenbearbeitung Daten austauschen. Es gibt immer das Problem, dass die Beteiligten unterschiedliche Standards für den Umgang mit Daten haben, und das führt zu unterschiedlichen Auslegungen, wie ein Vertrag umgesetzt werden kann.

WAS DIE BLOCKCHAIN-TECHNOLOGIE ZU BIETEN HAT

Ursprünglich diente der Einsatz der Blockchain-Technologie in der Unternehmenswelt im Wesentlichen dazu, Kosten zu senken, und die Versicherungsbranche ist davon nicht ausgenommen. Abgesehen von dem Vorteil der Kostensenkung für Unternehmen bietet sie jedoch auch andere bemerkenswerte Vorteile für die Versicherungsbranche, und wir werden schnell einige davon durchgehen.

1. *Eine durch Blockchain unterstützte Rückversicherung*

Die Blockchain-Technologie hat das Zeug dazu, die aktuellen Rückversicherungsprozesse auf den Kopf zu stellen. Sie erreicht dies, indem sie die Übertragung von Informationen zwischen Rückversicherern und Versicherern auf einem dezentralen Register (das von allen Parteien gemeinsam genutzt wird) vereinheitlicht. Die Blockchain-Technologie kann es sowohl Versicherern als auch Rückversicherern ermöglichen, eine detaillierte Aufzeichnung der Transaktionen von Prämien und Schäden gleichzeitig auf ihren Computern zu haben.

Folglich wäre es nicht notwendig, die Register zwischen verschiedenen Firmen für jeden einzelnen Schaden abzustimmen. Die Rückversicherer sind in der Lage, Gelder für Schadensfälle fast sofort zuzuweisen, da sie über gemeinsame Daten in einem unveränderlichen Register verfügen. Dies ermöglicht ihnen nicht nur die Bearbeitung von Schäden, sondern auch deren schnellere Regulierung, ohne auf die Daten der Erstversicherer für jeden einzelnen Schadenfall angewiesen zu sein. Schätzungen von PricewaterhouseCoopers gehen davon aus, dass Rückversicherer durch die Steigerung der betrieblichen Effizienz mit Hilfe der Blockchain-Technologie bis zu 10 Milliarden US-Dollar einsparen können.

Die Auswirkungen dieser Einsparungen könnten letztendlich zu einer Senkung der Versicherungsprämien für Verbraucher führen, da die Rückversicherung tatsächlich zwischen 5-10 Prozent der bestehenden Versicherungsprämien ausmacht. Ein hervorragendes Beispiel für den Einsatz von Blockchain in der Rückversicherung ist B3i, das einige der großen Akteure der Branche wie Swiss Re, Allianz, AIG und Aegon umfasst.

2. *Kosten für KYC („Kenne deinen Kunden")*

Eine der zwingenden Erfordernisse, die der öffentliche und private Sektor bei der Zusammenstellung von Unterlagen über Beteiligte und Kunden benötigt, ist das Prinzip „Kenne deinen Kunden" (Know your Customer = KYC). Der Prozess ist in der Regel zeitaufwändig und kostspielig, aber die Blockchain-Technologie kann eine hervorragende Lösung für dieses Problem bieten. Von jeder Organisation wird erwartet, dass sie eine Dokumentation ihrer Kunden zusammenstellt, und dies muss gelingen, ohne dass sie dabei die Daten ihrer Kunden austauschen. Leider sind die meisten Organisationen aufgrund des derzeit verwendeten zentralen Modells anfällig für diverse Probleme.

Die Zahl der Cyberangriffe hat deutlich zugenommen, und bei diesen Angriffen werden Millionen von Kundendaten gestohlen. Im Folgenden finden Sie beispielhaft einige größere Datenschutzverletzungen, die wir in der Vergangenheit erlebt haben:

- Im Jahr 2014 wurden etwa 500 Millionen Yahoo-Konten gehackt.
- 145 Millionen eBay-Konten wurden ebenfalls im Jahr 2014 gehackt.
- Im Jahr 2014 wurden etwa 7 Millionen Firmenkunden und 76 Millionen Privatkunden von JP Morgan gehackt.
- Auch LinkedIn wurde nicht verschont: 2012 wurden 117 LinkedIn-Konten gehackt.

All diese Organisationen haben eines gemeinsam – sie sind alle zentralisiert, was bedeutet, dass sie eine einzige Fehlerquelle haben. Dieser Single Point of Failure machte es den Hackern leicht, sich Zugang zu ihren Servern zu verschaffen. Durch die Bündelung mehrerer Prozesse über eine verschlüsselte und gemeinsam genutzte Datenbank bietet die Blockchain-Technologie tatsächlich bemerkenswerte Vorteile. So vertritt Goldman Sachs die Ansicht, dass der Bankensektor durch den koordinierten und konsequenten Einsatz der Blockchain-Technologie jährlich zwischen 3 und 5 Milliarden Dollar an Kosten im Zusammenhang mit KYC sowie Anti-Geldwäsche (AML) einsparen könnte.

Eine gemeinsame Initiative zwischen einem Unternehmen namens Z\Yen und dem PwC KYC Center of Excellence hat bereits zur Erstellung eines Prototyps einer Blockchain-gestützten KYC-Datenbank geführt. Die Idee dieses Konzepts besteht hauptsächlich darin, Kundendaten zu speichern und zu verschlüsseln und gleichzeitig alle Kunden zu verifizieren, die verschiedene Formen von Dokumentationen und Änderungen durchführen (z. B. bei Todesfällen, Heirat, Namensänderung usw.). Jedem Kunden wird ein individueller Chiffrierschlüssel zur Verfügung gestellt und er hat die Möglichkeit, diesen Schlüssel Finanzinstituten zur Verfügung zu stellen.

Wenn Kunden den Schlüssel Finanzinstituten zugänglich machen, ist es für die Institute möglich, auf einige Daten und Dokumente zuzugreifen. Das Projekt ermöglicht es Unternehmen also, einen Kunden auf zuverlässige und sichere Weise zu identifizieren. Das bedeutet auch, dass Kunden, die eine Versicherung abschließen oder ein Konto eröffnen wollen, dies sofort tun können, ohne die zeitaufwändigen, stressigen und riskanten Prozesse, die mit traditionellen KYC-Systemen verbunden sind. Das neue Projekt wird dabei helfen, die Kosten für Versicherungsunternehmen deutlich zu senken, da die Notwendigkeit eines Datenpools zwischen Banken, Versicherern und Maklern entfällt.

Zusammenfassend lässt sich sagen, dass die Blockchain-Technologie die KYC/AML-Prozesse auf folgende Weise verbessern kann:

- Sie kann dabei helfen, ein fälschungssicheres Verzeichnis aller Kundendaten zu erstellen, und diese Daten können leicht und sicher zwischen Organisationen ausgetauscht werden.
- Sie hilft, das Risiko von Fehlern sowie von Doppelarbeit zu senken, indem es Zeit und Ressourcen spart und die Zusammenarbeit erleichtert.
- Verbessert die Sichtbarkeit der verschiedenen Aktivitäten der Kunden über die unterschiedlichsten Institutionen hinweg, was sowohl die Einhaltung von Vorschriften als auch die Überwachung durch die Aufsichtsbehörden verbessern kann.

3. *Die Blockchain-Technologie kann helfen, das Risiko von Betrug und Diebstahl von versichertem Eigentum zu reduzieren*

Um Betrug vorzubeugen, beschaffen sich große Versicherer Daten aus dem öffentlichen Bereich sowie von privaten Organisationen, um Vorhersagen zu treffen und verschiedene betrügerische Aktivitäten zu analysieren. Obwohl es möglich ist, betrügerische Muster von Einzelpersonen aus früheren Transaktionen mit öffentlichen Daten zu erkennen, ist dies in der Regel nicht eindeutig, da der Informationsaustausch zwischen verschiedenen Organisationen schwierig ist. Das vielleicht größte Hindernis bei der Entwicklung eines branchenweiten Betrugspräventionssystems ist die Frage der gemeinsamen Nutzung von personenbezogenen Daten – Geburtsdatum, Adresse und einige andere.

Hier kommt die Blockchain zum Einsatz, die allerdings ein hohes Maß an Koordination zwischen den verschiedenen Versicherern erfordert. Laut einem von IBM vorgeschlagenen Blockchain-Implementierungsprojekt zur Betrugsbekämpfung können die Bemühungen zur Betrugsbekämpfung mithilfe der Blockchain-Technologie damit beginnen, dass die beteiligten Unternehmen Informationen über betrügerische Versicherungsansprüche austauschen. Dies hilft ihnen dabei, Muster kriminellen Verhaltens zu erkennen. Für die Versicherer ergeben sich daraus drei wesentliche Vorteile:

- Sie hilft dabei, Probleme bei der Bearbeitung von Mehrfachansprüchen für denselben Unfall oder Doppelbuchungen zu beseitigen.
- Die Eigentümerschaft kann über digitale Zertifikate leicht festgestellt werden, was zu einer Reduzierung von Fälschungen führen wird.
- Sie kann dazu beitragen, die Abzweigung von Prämien einzudämmen. Ein gutes Beispiel sind nicht lizenzierte Makler, die Versicherungen verkaufen und Prämien kassieren.

Der Einsatz der Blockchain-Technologie soll Unternehmen bei der Aufarbeitung von Betrugsfällen helfen. Ein hervorragendes Beispiel für ein Projekt, das zur Betrugsbekämpfung geschaffen wurde, ist Everledger, über das ich bereits gesprochen habe. Aber lassen Sie uns einen genaueren Blick darauf werfen, wie es funktioniert. Das Projekt ist aus dem Start-up-Accelerator-Programm des Versicherers Allianz Frankreich hervorgegangen und hat ein Zertifizierungssystem speziell für Luxusprodukte entwickelt, das eine Kombination aus öffentlicher und privater Blockchain nutzt. Das Projekt schafft ein globales Register hauptsächlich für Edelsteine unter Verwendung von Blockchain.

Um dies zu erreichen, erfasst Everledger 40 Merkmale für jeden einzelnen Stein, der aufgenommen wurde (dazu gehören Aspekte wie Klarheit, Schliff, Farbe und einige andere). Die erfassten Informationen bilden insgesamt 40 Metadaten, die für die Erstellung einer eindeutigen Seriennummer verwendet werden. Jeder Stein wird mit der Nummer lasergraviert und ebenfalls der entsprechenden Blockchain hinzugefügt. Sobald die Datenbank genügend Daten enthält (mit Stand Ende 2016 sind über eine Million Diamanten erfasst), wird es für Verkäufer extrem schwierig, einen Diamanten zu verkaufen, wenn sie keinen verschlüsselten Nachweis über die Eigentumsrechte des Edelsteins vorlegen können, den sie verkaufen wollen.

Alle Edelsteine, denen die Seriennummer fehlt oder die eine unklare Seriennummer haben (Seriennummern, die schwer zu erkennen sind), verlieren einen erheblichen Teil ihres Wertes. Everledger trägt zweifelsohne zum Kampf gegen Betrug und Diebstahl in der Branche bei, indem es ein globales, fälschungssicheres Register entwickelt. Es wird geschätzt, dass dieses Problem die Versicherer jedes Jahr etwa 50 Milliarden Dollar kostet.

Nachfolgend ein Überblick über die Auswirkungen der Blockchain-Technologie auf hochpreisige Objekte und Garantien:

- Sie kann dabei helfen, eine vertrauenswürdige und unveränderliche Aufzeichnung der Herkunft von Produkten zu Gunsten aller beteiligten Parteien zu erstellen.
- Sie kann die Bemühungen der gesamten Branche zur Verringerung von Betrugsfällen erheblich verbessern, indem sie die Datenqualität erhöht und den Datenaustausch verbessert.
- Hilft dabei, die Eigentumsverhältnisse von Produkten sowie Ansprüche in Echtzeit und auch grenzüberschreitend zu verfolgen.

4. *Automatisierung von Aufgaben/Schadensabwicklung*

Ein weiterer bemerkenswerter Vorteil der Blockchain-Technologie für die Versicherungsbranche hat mit der Automatisierung von Prozessen zu tun. Die Technologie kann nicht nur Prozesse automatisieren, sondern den Prozess auch äußerst sicher machen, da sie verschiedene Stellen, an denen menschliche Eingaben erforderlich wären, überflüssig macht. Ein gutes Beispiel für diesen Anwendungsfall ist die Versicherung von Naturkatastrophen. Es ist möglich, diese Art von Versicherung mit Hilfe von Smart Contracts abzuschließen. Tatsächlich wurde dieser Anwendungsfall bereits 2016 von der Allianz-Gruppe erfolgreich umgesetzt.

Alles, was das Abrechnungssystem des Konzerns benötigt, sind zwei Informationen, die in das Programm einfließen. Die erste ist, dass das Ereignis als Naturkatastrophe deklariert werden muss. Die andere Information ist der Ort des versicherten Ereignisses, der mit dem spezifischen Ort übereinstimmen muss, an dem eine Naturkatastrophe registriert wurde. Das primäre Ziel dieser Strategie ist es einfach, die Wiederholung des Sturms Xynthia vom Februar 2010 zu verhindern.

Während des Ereignisses verloren die meisten Opfer der Naturkatastrophe alle Dokumente, die sie zur Einreichung ihrer Ansprüche benötigten. So mussten sie alle mehr als ein Jahr warten, bevor sie eine Versicherungsauszahlung erhalten konnten. Abgesehen davon, dass Vorfälle dieser Art langwierig und sehr kostspielig sind, schaden sie auch dem Ruf der Versicherer und machen die Kunden misstrauisch gegenüber den Aktivitäten der Versicherungsbranche insgesamt.

Durch den Einsatz des auf Smart Contracts basierenden Systems für die Rückversicherung (Naturkatastrophen-Swap) konnte die Allianz-Gruppe die Schadenabwicklung drastisch verbessern und den Einsatz von Menschen in diesem Prozess weiter senken, da Smart Contracts automatisiert sind. In dem Moment, in dem ein Ereignis eintritt und alle Bedingungen erfüllt sind, wird jede einzelne in Frage kommende Katastrophenversicherung mit Hilfe eines Codes automatisch ausgeführt.

Außerdem erzwingt der Code eine direkte Aktivierung der Versicherungsauszahlungen und es besteht keine Notwendigkeit für den Kunden, die traditionellen Formalitäten zu erledigen. Allerdings wird weiterhin das Prinzip der Verhinderung einer ungerechtfertigten Bereicherung des Geschädigten bei eingetretenem Versicherungsfall Anwendung finden.

Wenn es um die Schadenbearbeitung und die Automatisierung von Aufgaben geht, ergeben sich folgende wichtige Auswirkungen der Blockchain-Technologie:

- Kunden können mehr Kontrolle über ihre Daten erhalten, was auch Zugriffsrechte einschließt.
- Blockchain kann helfen, eine fälschungssichere, vertrauenswürdige, branchenweite Aufzeichnung von Schadensfällen zu erstellen.
- Sie reduziert die Fälle von Betrug, da die Notwendigkeit für Datensilos entfällt.

5. *Verbesserte Preisgestaltung*

Ein Blick auf die jüngsten Entwicklungen in der Preisgestaltung zeigt, wie das statische und dynamische Risiko durch Verhaltensweisen beeinflusst wird, auch wenn die Versicherer zunehmend versuchen, diese zu berücksichtigen. Es ist möglich, die meisten dieser verhaltensbezogenen Daten zu erfassen und sie mit vernetzten Geräten zusammenzuführen. Die Informationen können nun auf einer Blockchain ausgetauscht werden, um eine nahezu Echtzeit-Anpassung der Preise und eine Optimierung basierend auf den neuesten Informationen aus der realen Welt zu ermöglichen, die ebenfalls in Echtzeit von der Blockchain gemeldet werden.

Obwohl dieses Projekt äußerst innovativ ist, bedarf es weiterer Analysen und Forschungen, um die besten Plattformen und Tools zu finden, die für die Ausführung erforderlich sind. Unabhängig von der Verwendung der Blockchain-Technologie wird sich die Versicherungsbranche in unserer sich ständig verändernden Welt zweifellos weiterentwickeln, in der der freiwillige Austausch von Daten sowie die Fähigkeit, das Verhalten der Kunden und das Risikoprofil laufend richtig zu erfassen, zu einer verbesserten und aktualisierten Preisgestaltung führen wird, die in flexiblen, personalisierten und dynamischen Versicherungsprodukten und Risikomanagement mündet.

Das dynamische Preissystem, das auf der Blockchain-Technologie basiert, wird vielleicht nicht so bald verwirklicht werden, aber wir können seine Auswirkungen auf die Preise eher früher als später erleben. Durch den einfachen Einsatz von Regeln innerhalb von Smart Contracts können Risikoübernahme, Preisgestaltung sowie die Prozesse des Schadenmanagements effizienter und schneller werden. Dies wird sich letztendlich erheblich auf die Wettbewerbsfähigkeit jeder angebotenen Lösung auswirken.

6. *Die Blockchain-Technologie kann helfen, neue Märkte zu erschließen*

Mit der Einführung der Blockchain-Technologie in der Versicherungsbranche werden neue Versicherungssparten geschaffen oder erweitert und es wird einfacher sein, neue Märkte zu erreichen. Derzeit haben etwa 40 Prozent der Weltbevölkerung weder ein Bankkonto noch eine Versicherung, vor allem in Südamerika, Afrika und Asien.

Die Blockchain-Technologie wird unter anderem die Chance bieten, eine große Vielfalt an Produkten und Dienstleistungen in der Versicherungsbranche zugänglich zu machen. Sie kann Versicherungen in die Lage versetzen, schneller personalisierte Produkte und Dienstleistungen zu erstellen, um ihr Versicherungsangebot zu erweitern. In der Reiseversicherung ist einer der häufigsten Trends die Möglichkeit, Versicherungsauszahlungen in Echtzeit im Falle eines versicherten Schadens anzubieten. Dieses Leistungsversprechen wurde zum Beispiel von Berkshire Hathaway Travel Protection angeboten.

Diese Art der Ausrichtung bedeutet, dass ein Versicherer, bevor er Informationen von den Fluggesellschaften erhält (wie z. B. Flugverspätungen sowie Flugausfälle), seine Systeme mit denen der Fluggesellschaften verbinden und die Kunden in der Datenbank der

Fluggesellschaft identifizieren kann, die von dem spezifischen Flug betroffen waren. Sobald dies geschieht, wird proaktiv ein Anspruch eröffnet, der den Kunden zu einer schnellen Auszahlung berechtigt. Die Blockchain-Technologie sorgt dafür, dass dieser Anspruch vollständig automatisiert abgewickelt wird und die Kosten gesenkt werden.

Ein herausragendes Beispiel für ein Blockchain-Projekt, das sich in diesem Bereich positioniert hat, ist InsurETH. Das Projekt ist das Produkt eines Hackathons, der bereits 2015 ins Leben gerufen wurde, und nutzt die Smart Contracts von Ethereum. In diesem Projekt ermöglicht die Kombination von Daten aus Schäden, Verträgen sowie Kundendokumenten, dass die Blockchain die schnelle Entwicklung von personalisierten Versicherungen unterstützt.

Wenn es um das Wachstum der Versicherungsbranche in Schwellenländern geht, wird Blockchain sicherlich eine bedeutende Rolle spielen. Die Technologie kann es Unternehmen unter anderem ermöglichen, neue geografische Märkte in Entwicklungsregionen wie Afrika und Asien zu erreichen. Aufgrund der geringen Mehrkosten, die mit Smart Contracts verbunden sind, können neue und einzigartige Versicherungsprodukte nun die meisten Entwicklungsregionen erreichen.

Die Durchdringung mit Versicherungen ist in den meisten Ländern Afrikas recht gering, allerdings hat das Wachstum des Mobilfunkmarktes in den letzten Jahren deutlich zugenommen. In den afrikanischen Ländern südlich der Sahara besitzen etwa 70 Prozent der Menschen ein Mobiltelefon, was zu einem explosionsartigen Wachstum des mobilfunkbasierten Zahlungsverkehrs durch Telekommunikationsanbieter geführt hat. Diese Anbieter übernehmen schnell einen großen Teil der Aufgaben von Finanzinstituten wie Banken. Ein bekanntes Beispiel für diese Entwicklung ist das M-Pesa-Projekt, das 2007 in Kenia gestartet wurde.

Mehr als 20 Millionen Nutzer verwenden bereits das auf Mobiltelefonen basierende Zahlungssystem, und täglich werden über das Netzwerk mehr als 19,7 Millionen Dollar überwiesen. Dies ist eine hervorragende Gelegenheit für die Versicherungsbranche, da sie den Boom der neuen Technologien nutzen kann, um außergewöhnliche Produkte in Afrika anzubieten. Mit der Blockchain-Technologie können sie den Prozess der Informationserfassung und Risikoübernahme vereinfachen, da es nicht notwendig ist, dass Personen, die ein Konto haben, ihre Bankdaten oder einen Ausweis vorlegen. Es ist möglich, einen Smart Contract für eine Blockchain einzurichten, der mit den mobilen Daten eines Kunden verknüpft ist, und dies löst sofort einen automatischen Abrechnungsprozess aus, sobald der Versicherungsfall eintritt.

Es ist offensichtlich, dass InsurTechs die Möglichkeiten nutzen, die durch die Distributed-Ledger-Technologie geschaffen werden, wie einige der Beispiele, die ich zuvor geteilt habe. Tatsächlich zeigen die Aufzeichnungen einer PwC-Studie, die sich mit der Frage beschäftigte, wie InsurTechs die Versicherungsbranche verändern, dass die Konkurrenz durch InsurTechs etwa 90 Prozent der Versicherungsunternehmen tatsächlich stört. Das erklärt Stephen O'Hearn, Global Insurance Leader bei PwC wie folgt:

> *„Es besteht das Risiko, eine Gelegenheit zu verpassen, den Kunden ein ähnliches Serviceangebot zu bieten, wie sie es bereits von Einzelhandels- und Technologieunternehmen erhalten. InsurTech wird ein Game-Changer für diejenigen sein, die sich dafür entscheiden, es anzunehmen. Versicherer haben einen unübertroffenen Zugang zu Verbraucherdaten, und der Einsatz von Spitzentechnologie, um diese Daten gründlich zu analysieren, könnte zu erheblichen Vorteilen für das Unternehmen führen."*

Die etablierten Unternehmen der Versicherungsbranche versuchen, dieser Wettbewerbsbedrohung durch Partnerschaften zu begegnen. So hat beispielsweise die Allianz Frankreich bereits in ein Projekt namens „SmartAngels“ investiert. Das Projekt ist ein Crowdfunding-Spezialist, der mit Hilfe der Blockchain-Technologie Aufzeichnungen über die Wertpapiere von Unternehmen führt, die auf der Plattform Gelder sammeln. AXA ist ebenfalls mit einem 100-Millionen-Euro-InsurTech-Inkubator namens „Kamet“ auf den Markt gekommen. Zweifellos sollte die neue Wettbewerbslandschaft, die sich aus dem Einsatz von Blockchains entwickelt, berücksichtigt werden und es besteht die Notwendigkeit, die Governance-Strukturen im Versicherungssektor zu überdenken.

In der Tat hat Blockchain ein enormes Versprechen abgegeben, die Versicherungsbranche auf verschiedene Weise umzugestalten. Es ist jedoch auch wichtig zu betonen, dass die Technologie noch in den Kinderschuhen steckt. Derzeit gibt es noch so viele Dinge zu entdecken, was man mit Blockchain machen kann, aber genau das tun viele Start-ups, die bereits verschiedene Möglichkeiten aufzeigen, wie man Blockchain zur Bewältigung der Herausforderungen der Versicherungsbranche nutzen kann.

Weitere etablierte Unternehmen der Branche bemühen sich bereits, nicht aus dem Rennen zu fliegen, um mit den neuesten Trends und Angeboten in der Branche Schritt zu halten. Eines ist sicher, ein Blockchain-basiertes Peer-to-Peer-Versicherungssystem hat das Potenzial, ein autonomes und selbstreguliertes Geschäftsmodell hervorzubringen. Da es keine Kontrollinstanz gäbe, würde dies die Transparenz in der Branche fördern.

DER GROSSE EINFLUSS AUF DIE FINANZBRANCHE DURCH DIE DIGITALISIERUNG VON FINANZINSTRUMENTEN MITTELS BLOCKCHAIN

Die Branche, die vielleicht den größten Einfluss der Blockchain-Technologie zu spüren bekommen hat, ist die Finanzbranche. Es gibt mehrere Prognosen über die Auswirkungen von Blockchain auf die Finanzbranche, aber diejenige, die mir am besten gefällt, ist die von Jupiter Research. Dem Bericht zufolge werden Banken bis Ende 2030 dank des Einsatzes von Blockchain Einsparungen bei grenzüberschreitenden Transaktionen in Höhe von schätzungsweise 27 Milliarden US-Dollar erzielen.

Der Einsatz von Blockchain innerhalb dieses Zeitraums kann den Banken zudem ermöglichen, mehr als 11 Prozent ihrer Kosten einzusparen. Dies ist durchaus beachtlich und in diesem Kapitel werden verschiedene Möglichkeiten aufgezeigt, wie die Distributed-Ledger-Technologie den Finanzsektor und die Qualität seiner Dienstleistungen verändern wird. Im Laufe der Jahre hat die Ethereum-Blockchain erfolgreich die Wirtschaft auf den Kopf gestellt, was zu mehr als zehnfachen Kostenvorteilen im Vergleich zu bestehenden Technologien geführt hat.

Derzeit haben die großen Akteure der Finanzbranche eingeräumt, dass Blockchain das Zeug dazu hat, Banken und anderen Finanzinstituten im nächsten Jahrzehnt Milliarden von Dollar zu sparen. Die Distributed-Ledger-Technologie beseitigt einen Single-Point-of-Failure, wodurch der Bedarf nach Beteiligten wie Betreibern von Nachrichtensystemen, Vermittlern und weiteren ineffizienten monopolistischen Diensten sinkt. Die Ausführung von Smart Contracts in einigen Blockchain-Plattformen wie Hyperledger, Ethereum und einigen anderen erhöht das Vertrauen und die Effizienz im Finanzsektor. Inwiefern sind also Finanzinstitute von der Digitalisierung von Finanzinstrumenten betroffen?

DIE DIGITALISIERUNG VON FINANZINSTRUMENTEN UND IHRE AUSWIRKUNGEN AUF DIE FINANZBRANCHE

Wenn es um die Digitalisierung von Finanzinstrumenten geht, sprechen wir von Smart Contracts, programmierbarem Geld und digitalen Vermögenswerten, was die Vorteile der Blockchain-Technologie sogar noch steigert, da sie ein hohes Maß an Programmierbarkeit und

Vernetzung zwischen Vermögenswerten, Produkten, Dienstleistungen und Beteiligungen ermöglicht.

Natürlich werden die Abläufe der Handels- und Finanzmärkte durch diese digitalisierten Instrumente neu definiert, und dies wird zu einer neuen Ära führen, in der man an jeder Stelle im Prozess Mehrwerte schafft. Nachfolgend finden Sie einige der geschäftlichen Vorteile, die digitale Instrumente bieten:

- **i.** Programmierbare Fähigkeiten: Sie bieten Codes, die Fragen der Einhaltung von Richtlinien, der Steuerung, der Identität (KYC/AML-Attribute), des Datenschutzes und der Anreizsysteme betreffen. Sie ermöglichen es auch, den Assets Funktionen hinzuzufügen, die die Beteiligung von Stakeholdern (z. B. Abstimmungen) ermöglichen.
- **ii.** Eröffnen die Möglichkeit, neue Produkte und Märkte zu erschließen: Sie ebnen den Weg für neue Produkte, wie z. B. schnelle Überweisungen, die sicher und skalierbar sind, Token-basierte Kleinstunternehmen, anteiliges Eigentum an realen Vermögenswerten, usw.
- **iii.** Sie helfen, Prozesse zu optimieren: Zu den Vorteilen eines erhöhten Automatisierungsgrads gehört eine Steigerung der betrieblichen Effizienz. Weitere herausragende Vorteile der Automatisierung sind die Unterstützung von Echtzeitabrechnungen, Wirtschaftsprüfungen sowie Berichterstattungen, eine Verringerung der Bearbeitungszeit und des Ausmaßes an Fehlern und Verzögerungen, die mit verschiedenen Abläufen verbunden sind. Blockchain hilft auch, die Anzahl der Bearbeitungsschritte und die Beteiligung

Dritter zu reduzieren, die erforderlich sind, um das gleiche Maß an Vertrauen in bestehende zentrale Prozesse zu erhalten.

iv. Steigerung der Glaubwürdigkeit von Daten: Die Digitalisierung stellt nicht nur die Unversehrtheit der Daten sicher, sondern ermöglicht auch die Nachvollziehbarkeit der Vermögenswerte und bietet eine vollständige Chronologie der Transaktionen – alles in einer gemeinsamen Source of Truth.

v. Reaktionsfähigkeit auf den Markt: Im Vergleich zu standardisierten Titeln bieten digitale Werte mehr Raum für individuelle Anpassungen und können in kürzeren Zeiträumen ausgegeben werden. Mit der Digitalisierung haben wir jetzt die Ressourcen, um einzigartige digitale Finanzinstrumente zu entwickeln, die perfekt auf die Nachfrage der Anleger zugeschnitten sind.

Der Kapitalmarkt und die Blockchain-Technologie

Die Kapitalmarktbranche erlebt derzeit eine bemerkenswerte Umgestaltung in mehreren Bereichen, insbesondere in der Dynamik von Geschäften. Dies ist eine Folge der disruptiven Veränderungen durch neue Technologien, Regulierungen sowie der veränderten Wirtschaftslage in den Kernbereichen des Geschäfts. Die Digitalisierung hat verschiedene Branchen verändert, und der Kapitalmarkt ist davon nicht ausgenommen, da die Branche dramatische Veränderungen im Hinblick auf ihre bisherige Denkweise erfahren hat. Nach der Krise von 2008 haben viele Unternehmen fast ein Jahrzehnt lang versucht, sich zu stabilisieren, aber es dauerte nicht lange, bis sie mit den Erwartungen an neue Methoden der Abwicklung von Geschäften konfrontiert wurden, die durch die digitale Revolution ermöglicht wurden.

Infolge dieser neuen Erwartungen müssen auch Änderungen an den bestehenden Industrienormen der Branche vorgenommen werden, insbesondere bei Herausforderungen wie:

- Die Kosten für Sicherheiten (die sehr hoch sind) nach der Umsetzung von Vorschriften wie Basel III und Dodd-Frank.
- Die Abwicklungszyklen – Instrumente wie Leveraged Loans können mehrere Wochen für die Abwicklung von Geschäften beanspruchen.
- Ineffizienzen bei verschiedenen Prozessen wie der Kontenabstimmung.
- Die Aktivitäten von Vermittlern in der Vermögensverwaltung, im Zahlungsverkehr und in einigen anderen Bereichen führen oft zu hohen Transaktionskosten.

Das Aufkommen der Blockchain-Technologie hat auch mehrere Auswirkungen auf die Kapitalmärkte, da diese nun mit einer weiteren Phase von Disruptionen konfrontiert sind. Aber diese Entwicklung ist zu begrüßen, da die Einführung der Distributed-Ledger-Technologie auf den Kapitalmärkten dazu beitragen wird, einige der größten Herausforderungen der Branche zu lösen. Die Kapitalmärkte können immens von den Auswirkungen der Blockchain-Technologie profitieren, insbesondere durch die Beseitigung oder Reduzierung der Rollen, die Vermittler spielen. Lassen Sie uns die verschiedenen Anwendungsfälle von Blockchain auf den Kapitalmärkten untersuchen.

Abwicklung von Handelsgeschäften in Echtzeit

Aufgrund des Fehlens eines Mechanismus, der die Positionen verschiedener Finanzinstrumente in Echtzeit überwachen kann, besteht für die Handelsparteien immer ein gewisses Ausfallrisiko im Handel. Derzeit übernehmen die Clearingstellen, die auch als Vermittler fungieren, dieses Ausfallrisiko. Dadurch verlängern sich jedoch die Abwicklungszyklen des Handels. Ein auf der Blockchain basierendes System stellt sicher, dass in dem Moment, in dem eine Transaktion an einer Börse ausgeführt wird, alle wichtigen Informationen über den Handel an einen smarten Vertrag weitergegeben werden und dieser auf einem privaten oder zugelassenen Blockchain-Netzwerk verwaltet wird.

Außerdem wird der Smart Contract mit den Ledger-Positionen aller Instrumente synchronisiert, die auf der Blockchain verwaltet werden. Er führt auch eine Echtzeitprüfung durch, um festzustellen, ob die gehandelten Instrumente verfügbar sind. Schauen Sie sich die Abbildung unten an, um ein klareres Bild des gesamten Prozesses zu erhalten.

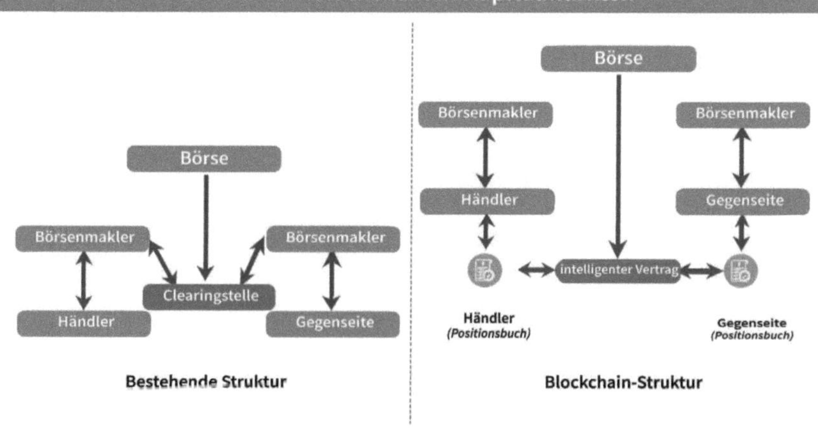

Durch Blockchain unterstütztes

Natürlich ist es unmöglich, die bereits auf Smart Contracts geschriebenen Regeln zu verfälschen. Dies garantiert also Transparenz und Vertrauen für alle Beteiligten und führt letztendlich zu einer Abwicklung der Trades in Echtzeit.

Aspekte wie das Kontrahentenrisiko (Wechselkursrisiko, Kreditrisiko und einige andere) werden durch die zeitnahe Abwicklung dank der Blockchain-Technologie drastisch reduziert. Außerdem werden Herausforderungen bei der Kommunikation, Abstimmung und Fehler bei der Abwicklung beseitigt.

Das Tri-Party-Sicherheitenmanagement

Um bei der Verwaltung von Sicherheiten und Kontrahentenrisiken zu unterstützen, benötigen Finanzinstitute die Dienste von Tri-Party-Agenten. Das derzeitige herkömmliche System ermöglicht nur eine Tagesendansicht der Sicherheitenpositionen, was zu höheren Sicherheiteneinlagen führt. Letztendlich werden die verfügbaren Sicherheiten nicht optimal genutzt, was die Kosten für die Finanzierung dramatisch erhöht. Blockchain bietet eine herausragende Lösung für das Problem der Sicherheitenverwaltung.

Bei der Blockchain-Lösung wird die Zuweisungslogik in einem Smart Contract kodiert und der Vertrag hat Regeln, die strikt zur Regulierung der Mechanismen beitragen sollen – Wrong Way Risk, Eligibility Check und Concentration Limit. Aufgrund ihrer instabilen Beschaffenheit befinden sich die Regeln für den Datenschutz, wie z. B. die Bedingungen für die Kreditunterstützung im Anhang, nicht auf der Blockchain. Stattdessen liegen sie außerhalb der Kette – in einer privaten Regel-Engine. Der Smart Contract kommuniziert mit den Long Boxen sowie den Positionen des getrennt geführten Kontos, bevor die Zuteilung abgeschlossen wird.

Blockchain in Kapitalmärkten

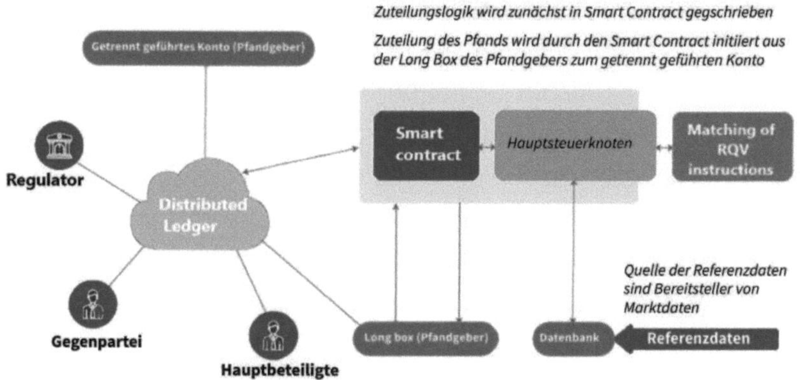

Regulatoren sehen Transaktionen in Echtzeit

Aktualisierte Ansicht der Zuteilung des Pfands in getrennte Konten auf der Kette.

CSA Normen werden mittels Regel/Workflowengine in einer Datenbank angewendet.

Abruf der Datenbank erfolgt durch Hauptkontrollknoten über Webservice API.

Pfandmanagement zwischen drei Beteiligten über Blockchain

Der Distributed Ledger dient als Plattform, auf der die zugewiesenen Sicherheitenpositionen in Echtzeit verwaltet werden und von allen Beteiligten leicht eingesehen werden können. Sehen Sie sich die Abbildung unten an, um ein besseres Bild von der Funktionsweise zu bekommen. Die Verwendung einer auf Blockchain basierenden Lösung für die Verwaltung von Sicherheiten erleichtert die Freigabe von überschüssigen Sicherheiten jedes einzelnen Kontoinhabers, die von Tri-Party-Agenten verwaltet werden, in den Kreislauf. Dies trägt dazu bei, die Liquidität zu erhöhen und die Sicherheiten für alle Beteiligten zu optimieren.

Der richtige Weg für die Einführung der Blockchain-Technologie für Kapitalmarktunternehmen besteht nicht in der Einführung nach dem „Big Bang"-Prinzip. Stattdessen sollte die Umsetzung von

Anwendungsfällen der Blockchain für Kapitalmarktunternehmen am besten in einer schrittweisen Strategie erfolgen. Der Grund dafür ist, dass die Branche recht komplex ist. Daher sollten Firmen in dieser Branche mit einer klaren Definition des Anwendungsfalls beginnen, und der Anwendungsfall, den sie umsetzen, sollte strikt auf einer Kosten-Nutzen-Analyse und der Machbarkeit der Einführung basieren. Die nachstehende Abbildung kann als Muster für den Weg der Einführung für jedes Unternehmen auf dem Kapitalmarkt dienen.

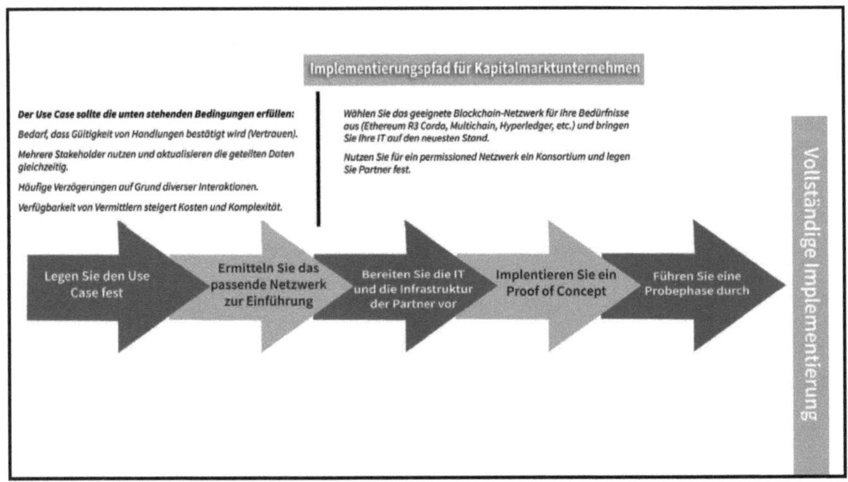

Für Unternehmen in dieser Branche ist es entscheidend, den Proof-of-Concept (PoC)-Ansatz bei der Evaluierung der verschiedenen Anwendungsfälle von Blockchain zu verfolgen. Dies liegt daran, dass die Blockchain-Technologie immer noch mit Problemen der Skalierbarkeit und Integration in traditionelle/zentrale Systeme konfrontiert ist. Mit mehr Blockchain-Projekten, die nach Wegen suchen, Interoperabilität zu ermöglichen und ihre Kapazität zu erhöhen, sollte dies hoffentlich kein Problem mehr sein.

Eine der größten Finanzbörsen der Welt ist die Australian Securities Exchange (ASX), die derzeit auf Platz 16 der Weltrangliste steht. Interessanterweise arbeitet die Börse an der Einführung einer auf der Distributed-Ledger-Technologie basierenden Variante, um ihr derzeitiges Clearing- und Abwicklungssystem CHESS zu ersetzen. Das System wurde in Zusammenarbeit mit einem Blockchain-Beratungsunternehmen mit dem Namen Digital Asset Holdings entwickelt. Beachten Sie, dass ASX eine Beteiligung an dem Unternehmen hat.

Derzeit hat ASX eine Industrie-Testumgebung (ITE) geplant, um ausreichende branchenweite Tests zu ermöglichen, bevor die Plattform in Betrieb genommen wird. Ein weiterer Versuch, die Vorteile von Blockchain für die Kapitalmärkte zu nutzen, ist ein Projekt, das noch größer ist als das erste. Es handelt sich um eine Partnerschaft, die zur Verlagerung des 11 Billionen Dollar schweren Trade Information Warehouse der Depository Trust and Clearing Corporation (DTCC) auf die Axcore-Blockchain von Axoni – einem New Yorker Startup – führen wird.

Die größte Finanzinfrastruktur der Welt ist im Besitz der DTCC. Das Unternehmen wickelt jedes Jahr Wertpapiertransaktionen im Wert von etwa 1,6 Milliarden Dollar ab. Außerdem bedient das Trade Information Warehouse des Unternehmens fast alle Derivatehändler auf der ganzen Welt, zusätzlich zu etwa 2.500 Buy-Side-Firmen. Die Ernsthaftigkeit, mit der sich DTCC für die Integration von Blockchain in die Kapitalmärkte einsetzt, ist ein starkes Indiz dafür, dass sich die Branche von ihren herkömmlichen Systemen, die seit Jahrzehnten im Einsatz sind, verabschiedet.

Hier ist eine Zusammenfassung dessen, was Blockchain leisten kann, wenn die Kapitalmärkte die Technologie übernehmen:

- Sie wird dazu beitragen, den Single Point of Failure dank ihrer dezentralen Struktur zu beseitigen.
- Durch die Digitalisierung von Arbeitsabläufen und Prozessen werden die operativen Risiken menschlicher Fehler, das Kontrahentenrisiko und das Betrugsrisiko deutlich reduziert.
- Sie wird die Straffung der Aktivitäten der Kapitalmärkte fördern und dies wird dazu beitragen, Zeiten und Kosten der Abwicklung zu verringern.

Blockchain und Vermögensverwaltung

Funktion	Niedrigere Kosten	Gesteigerter Umsatz	Geringe Anforderungen an Kapital
Übereinstimmung mit KYC/AML	✔	✔	
Vermögensverteilung	✔		✔
Portfoliomanagement	✔	✔	
Prime Brokerage	✔	✔	✔
Abrechnung	✔	✔	
Übereinstimmung mit Bestimmungen	✔		✔
Verwaltung und Verteilung von Vermögenswerten	✔		✔

Wir haben besprochen, wie Blockchain verschiedene Branchen durcheinandergebracht hat und wie sie die Art und Weise, wie wir Dinge tun, verändern kann. Die Distributed-Ledger-Technologie hat bereits die Art und Weise verändert, wie Kunden verschiedene Waren und Dienstleistungen online und offline kaufen. Auch das Fundraising für Unternehmen wurde durch Blockchain mit dem Aufkommen von ICOs aufgebrochen. Aber ein Bereich, den die Technologie erheblich umwälzen kann, ist die Art und Weise, wie wir unsere Gelder verwalten – die Vermögensverwaltung. Unternehmen, die die Distributed-Ledger-Technologie einsetzen, werden enorme Vorteile erfahren, da Blockchain die Wertschöpfungskette in der Vermögensverwaltung revolutionieren kann.

Trotz der Tatsache, dass die Technologie noch neu ist, hat sie das Zeug dazu, die Wertschöpfungsketten von Vermögensverwaltungsunternehmen umzugestalten und zu erweitern. Ein weiterer Grund, warum Vermögensverwaltungsunternehmen Blockchain ernst nehmen sollten, ist die Tatsache, dass wir uns noch in den frühen Stadien der Entwicklung der Distributed-Ledger-Technologie befinden und dies eine große Chance darstellt.

Anstatt Kunden nur Produkte anzubieten, können Vermögensverwalter mit Hilfe von Blockchain Daten verwalten und ihren Kunden langfristige Lösungen anbieten. Es gibt verschiedene Möglichkeiten, wie die Technologie Managern dabei helfen kann, ihre Erträge zu steigern und gleichzeitig Kosten zu senken. Mit der Blockchain-Technologie wird es keinen Bedarf mehr an Vermittlern geben, die bei der Verarbeitung, Verifizierung und Sicherung von Finanzanlagen helfen.

1. Einhaltung von KYC/AML-Vorschriften

Es ist die Pflicht eines jeden Finanzinstituts, die Informationen seiner Kunden ordnungsgemäß zu überprüfen und den Zweck ihrer Geschäftstransaktionen zu verstehen. Mit einer digitalen Identifikation, die in einem Distributed Ledger gespeichert ist, können Unternehmen den Prozess der Erstellung und Verifizierung neuer Konten automatisieren. Ferner kann sie eine schnelle Überprüfung der Compliance erleichtern und den Prozess der Transaktionsüberwachung über das verteilte Register einfach und effizient gestalten. Eine der Herausforderungen, denen sich Vermögensverwaltungsfirmen stellen müssen, sind jedoch die Kosten für die Aufrüstung ihrer zentralen Infrastruktur.

Während des Onboarding-Prozesses für Kunden (Vorbereitung eines Kunden auf die Nutzung einer bestimmten Plattform sowie von Produkten) müssen mehrere Schritte unternommen werden. Als Erstes muss bestätigt werden, dass die Kunden genau die sind, die sie vorgeben zu sein. Leider wird es immer schwieriger, die Identität von Personen effizient zu verifizieren, insbesondere angesichts der zunehmenden Fälle von Datenschutzverletzungen, Malware-Angriffen und Hacking. Die Distributed-Ledger-Technologie kann jedoch die meisten dieser Probleme erheblich reduzieren oder beseitigen. In der Tat hat die wichtigste Anwendung von Blockchain für Vermögensverwaltungsfirmen mit Identitätsmanagement und Datensicherheit zu tun.

2. Verteilung von Geldern

Wenn es darum geht, Kapitalgewinne sowie Erträge aus Fonds an Investoren zu verteilen, kann die Distributed-Ledger-Technologie ebenfalls in mehrfacher Hinsicht helfen. Es besteht kein Bedarf mehr an Dritten für die Verteilung und Ausschüttung von Geldern, da Transaktionen nun auf der Blockchain aufgezeichnet werden können. Auch wäre es möglich, die Merkmale von Fonds sowie die Ausführungsbedingungen in einen Smart Contract aufzunehmen. Dies kann die Effizienz und Geschwindigkeit des Vertriebsprozesses erheblich verbessern.

3. *Smart Contracts*

Kunden können Aufträge erteilen, nachdem ihre Identität bestätigt wurde und ihr Konto ordnungsgemäß eingerichtet wurde. Blockchain kann in der Tat Anfragen für Transaktionen empfangen und dann einen Smart Contract mit den spezifischen Bedingungen für die Transaktionen einrichten. Anschließend automatisiert sie auch die Verfahren der Genehmigung und der Clearing-Berechnungen. Sobald die Anfrage eines Kunden alle im Smart Contract festgelegten Bedingungen erfüllt, übermittelt die Blockchain die Dokumentation auf sichere Weise und gewährleistet sogar die Finanzierung der neuen Anlageposition über automatisierte Zahlungskanäle. All dies wird innerhalb weniger Minuten ausgeführt, im Gegensatz zum herkömmlichen System, für das Vermögensverwalter mehrere Stunden und in einigen Fällen sogar Tage benötigen.

4. *Steigerung der Effizienz im operativen Geschäft*

In einer Branche, in der viele Unternehmen Hunderte von Millionen investieren, nur um die Ausführungszeit für Trades von Millisekunden auf Mikrosekunden zu senken, ist ein Faktor, der extrem wichtig ist, die Geschwindigkeit der Datenübertragung. Schnellere Übertragungszeiten bedeuten nicht nur eine Reduzierung der Zeit, die für die Bearbeitung von Aufträgen benötigt wird, sondern auch mehrere andere Aspekte. Es bedeutet, dass Manager (das können sowohl künstliche Intelligenzen als auch Menschen sein) über aktuelle Nachrichten informiert werden, die das Portfolio ihrer Kunden betreffen könnten, und ihnen bei der Bewältigung von Herausforderungen helfen können, sobald diese auftreten.

Mehrere Faktoren wie das Aufkommen von mobilen Fintech-Apps, Online-Plattformen, die einen provisionsfreien Wertpapierhandel anbieten, und auch die zunehmende Akzeptanz von mobilen Zahlungen werden die Kapitalmärkte zunehmend erschließen und schließlich Millionen von Anlegern aus aller Welt in die Vermögensverwaltung locken. Wenn Vermögensverwaltungsfirmen das erhöhte Volumen sowie die Komplexität der Anfragen und Aufträge bewältigen müssen, dann muss die Geschwindigkeit der Datenübertragung erhöht werden.

5. Einhaltung gesetzlicher Vorschriften

Im Hinblick auf das Berichtswesen des Managements, die Kommunikation mit den Anlegern und die Einhaltung gesetzlicher Vorschriften ist die sichere, transparente und sorgfältige Art und Weise, in der die Distributed-Ledger-Technologie Transaktionsdaten zusammenstellt, von großem Nutzen. Natürlich sind sich die Vermögensverwalter der Vorteile bewusst, die Blockchain bei der Rationalisierung und Automatisierung von Funktionen zur Berichterstattung und Überwachung bietet. In ihrem Bestreben, die Vorschriften zur Informationssicherheit, zur Bekämpfung von Geldwäsche und zum Datenschutz ordnungsgemäß einzuhalten, können sie die Kosten erheblich senken, die Produktivität steigern und das Risiko von betrügerischen Aktivitäten und Fehlern verringern, indem sie die Blockchain-Technologie nutzen, anstatt sich auf Menschen zu verlassen.

6. Asset Tokenization

Dies bezieht sich auf die Verbriefung von Dingen wie berühmten Kunstwerken, geistigem Eigentum und anderen hochwertigen Gütern. Investoren können dank der erhöhten Geschwindigkeit, Effizienz und Sicherheit, die Blockchain bietet, tatsächlich von jedem Ort aus in Vermögenswerte investieren. Im Zuge der Vergrößerung der Investorenbasis, der Verringerung des Wiederverkaufsrisikos und der Erhöhung der Liquidität ist die Tokenisierung von Vermögenswerten ein hervorragendes Instrument zur Schaffung neuer Zugangsbarrieren für Vermögensverwalter.

Tokenisiertes Eigentum bedeutet, dass Investoren zu geringen Kosten und innerhalb weniger Minuten direkt handeln und abrechnen können. Dies nimmt potenziell Vermögensverwalter aus dem Spiel. In dem Bestreben, für ihre aktuellen Investoren von Bedeutung zu bleiben und gleichzeitig neues Geschäft von der zunehmenden Zahl von Erstinvestoren anzuziehen, kommen viele Firmen jetzt mit alternativen Angeboten sowie Dienstleistungen auf den Markt. Kluge Manager werden immer an jeder neuen Technologie interessiert sein, die das Potenzial hat, die Zahl potenzieller Investoren und Fonds drastisch zu erhöhen.

Hier ist eine Zusammenfassung der Möglichkeiten, die Blockchain für die Asset-Management-Branche bereithält:

- Sie ermöglicht einen nahtlosen Umgang der Beteiligten mit digitalisierten Vermögenswerten und Dienstleistungen.
- Sie fördert die Vertraulichkeit von Transaktionen, indem sie anpassbare eingebaute Datenschutzeinstellungen ermöglicht.
- Sie ermöglicht das automatisierte Auflegen von Fonds.

- Mit Blockchain kann die Ausübung verschiedener Aktionärsrechte und -pflichten, wie z. B. die Stimmabgabe, in digitale Assets programmiert werden. Dies senkt das Risiko menschlicher Fehler und führt zu einer nahtlosen Bedienerführung.
- Sie ermöglicht die Digitalisierung des Portfolios sowie der aktuellen Bestände für einen verbesserten Zugang zum Markt, zur Fraktionierung und zur Liquidität.
- Mit Blockchain können Investoren und Stakeholder von einer verbesserten Steuerung und Transparenz profitieren.
- Es wird möglich sein, Anreizmechanismen zu schaffen und umzusetzen, die die Beteiligung erhöhen und gleichzeitig böswillige Handlungen bestrafen können.

Wie sieht die Zukunft der Vermögensverwaltung aus?

Die Zeiten, in denen man sich fragt, ob die Blockchain-Technologie nur eine Modeerscheinung ist, haben wir hinter uns gelassen. In Wahrheit nutzt eine ganze Reihe von Vermögensverwaltern wie auch die gesamte Finanzbranche die zahlreichen Vorteile der Technologie. Fondsmanager müssen Maßnahmen ergreifen, um Blockchain einzusetzen, da die digitale Transformation die Branche der Vermögensverwaltung immer weiter auf den Kopf stellt. Dies trägt dazu bei, die betriebliche Effizienz zu steigern, die Sicherheit von Daten und Identitäten zu verbessern und die Einhaltung von Vorschriften zu vereinfachen.

Firmen, die sich die Technologie nicht zu eigen machen, könnten ins Hintertreffen geraten, da der Wettbewerb in der Branche durch den Einfluss der digitalen Transformation zunimmt. In der Tat etablieren die meisten innovativen Firmen ihre Nischen in Bereichen, in denen die Blockchain Chancen bietet. Zu diesen neuen Nischen gehören STOs, Krypto-Asset-Management und Asset-Tokenisierung. Jetzt ist der richtige Zeitpunkt, um zu handeln.

Zahlungen und Geldüberweisungen

Quellen: Schätzungen des Weltbankpersonals, World Development Indicators, International Monetary Fund's Balance of Payment Statistics

Anmerkung: Der Wert für 2018 ist eine Schätzung, der für 2019 eine Prognose

Im August 2019 veröffentlichte die Weltbank eine Pressemitteilung, dass die weltweiten Überweisungen aus Ländern mit niedrigem und mittlerem Einkommen auf 529 Milliarden US-Dollar gestiegen sind. Dies bedeutet einen Anstieg von 9,6 Prozent im Vergleich zum bisherigen Rekordhoch von 483 Milliarden Dollar im Jahr 2017. Auch die gesamten globalen Überweisungen, die sowohl Länder mit niedrigem und mittlerem Einkommen als auch Länder mit hohem Einkommen einschließen, stiegen von 633 Milliarden Dollar auf 689 Milliarden Dollar. Die Bank teilte mit, dass die teuersten Überweisungskanäle die Banken waren, da sie im ersten Quartal 2019 durchschnittlich bis zu 11 Prozent Gebühren erhoben. Aufzeichnungen zeigen auch, dass die zweitteuersten Postämter waren, die über 7 Prozent an Gebühren verlangen.

Das Beratungsunternehmen KPMG schätzte in seinem Bericht „2019 Global Payments", dass der Umfang des grenzüberschreitenden geschäftlichen Zahlungsverkehrs im Jahr 2018 bis zu 15,5 Milliarden US-Dollar betragen würde. Diese Statistik ist nur ein starker Hinweis auf die Größe des internationalen Zahlungssektors sowie die Auswirkungen auf Unternehmen, Menschen und die Länder, in denen die Gelder empfangen werden. Tatsächlich prognostizierte die Weltbank, dass Überweisungen auf dem besten Weg sind, das größte Mittel der Außenfinanzierung zu werden, insbesondere in Entwicklungsländern.

Das bedeutet auch, dass sie das Wachstum und die Entwicklung dieser Länder beeinflussen können. Dies erklärt auch, warum das Ziel der Sustainable Development Goals der Vereinten Nationen für 2030 eine drastische Senkung der mit den Überweisungen von Einwanderern verbundenen Kosten, die derzeit durchschnittlich 7,1 Prozent betragen, auf nur 3 Prozent vorsieht.

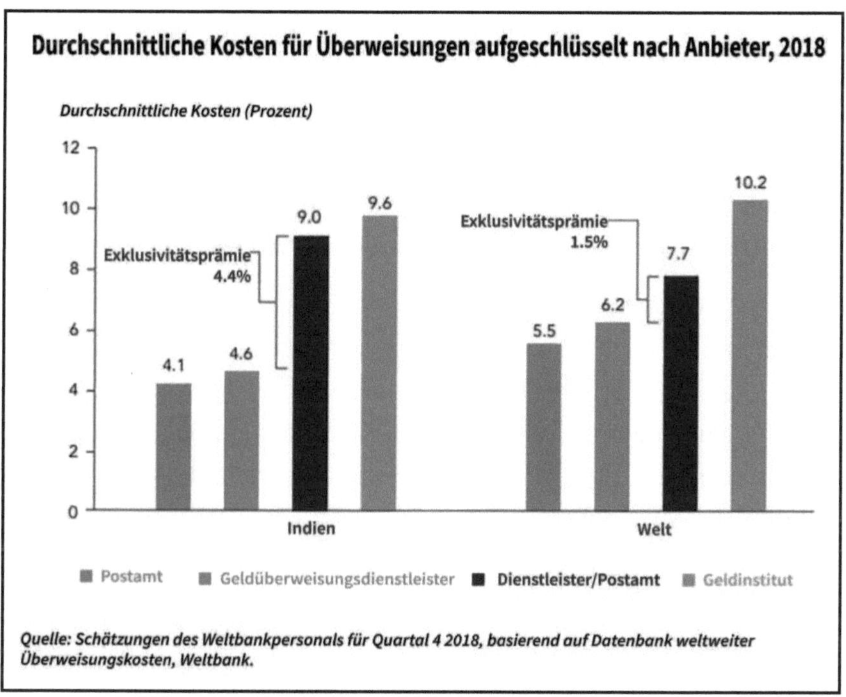

Quelle: Schätzungen des Weltbankpersonals für Quartal 4 2018, basierend auf Datenbank weltweiter Überweisungskosten, Weltbank.

Abgesehen von den hohen Gebühren ist ein Großteil der Überweisungsfirmen auf die Dienste von Drittanbietern sowie von Finanzinstituten angewiesen. Was das derzeitige System wirklich grob ineffizient macht, ist die Notwendigkeit der Dienste mehrerer Vermittler. Diese Dienste sind nicht nur teuer, sondern benötigen auch viel Zeit, da Geldtransfers Tage und in manchen Fällen Wochen dauern können. Die Distributed-Ledger-Technologie kann der Geldtransferbranche effizientere Alternativen bieten. Ein weiteres Problem mit der derzeitigen Überweisungsbranche hat mit den Empfängern der Gelder zu tun.

Viele dieser Empfänger leben in Entwicklungsländern und haben keinen Zugang zu einem Bankkonto. Leider werden die meisten

Überweisungen über formelle Banksysteme abgewickelt. Selbst wenn diese Personen ein Bankkonto haben, müssen sie unter Umständen weite Strecken zurücklegen, um ihr Geld in der nächsten Bankfiliale abzuholen. Einigen fehlt es an geeigneten Ausweispapieren, die auch für Bankdienstleistungen erforderlich sein können. Aus diesem Grund werden viele Überweisungen auf informellem Wege abgewickelt.

Mit dem Aufkommen der Blockchain-Technologie und digitalen Geldbörsen ändert sich diese Situation schnell. Blockchain hat das Potenzial, die bestehenden globalen Überweisungskanäle komplett zu verändern. Mit mobilen Geldbörsen kann jeder, der über ein Smartphone und einen Internetzugang verfügt, verschiedene Funktionalitäten nutzen, darunter auch die Möglichkeit, Geld international zu überweisen.

Weitere Blockchain-basierte Überweisungsprojekte entstehen im Krypto-Bereich und ihr Fokus liegt auf der Vereinfachung des gesamten Prozesses. Sie beseitigen die Notwendigkeit für unnötige Drittanbieterdienste, um reibungslose und fast verzögerungsfreie Zahlungsdienste zu schaffen. Das Blockchain-Netzwerk ist nicht von einem langsamen Genehmigungsprozess für Transaktionen abhängig, wie es bei herkömmlichen Diensten der Fall ist, die oft verschiedene Vermittler durchlaufen und so einen hohen manuellen Arbeitsaufwand erfordern.

Mit auf Blockchain basierenden Lösungen können Finanztransaktionen an jedem Ort der Welt durchgeführt werden, indem ein verteiltes Netzwerk von Knotenpunkten genutzt wird. Das traditionelle Bankensystem ist nicht so schnell wie die Blockchain-Technologie, denn die Technologie kann zuverlässigere und schnellere Zahlungslösungen zu deutlich geringeren Kosten ermöglichen. Zweifelsohne bietet

Blockchain die richtigen Lösungen für die größten Herausforderungen der Überweisungsbranche – lange Transaktionszeiten und hohe Gebühren.

Anwendungsfälle in der Überweisungsbranche

Mehrere Unternehmen tauchen als auf Blockchain basierende Überweisungsfirmen mit vielversprechenden Angeboten auf.

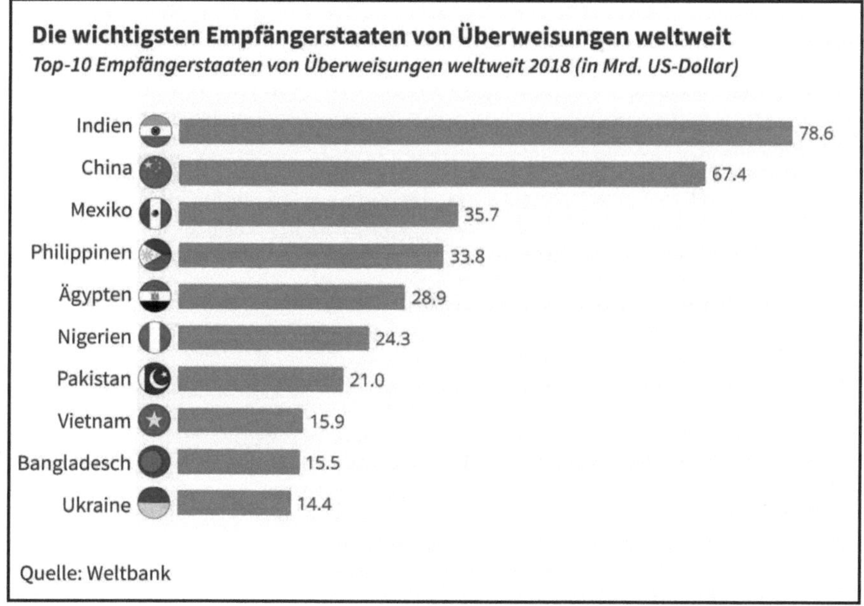

1. Cryptowährungs-Projekte

Grundsätzlich kann jeder einfach Stablecoins wie Tether innerhalb von Minuten an jeden Ort der Welt überweisen. Dies ist eine erhebliche Verbesserung zu dem, was wir alle gewohnt sind, wenn wir internationale Überweisungen tätigen. Vielleicht ist Ripple das Top-Unternehmen, das die Distributed-Ledger-Technologie für Überweisungen nutzt.

Ripple konzentriert sich in erster Linie auf grenzüberschreitende Zahlungslösungen, die bestehende Bankensysteme ersetzen sollen. Das Projekt bietet schnelle Transaktionen mit niedrigeren Gebühren, indem es eine Schnittstelle zwischen verschiedenen Zahlungslösungen schafft. Malaysia gehört zu den fünf wichtigsten Ländern für Überweisungsströme nach Bangladesch und in Südasien – Bangladesch erhält die drittgrößten Zuflüsse aus Malaysia.

Ripple ist an einer Vereinbarung mit Bangladeschs bKash und Malaysias Mobile money beteiligt, um einen Wallet-to-Wallet-Überweisungskanal für die beiden Länder zu etablieren. Der neue Kanal nutzt das auf DLT basierende globale Zahlungsnetzwerk von RippleNet, um Wallet-to-Wallet-Transaktionen zwischen bKash und Mobile Money zu ermöglichen. Bangladeschs lokaler Bankpartner, der die Überweisungsabwicklung durchführen wird, ist die Mutual Trust Bank.

2. *Blockchain und Geldautomaten*

Eine weitere interessante Lösung für die Überweisungsbranche ist die Kombination von Blockchain-Technologie mit Geldautomaten. Diese Kombination kann effektive Lösungen für Einzelpersonen bieten, die Geld auf der ganzen Welt senden und empfangen. Dadurch wird der Einfluss von Vermittlern sowie zentralen Stellen reduziert oder sogar ausgeschaltet, was die Durchlaufzeit für Abrechnungen verringert.

3. *Mobile Geldbörsen*

Krypto-Wallets werden immer beliebter und das Interessante daran ist, dass sie Blockchain-basiert sind. Mobile Krypto-Wallets bieten mehrere Funktionalitäten, sobald sie auf einem Smartphone installiert sind. Jeder kann Gelder international überweisen und einige dieser

Wallets ermöglichen einen schnellen Austausch zwischen digitalen Währungen und Papiergeld. Die Empfänger von Geldern, die über eine mobile Wallet gesendet werden, benötigen kein Bankkonto, da die Gelder von einer Wallet zur anderen gesendet werden. Sie benötigen lediglich ein Smartphone, einen Internetzugang und auch eine kompatible mobile Wallet. Beispiele für einige gängige mobile Geldbörsen sind Luno, Coinomi, etc.

Zweifelsohne sind Überweisungen nach wie vor eine wichtige Geldquelle für Millionen von Menschen in Entwicklungsländern. Obwohl Geldüberweisungen potenziell zur Entwicklung in diesen Ländern beitragen können, sind die hohen Kosten ihre größte Herausforderung. Das Aufkommen von Smartphones sowie die Schaffung neuer Geschäftsmodelle haben bessere Alternativen zu den bestehenden Kanälen geschaffen. Aber Kryptowährung sowie die zugrundeliegende Distributed-Ledger-Technologie bieten Peer-to-Peer-Transaktionen, was zu mehr Vorteilen und schnelleren Möglichkeiten des Sendens und Empfangens von Geldern von jedem Ort der Welt führt.

BANKWESEN UND KREDITVERGABE

Eine Branche, die sehr anfällig für Angriffe ist, ist die Bankenbranche. Aus diesem Grund investieren viele Banken große Summen, um ihren Betrieb zu sichern. Es ist möglich, den Großteil der Bedrohungen für die Banken oder die Risiken von Betrug in allen Aspekten des Bankwesens zu beseitigen, was sogar für eine Handelsplattform gelten kann. Andere Probleme, die ein auf der DLT basierendes Bankensystem lösen kann, sind Verwaltungskosten und operative Risiken, da es das System unveränderlich und transparent gestaltet.

Denken Sie daran, dass eines der Merkmale der Blockchain-Technologie die Rückverfolgbarkeit sowie eine permanente chronologische Aufzeichnung jeder einzelnen Transaktion auf der Blockchain ist. Das bedeutet, dass die Blockchain alle Transaktionen, die in der Bank stattfinden, speichern kann. Im Allgemeinen umfassen die Kernbereiche des Bankwesens Hypotheken, Transaktionen, Zahlungsdienste und Kredite. Aber wie wir alle wissen, werden die meisten dieser Dienste mit traditionellen zentralen Systemen durchgeführt.

Dies erklärt auch, warum die Dienstleistungen oft langsam und umständlich sind, da es so viele Vermittler im Betrieb der Banken gibt. Ein gutes Beispiel ist der Prozess der Informationsüberprüfung, der ordnungsgemäßen Kreditwürdigkeitsprüfung, der Bearbeitung von Krediten und der Freigabe von Geldern, der zwischen 30 und 60 Tagen dauern kann, bevor jemand erfolgreich eine Hypothek erhalten kann. Für kleine oder mittlere Unternehmen kann es sogar zwischen 60 und 90 Tagen dauern, bis sie einen Geschäftskredit erhalten. Es gibt Schlüsselaspekte in der Bankenbranche, bei denen die DLT helfen kann, sie zu lösen, und wir werden diese nun näher betrachten.

Betrugsprävention

Eine der größten Herausforderungen für die Bankenbranche ist die steigende Zahl von Betrugsfällen und Cyber-Attacken. Wenn es um die mit Cyberkriminalität verbundenen Kosten geht, war der Bankensektor im Jahr 2018 weltweit die Branche mit den höchsten durchschnittlichen Kosten. Im Jahr 2017 kostete Cyberkriminalität die Branche etwa 16,7 Millionen US-Dollar und diese Zahl stieg 2018 auf 18,4 Millionen US-Dollar. Im Folgenden finden Sie Daten zu Identitätsdiebstahl und Betrug zwischen 2016 und 2020 vom Consumer Sentinel Network.

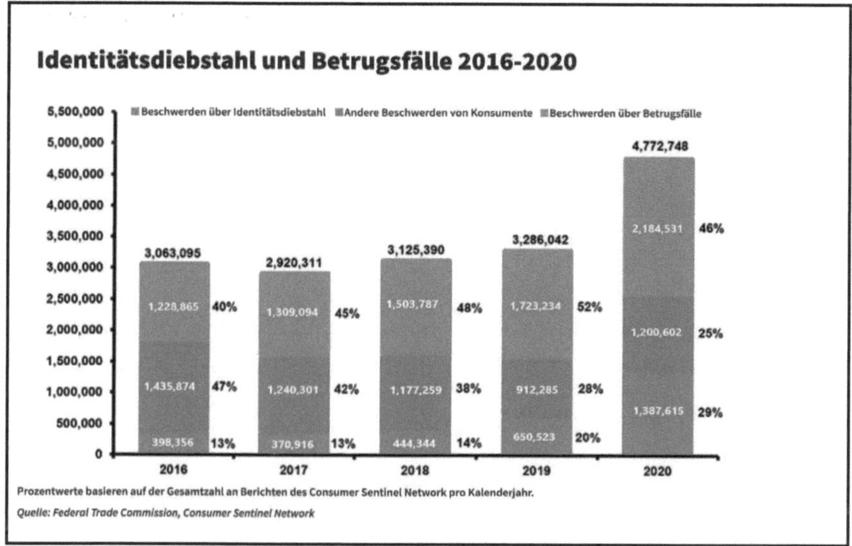

- Verbrauchern steht es frei, verschiedene Arten von Identitätsdiebstahl zu melden.
- Von allen im Jahr 2020 gemeldeten Fällen von Identitätsdiebstahl umfassten 15 Prozent mehr als eine Form des Identitätsdiebstahls
- Diese Daten umfassen Betrug mit E-Mails, Online-Shopping und Zahlungsverkehrskonten, Betrug mit sozialen Medien sowie Betrug mit Wertpapieren, Versicherungen und medizinischen Dienstleistungen.

Genau wie andere zentrale Systeme werden auch Bankkonten auf zentralen Servern gespeichert, was bedeutet, dass sie anfälliger für Cyberangriffe sind. Alle wesentlichen Bankdaten werden an einem einzigen Ort gespeichert, was einen Single Point of Failure schafft. Die steigenden Fähigkeiten von Hackern und Cyber-Kriminellen ermöglichen es ihnen, die meisten dieser Sicherheitssysteme zu umgehen und Betrug und Datenmissbrauch zu begehen. Natürlich ist dieses Problem nicht nur im Bankensektor zu finden, auch andere Branchen wie die Öl- und Gasindustrie und sogar Fleischunternehmen sind betroffen, wie kürzlich in den Vereinigten Staaten.

Blockchain bietet dank seiner dezentralen Struktur einzigartige Lösungen für das Problem des Betrugs. Die dezentrale Architektur von Blockchain macht sie weniger anfällig für Betrug. Sie bietet vollständige Transparenz und die Ausführung von Zahlungen in Echtzeit. Organisationen können durch den Einsatz von Blockchain sowohl ihr Risiko als auch den Verwaltungsaufwand senken, sowie Geld und Zeit sparen.

KYC

Genau wie andere Anwendungsfälle kann Blockchain auch helfen, das Problem der Verzögerungen bei Bankgeschäften zu lösen. Einer der Aspekte von Banktransaktionen, der viel doppelten Aufwand zwischen Banken und Vermittlern erfordert, ist der KYC-Prozess. Trotz der hohen Kosten für die Einhaltung der KYC-Richtlinien müssen Banken, die sich nicht ordnungsgemäß daran halten, mit hohen Strafen rechnen. Daten aus einer aktuellen Thomas Reuters Umfrage zeigen, dass Banken jährlich bis zu 40 Millionen Pfund ausgeben, nur um die KYC-Richtlinien einzuhalten. Mit Blockchain ist es möglich, KYC-Daten auf der Blockchain zu speichern, und Banken können sogar digitale Identitätslösungen nutzen, die ebenfalls im Entstehen begriffen sind, um mit KYC-Compliance-Problemen umzugehen.

SWIFT hat mittlerweile ein KYC-Register eingerichtet und eine beträchtliche Anzahl von Banken (ca. 1.125 Banken) nutzt nun gemeinsam KYC-Dokumente. Aber es gibt noch viel zu tun, da dies nur 16 Prozent der 7.000 Banken des Netzwerks ausmacht. Es gibt zwar einige Herausforderungen in Bezug auf die Sicherheit und den Datenschutz von KYC-Angaben, aber wenn die Informationen auf einer privaten Blockchain gespeichert werden, dann werden Probleme mit dem Datenschutz und der Sicherheit drastisch reduziert.

Wie Blockchain die Kreditvergabe auf den Kopf stellt

Die Zahl der Kredite, die von alternativen Kreditplattformen vergeben werden, ist sprunghaft angestiegen. Aufzeichnungen zeigen, dass sich die Zahl der Verbraucherkredite durch die Fintech-Kreditplattform Experian innerhalb von vier Jahren mehr als verdoppelt hat. Im Jahr 2015 wuchs der Anteil von 22,4 Prozent der Privatkreditvergabe auf 49,4 Prozent im Jahr 2019. Dabei verlieren nicht nur Banken an Boden, sondern auch traditionelle Finanzunternehmen und Kreditgenossenschaften, die ebenfalls kontinuierlich Marktanteile abtreten.

Der Hauptgrund für diesen neuen Trend ist die Innovationsfähigkeit neuer Marktteilnehmer, die sich durch ihre intelligenten Ansätze und die weniger komplizierten regulatorischen Einschränkungen auszeichnen. Diese neuen Akteure im Kreditbereich nutzen die Vorteile von Blockchain und Datenanalyse, um ihre Produkte transparenter, schneller, effizienter und leichter zugänglich zu machen. Wenn Banken wettbewerbsfähig bleiben wollen, müssen sie neue Wege finden, um zu konkurrieren, zumal Kreditplattformen von Nicht-Banken immer beliebter werden.

Es entstehen immer mehr Blockchain-gestützte Plattformen, während Fintechs immer vielfältigere Produkte anbieten. Interessanterweise erhöhen viele Banken jetzt ihre digitalen Fähigkeiten als Reaktion auf die Bedrohung durch Fintechs und dezentrale Finanzplattformen (DeFi). Ihre Bemühungen sind jedoch noch unzureichend, da Banken ihre Betriebskosten drastisch senken, Partnerschaften eingehen und ihre Vergabeprozesse für Kredite komplett überarbeiten müssen, um neue technologische Entwicklungen abzubilden.

Banken können die Fähigkeit von Blockchain nutzen, jede Transaktion zu verwalten, zu genehmigen und sofort zu erfassen, im Gegensatz zu den herkömmlichen Prozessen, die langsame und händische Verfahren zur Authentifizierung und Verifizierung sowie langsame Workflows zum Datenaustausch beinhalten, auf die die meisten Kreditgeber angewiesen sind. Ein weiterer Vorteil, den die Blockchain-Technologie für die Kreditbranche bringt, ist die Flexibilität. Sie eröffnet die Möglichkeit für Peer-to-Peer-Kredite sowie eine Vielzahl von Kreditstrukturen.

Einige Blockchain-Projekte in der Bankenbranche

Immer mehr Blockchain-Projekte halten Einzug in den Banken- und Kreditbereich, da DeFi in den letzten Jahren einen deutlichen Anstieg der Beliebtheit erfahren hat. Wir können uns ein paar führende Projekte in diesem Bereich ansehen und wie sie beabsichtigen, den Bankensektor zu bereichern.

Paxos

Dieses Projekt ist die erste Blockchain-fähige Treuhandgesellschaft, die DLT für die Abwicklung von Vermögenswerten und Zahlungen zur gleichen Zeit nutzt. Der Token für das Projekt (PAX) ist ein Ethereum-basierter Stablecoin, der an 1 Dollar gekoppelt ist und eine sofortige Abwicklung digitaler Transaktionen ermöglicht, mit ähnlichen Vertrauensbefugnissen wie herkömmliche Banken. Es gibt viele Stablecoins im Kryptowährungsraum und Paxos gehört zu den wenigen Stablecoins, die die Genehmigung der strengsten und schärfsten Regulierungsbehörden erhalten haben – dem New York Department of Financial Services.

Eine Deloitte-Studie zeigt, dass der Finanzsektor jährlich durch Umstände wie zunehmende Cyberattacken, steigende Kosten und den Aufwand für die globale Zahlungsabwicklung Milliarden von Dollar verliert. Mit der dezentralen Ledger-Technologie ist es möglich, bestehende Bankverfahren zu verbessern und Kreditangebote, Kreditüberwachung, internationale Zahlungen und Fundraising zu erweitern. In der gleichen Studie wurden Banken auch dazu ermutigt, beeindruckende Lösungen von Blockchain wie unveränderliche Smart Contracts, Technologien zur Beilegung von Streitigkeiten und Echtzeit-Finanzverfolgung zu nutzen, um einen Vorteil gegenüber dem traditionellen Bankwesen zu erzielen.

Andere Blockchain-Projekte im Bereich der Kreditvergabe sind BlockFi, Binance, Celsius, CoinLoom und YOUHODLER. Einige dieser Kreditplattformen verlangen von den Benutzern keinen Mindestbetrag und ein gutes Beispiel für solche Projekte ist Celsius. Außerdem konzentrieren sich einige hauptsächlich darauf, hohe Renditen auf digitale Währungen anzubieten, während andere eher an Renditen auf Stablecoins interessiert sind.

DEZENTRALISIERTE FINANZEN (DEFI) UND DER FINANZSEKTOR

Man kann DeFi als ein globales Finanzsystem betrachten, das speziell für das Internetzeitalter entwickelt wurde. Es handelt sich schlichtweg um eine hervorragende Alternative zu einem System, das streng kontrolliert wird, undurchsichtig ist und größtenteils von einer alten Infrastruktur und Prozessen abhängt, die mehrere Jahrzehnte alt sind. Mit DeFi haben Sie jetzt sowohl die Kontrolle als auch die Sichtbarkeit über Ihre Gelder sowie die Möglichkeit, sich auf den globalen Märkten zu betätigen und ausgezeichnete Alternativen zu Ihren Bankgeschäften und Ihrer lokalen Währung zu nutzen.

Alles, was Menschen brauchen, um von jedem Ort der Welt aus Zugang zu DeFi-Produkten zu erhalten, ist eine Internetverbindung und natürlich können viele Nutzer von Smartphones auf das Internet zugreifen. Gegenwärtig sind digitale Währungen im Wert von mehreren Milliarden Dollar in verschiedene DeFi-Anwendungen geflossen und dieser Betrag steigt täglich weiter an.

Was ist DeFi?

DeFi ist ein Überbegriff, der für verschiedene Finanzprodukte und -dienstleistungen steht. Alle Dienstleistungen in DeFi-Anwendungen, die in traditionellen Finanzinstitutionen langsam sind und oft von menschlichen Fehlern beeinflusst werden, sind nun vollständig automatisiert und sicherer. Sie werden nicht von zentralen Institutionen und Menschen abgewickelt, sondern von einem Code, den wir alle leicht überprüfen können. Die boomende Krypto-Wirtschaft ermöglicht es jedem, zu leihen, zu borgen, Zinsen zu verdienen, zu kaufen, zu verkaufen und so viele anderes zu tun. Viele Unternehmen bezahlen ihre Mitarbeiter jetzt mit digitalen Währungen und viele Menschen haben Millionenkredite ohne persönliche Identifikation aufgenommen und ausbezahlt. Dies ist eine beeindruckende Entwicklung in der Finanzindustrie.

Generell nutzt DeFi Smart Contracts und digitale Währungen, um Dienstleistungen ohne Dritte zu erbringen. Finanzinstitute fungieren in unserer Welt als Garanten für verschiedene Transaktionen, was ihnen jedoch Macht über Ihr Geld verleiht, da Ihr Geld immer durch sie fließt. DeFi hat jedoch erfolgreich Finanzinstitute durch Smart

Contracts für jede stattfindende Transaktion ersetzt. Smart Contracts können die Gelder der Benutzer verwalten und das Geld unter bestimmten Bedingungen versenden oder zurückerstatten. Sobald ein Smart Contract aktiviert ist, kann keine der beteiligten Parteien die Bedingungen ändern; stattdessen läuft er strikt so, wie er programmiert wurde.

Warum DeFi?

Man kann das Potenzial von DeFi leicht erkennen, wenn man sich die Probleme ansieht, mit denen die traditionelle Finanzindustrie zu kämpfen hat. Erstens sind einige Personen aufgrund von Identitätsproblemen nicht in der Lage, ein Bankkonto zu eröffnen oder andere Finanzdienstleistungen in Anspruch zu nehmen. Außerdem können einige dieser Finanzdienstleistungen Personen aufgrund von verschiedenen Engpässen daran hindern, ihr Geld zu bekommen. Wenn Menschen keinen Zugang zu Finanzdienstleistungen haben, sind sie möglicherweise nicht wirklich am Arbeitsmarkt vermittelbar. Zentralisierte Institutionen und Regierungen können auch Märkte nach Belieben abschalten, was sich auf die Nutzer auswirkt. Geldtransfers dauern oft mehrere Tage, was auf verschiedene menschliche Prozesse zurückzuführen ist.

Das Vorhandensein von zwischengeschalteten Institutionen, die einen Anteil am Geld der Menschen erlangen wollen, verteuert die Finanzdienstleistungen. Die Liste der mit dem traditionellen Finanzwesen verbundenen Probleme ist lang. Wie schneidet DeFi also im Vergleich zur traditionellen Finanzierung ab? Hier ist eine Tabelle, um den Unterschied zwischen den beiden richtig darzustellen.

	Herkömmliche Finanzierung	DeFi
1.	Unternehmen haben die Kontrolle über Ihr Geld.	Sie haben die volle Kontrolle über Ihr Geld.
2.	Ihr Geld liegt in den Händen von Unternehmen, denen Sie vertrauen müssen, dass sie Ihr Geld nicht falsch verwalten, indem sie es an waghalsige Kreditnehmer verleihen.	Sie sind derjenige, der kontrolliert, wohin Ihr Geld geht und wie es ausgegeben werden soll.
3.	Zahlungen können aufgrund von manuellen Prozessen mehrere Tage dauern.	Sie können die Überweisung von Geldern innerhalb von Minuten durchführen.
	Alle Ihre finanziellen Aktivitäten sind eng mit Ihrer Identität verknüpft.	DeFi-Transaktionen sind pseudonymisiert.
4.	Bevor Sie Finanzdienstleistungen nutzen können, müssen Sie sich anmelden.	Der Zugang zu DeFi ist für jeden kostenlos.
5.	Mitarbeiter brauchen Pausen, sonst brechen sie zusammen, also müssen Märkte schließen.	Der Markt macht keine Pause, er ist immer geöffnet, auch an Feiertagen und Wochenenden.
6.	Traditionelle Finanzinstitute sind von der Außenwelt abgeschottet und es ist unmöglich, Unterlagen wie Aufzeichnungen über das angenommene Vermögen, die Kredithistorie und einige andere Dinge zu bekommen.	Jeder kann frei die Daten eines Produkts durchsehen und prüfen, wie das gesamte System funktioniert.

Dinge, die Sie mit DeFi tun können

Für jede Finanzdienstleistung auf dem Markt gibt es eine dezentrale Alternative. Ethereum und andere Smart-Contract-Plattformen bieten Entwicklern und Unternehmern die Möglichkeit, einzigartige Finanzprodukte zu entwickeln, die völlig neu sind, und die Liste der DeFi-Dienste wird immer länger.

- Globale Geldtransferdienste: DeFi ermöglicht es, ganz einfach Geld an jeden beliebigen Ort der Welt zu senden. Es ist genauso einfach wie das Senden einer E-Mail von Ihrem Telefon oder Laptop und der Empfänger erhält das Geld innerhalb weniger Minuten.
- Geld global streamen: Mit Plattformen wie der Ethereum-Blockchain können Sie Geld streamen. Diese Funktion ermöglicht es Ihnen, Ihren Mitarbeitern ihre Löhne innerhalb von Sekunden zu zahlen und ihnen auch den Zugriff auf ihr Geld zu ermöglichen, wann immer sie es benötigen. Neben dem Streaming von ETH können Sie auch andere Stablecoins streamen, wenn Sie sich Sorgen über die Schwankungen der Kryptowährung machen. Es gibt mehrere interessante Möglichkeiten, die eine breite Palette von Kundenbedürfnissen abdecken.
- DeFi bietet Stablecoins: Einer der Aspekte von Blockchain, der die Aufmerksamkeit von Regierungen auf der ganzen Welt auf sich gezogen hat, sind Stablecoins. Sie wurden geschaffen, um die Auswirkungen des schwankenden Kryptomarktes abzufedern. Die Schwankungsintensität von Kryptowährungen betrifft die meisten Finanzprodukte und -dienstleistungen, aber die perfekte DeFi-Lösung für dieses Problem ist die Schaffung von Stablecoins. Der Wert von Stablecoins ist oft an andere wertvolle

Vermögenswerte und Währungen gekoppelt. Zum Beispiel ist ein USDT an $1 gekoppelt, während der Wert von anderen wie USDC oder DAI innerhalb von ein paar Cent eines Dollars bleibt. Dies bietet den Nutzern auch die Möglichkeit etwas zu verdienen und eine beträchtliche Anzahl von Personen in Lateinamerika, sowie einigen afrikanischen Ländern wie Nigeria, schützen ihre Ersparnisse aufgrund der Ungewissheit über den Wert von Papiergeldwährungen in ihren Ländern.

- Leihen: Dezentrale Anbieter bieten zwei Varianten für das Ausleihen von Geldern an:
- Auf einem gemeinsamen Pool basierende Systeme oder Plattformen, bei denen Personen, die Geld leihen wollen, dem Pool Liquidität (Geldmittel) zur Verfügung stellen. Dann können Menschen von der bereitgestellten Liquidität leihen, während diejenigen, die Liquidität bereitstellen, eine Provision verdienen.
- Peer-to-Peer-Systeme, bei denen ein Kreditnehmer direkt bei einem Kreditgeber seiner Wahl Geld leihen kann.
- Datenschutz: Ein weiterer Aspekt der Kreditaufnahme in DeFi ist die Frage der Privatsphäre. Bei der traditionellen Kreditvergabe und -aufnahme wollen Banken und andere Institutionen sich davon überzeugen, dass Sie den Kredit zurückzahlen können, bevor sie Ihnen einen Kredit geben. Das bedeutet, dass Ihre Identität als Kreditnehmer nicht verborgen wird. Bei der dezentralen Kreditvergabe können alle beteiligten Parteien miteinander verhandeln, ohne sich zu identifizieren. Bevor ein Kreditnehmer einen Kredit erhält, muss er Sicherheiten stellen, die der Kreditgeber automatisch erhält, wenn er mit der Rückzahlung in Verzug gerät. Einige Sicherheiten kommen in

Form von nicht fälschbaren Token – einzigartige Vermögenswerte wie Kunstwerke. Die dezentrale Kreditvergabe ermöglicht eine Kreditaufnahme ohne die üblichen Bonitätsprüfungen oder die Herausgabe von persönlichen Informationen.

- Erweitern Sie Ihr Portfolio: Auf Blockchain-Plattformen wie Ethereum können Sie verschiedene Produkte für das Fondsmanagement nutzen, die es Ihnen ermöglichen, Ihr Portfolio mit jeder gewünschten Strategie zu vergrößern. Alles läuft automatisch und jeder kann auf diese Dienste zugreifen. Es gibt keine Vermittler, die einen Anteil an Ihren Gewinnen erhalten – Sie behalten Ihre Gewinne.

Die Zukunft sieht für DeFi sehr rosig aus und das Potenzial ist weitreichend, auch wenn es in Bezug auf die Möglichkeiten noch in den Kinderschuhen steckt. DeFi hat das Potenzial, Investoren mehr Unabhängigkeit zu gewähren, und das ermöglicht ihnen auch, ihr Vermögen auf beeindruckende Weise zu nutzen, was mit traditionellen Finanzsystemen unmöglich wäre. Ein Sektor, für den dezentralisierte Finanzen große Auswirkungen haben, ist der Big-Data-Bereich.

DeFi kann uns intelligente Wege zur Kommerzialisierung von Daten bieten, wenn es schließlich ausgereift sein wird. Trotz all der beeindruckenden Funktionen und Versprechungen ist der Weg, der vor DeFi liegt, noch lang, vor allem, was die Akzeptanz in der breiten Masse angeht. Der Schlüssel liegt darin, so viele Menschen wie möglich über die Blockchain und den Krypto-Bereich aufzuklären, und deshalb habe ich dieses Buch verfasst, um so viele Menschen wie möglich über die Vorteile der Blockchain aufzuklären.

KAPITEL 13

BLOCKCHAIN KANN ZUR VERBESSERUNG VON VERWALTUNGSABLÄUFEN BEITRAGEN

Die Blockchain-Technologie ist nicht nur für Privatpersonen und Unternehmen nützlich, sondern kann auch staatliche Dienstleistungen umgestalten und für faire und transparente Bürgerrechte sorgen. Die Distributed-Ledger-Technologie kann verschiedene Verwaltungsabläufe verbessern und eine sichere und optimale Plattform für den Austausch von Daten zur Verfügung stellen. Bürger eines jeden Landes können zahlreiche Anwendungen nutzen, die auf der Blockchain basieren – einige arbeiten sogar mit diesen dApps. Aber einer der Gründe, warum Regierungen die Blockchain-Technologie einsetzen sollten, ist, dass sie Bürokratie abbaut, Verschwendung verringert, verschiedene und einmalige Dienstleistungen anbietet und Fälle von Steuerbetrug verhindert.

Die Verwendung von digitalem Bargeld, das viele Länder bereits erkunden, hat mehrere Vorteile. Es erleichtert Regierungen die Durchführung umfangreicher Transaktionen und ermöglicht es ihnen, die derzeitigen Geldtransaktionen umzugestalten. Zunächst ist es entscheidend, die Bedeutung von zentralen staatlichen Dienstleistungen zu verstehen. Praktisch alle öffentlichen Einrichtungen sind stark zentralisiert und nur wenige Dienste sind von diesem fehlerhaften System nicht betroffen. Natürlich ist an zentralisierten Systemen nichts Schlechtes, aber es hat dazu geführt, dass Behörden aufgrund ihrer politischen Macht Ungerechtigkeiten fördern.

Die meisten zentralen Behörden haben so viel Macht, dass es wenig oder keinen Raum für einen kritischen Diskurs gibt. Zentralisierte Behörden fördern die Monarchie und veranlassen Machthaber, andere unfair zu behandeln. Überall auf der Welt droht das Verhältnis zwischen den Regierten und denen, die regieren, auseinander zu driften. Das liegt daran, dass die staatlichen Dienste nicht mehr die Leistungen erbringen, für die sie geschaffen wurden. Die meisten Arten von Regierungsdiensten sind anfällig für Korruption und Unwirtschaftlichkeit.

Die meisten Menschen haben Angst, etwas mit staatlichen Systemen zu tun zu haben, und das liegt daran, dass die meisten Behörden einen schlechten Ruf haben. Man muss oft in langen Schlangen warten, nur um einfache Formulare auszufüllen und das Erledigen von Steuerangelegenheiten ist oft ein sehr langsamer Prozess. Die Menschen haben mittlerweile den Eindruck, dass die Regierungsmitarbeiter nicht ihr Bestes geben, um die Angelegenheiten des Landes zu regeln.

Die Herausforderungen, vor denen Regierungssysteme stehen, haben hauptsächlich mit dem Umgang mit Daten zu tun. Wie jede andere große Organisation sind auch Regierungen für die Koordination von Prozessen zwischen verschiedenen Beteiligten verantwortlich. Aber von ihnen wird erwartet, dass sie Fairness, Rechenschaftspflicht und Transparenz gegenüber der Öffentlichkeit gewährleisten – sogar noch mehr als die meisten Organisationen des privaten Sektors. Wenn Regierungen diese Herausforderungen erfolgreich bewältigen sollen, vor allem im digitalen Zeitalter, dann ist ein ordentliches Datenmanagement erforderlich.

Die alten, zentralen Systeme zur Datenverwaltung sind jedoch nicht in der Lage, die Herausforderungen zu lösen, vor denen Regierungen heute stehen. Zum Beispiel ist die Sicherheit der Daten oft durch den Single Point of Failure, der bei einem Standard-Client-Server-System üblich ist, beeinträchtigt. Es ist schwierig, Transparenz zu erzielen, da staatliche Datenbanken zentralisiert sind.

Während die Auswirkungen von Blockchain auf Regierungssysteme aufgezeigt werden, ist es ebenso wichtig, hinzuzufügen, dass die Distributed-Ledger-Technologie allein nicht in der Lage ist, unlautere Absichten und Straftaten zu verhindern oder Regierungssysteme effizienter zu machen. Sie kann vielmehr die bestehenden sozialen Strukturen und rechtlichen Rahmenbedingungen ergänzen. In der Tat kann sich herausstellen, dass Blockchain-basierte Governance die Korruption genauso wenig verhindern kann wie die bestehenden Systeme, Gesetze und Richtlinien, wenn es eine uneinheitliche Rechtsdurchsetzung, unzureichendes technologisches Know-how, fehlerhafte Informationen, einen Mangel an gesellschaftlichem Wohlwollen und auch einen Mangel an kooperativen politischen Eliten gibt. Dies sollten Sie unbedingt bedenken, bevor Sie weiterlesen.

BEDEUTENDE ANWENDUNGSFÄLLE VON BLOCKCHAIN IN VERWALTUNGSPROZESSEN

Mehrere Anwendungsfälle haben gezeigt, wie Blockchain auf intelligente Weise mit Schwächen in aktuellen Systemen umgehen kann, wenn sie eingesetzt wird.

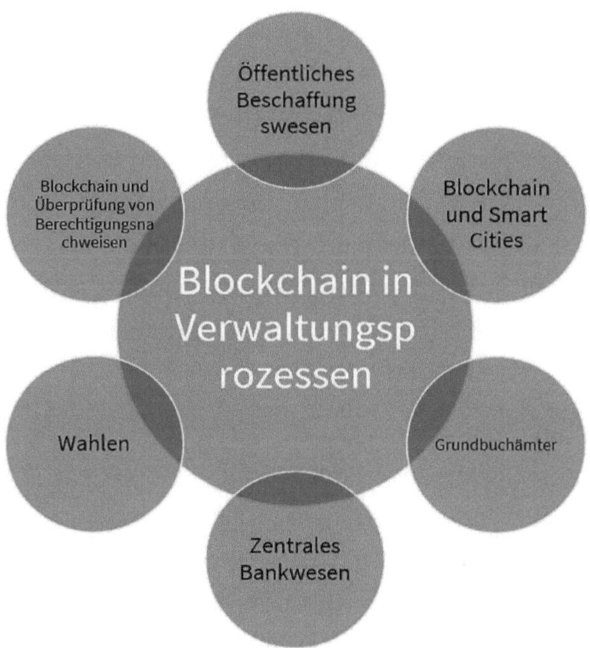

1. Öffentliches Beschaffungswesen

Wenn es um staatliche Aktivitäten geht, ist das öffentliche Beschaffungswesen oder Angelegenheiten im Zusammenhang mit Regierungsverträgen der größte Marktplatz für verschiedene Arten von Staatsausgaben. Gleichzeitig ist es der größte Ansatzpunkt für Korruption im großen Stil. Es gibt mehrere Gründe, warum dieser spezielle Verwaltungsvorgang sowohl in Ländern mit hohem

Einkommen als auch in Entwicklungsländern sehr anfällig für Korruption geworden ist. Denken Sie daran, dass einer der Punkte, die wir als Schwachstellen für Regierungssysteme identifiziert haben, undurchsichtige Abläufe sind, und der Prozess der Auswahl von Lieferanten ist undurchsichtig und sehr komplex.

Er beinhaltet in hohem Maße den Einsatz menschlichen Ermessens. Solche Schwachstellen führen letztendlich zu einer gravierenden Verschwendung von Finanzmitteln, schränken einen gesunden Wettbewerb ein, verzerren die Marktpreise und führen in den meisten Fällen zu ineffizienten Dienstleistungen und der Verwendung von minderwertigen Gütern bei der Ausführung von Projekten. Wie kann also die Distributed-Ledger-Technologie helfen? Es ist möglich, die Risikofaktoren der Korruption im gesamten staatlichen Beschaffungsprozess durch die Verwendung eines Blockchain-basierten Prozesses direkt anzugehen.

Ein Blockchain-basierter Prozess kann eine Überwachung der Transaktionen durch Dritte ermöglichen, indem ein Fingerabdruck aller Aktivitäten hinterlassen wird. Dies fördert die Einheitlichkeit und Objektivität über automatisierte Smart Contracts sowie die Rechenschaftspflicht und Transparenz von Geschäftsvorgängen und Beamten. Ich muss an dieser Stelle hinzufügen, dass es gewisse Einschränkungen für diesen Anwendungsfall gibt. Es ist unmöglich, dass eine Blockchain-Plattform alle Aspekte der menschlichen Interaktion erfasst. Daher wird das Blockchain-basierte Potenzial zur Korruptionsbekämpfung begrenzt sein, wenn Bestechung, geheime Absprachen und die reguläre Auswahl von Lieferanten weiterhin offline stattfinden.

2. *Grundbuchämter*

Einige Länder haben die Führung bei der Implementierung von Blockchain-basierten Grundbuchämtern übernommen. Schweden gehört zu den Ländern, die in diesem Bereich experimentieren, mit dem Ziel, die Effizienz in einer Branche zu erhöhen, die viele Geschäftsvorgänge umfasst. Andere Länder wie Indien und Honduras arbeiten ebenfalls daran, die Transparenz in der Immobilienbranche zu erhöhen, die sehr anfällig für verschiedene korrupte Praktiken ist.

Mit Grundbuchregistern, die auf der Distributed-Ledger-Technologie basieren, ist es möglich, ein dezentralisiertes, sicheres, unveränderliches und öffentlich überprüfbares Aufzeichnungssystem zu schaffen, mit dem Menschen ihre Eigentumsrechte nachweisen können. Die Vorzüge, die Blockchain in diesem Bereich bietet, erhöhen nicht nur die Zuverlässigkeit des Landbesitzes, sondern verringern auch deutlich die Möglichkeit der Manipulation von Landrechten für eigennützige Interessen. Aber Blockchain allein reicht möglicherweise nicht aus, um in Ländern mit fehlerhaften, nicht existierenden oder unvollständigen Grundbüchern die Eigentumsverhältnisse offiziell zu regeln. Länder in dieser Kategorie müssen möglicherweise ihre Grundbesitzinformationen sammeln, bereinigen und digitalisieren, bevor sie die Vorteile eines Blockchain-basierten Grundbesitzregisters nutzen können..

3. *Blockchain und Smart Cities*

Smart Cities nutzen die Kombination von Informationstechnologie und Daten, um Infrastrukturen (geschäftliche, soziale und bauliche Infrastrukturen) zu integrieren und zu verwalten, um die Dienstleistungen für die Einwohner zu optimieren und gleichzeitig sicherzustellen, dass die verfügbaren Ressourcen optimal und effizient genutzt werden. Regierungen rund um den Globus können durch die Kombination von IoT, Distributed-Ledger-Technologie und Cloud Computing innovative Lösungen und Dienste für ihre Bürger sowie für die Kommunen bereitstellen.

Regierungen können durch den Einsatz von Blockchain eine sichere Infrastruktur aufbauen, die bei der Verwaltung verschiedener Funktionen helfen kann. Mit einer Blockchain-gestützten, interoperablen Infrastruktur können Funktionalitäten und Dienste der Smart City die aktuellen Prognosen übertreffen. Derzeit hat ConsenSys Projekte zur Realisierung von Smart-City-Initiativen in Ländern wie Dubai bearbeitet. Die Smart-Dubai-Initiative, die von Scheich Mohammad bin Rashid Al Maktoum geleitet wird, konzentriert sich darauf, zu gewährleisten, dass Dubai mit Hilfe von IoT, KI und Blockchain-Technologien die glücklichste Stadt der Welt wird.

4. Zentrales Bankwesen

Eine der Herausforderungen, mit denen sich Regierungen rund um den Globus immer wieder beschäftigen, ist die Abwicklung von Bruttozahlungen in Echtzeit. Dabei werden Zwischenbankzahlungen in zentralen Bankaufzeichnungen abgewickelt, und da Blockchain eine bemerkenswerte Steigerung der Netzwerkausfallsicherheit und des Transaktionsvolumens ermöglicht, können Zentralbanken Bruttoabrechnungen in Echtzeit schneller und sicherer verarbeiten. Später in Kapitel 16 werden wir uns mit digitalen Zentralbankwährungen beschäftigen und damit, wie sie den Umgang mit Geld durch die Regierung verändern können.

5. *Wahlen*

Unabhängig von Ihren Überzeugungen sind sich die meisten Menschen darin einig, dass der Versuch, Wahlsysteme zu beeinflussen, eine uralte Praktik ist und nach wie vor eines der größten Probleme darstellt, mit denen Länder zu kämpfen haben. Die meisten Menschen versuchen, sich mit Tricks an die Macht zu bringen, was in der Natur des politischen Umfelds liegt. Es gibt zunehmend Bedenken hinsichtlich der Integrität der Registrierung von Wählern, der Wahlbeteiligung, der Wahlsicherheit und der Zugänglichkeit von Wahlen.

Diese Probleme haben Regierungen dazu motiviert, die Machbarkeit einer auf Blockchain basierenden Wahlplattform zu untersuchen, um die Beteiligung und das Vertrauen in den demokratischen Prozess zu erhöhen. Die Blockchain kann die Wahl unterstützen, indem sie die Unveränderlichkeit und Transparenz während des gesamten Wahlprozesses fördert. Die dezentralen, verschlüsselten, transparenten und unveränderlichen Merkmale der Distributed-Ledger-Technologie wie Blockchain können Fälle von Wahlmanipulationen drastisch reduzieren und gleichzeitig die Zugänglichkeit von Wahlen erhöhen.

Das Projekt Horizon State wurde hauptsächlich etabliert, um die Bedürfnisse von Organisationen und Einzelpersonen zu erfüllen, die der teuren und langsamen Papierwahlen sowie der unsicheren elektronischen Wahldienste überdrüssig sind. Die sichere digitale Wahlurne des Projekts bietet eine intelligente Lösung für die Herausforderungen der bestehenden Wahlverfahren und ist zudem kostengünstig.

Alles, was ein Teilnehmer benötigt, um von seinem Laptop oder Smartphone aus Stimmen abzugeben, ist der digitale Token (HST) von Horizon. Die Stimmen werden sofort in einer unveränderlichen

Blockchain protokolliert, die als zuverlässige Datenbank zur Überprüfung der Wahlergebnisse dient. Mit diesem vorgeschlagenen System wäre es extrem schwer, Fehler aufzuzeichnen, zu manipulieren oder die Ergebnisse zu verfälschen. Abgesehen davon, dass die Plattform für Wahlen nützlich ist, ist sie auch für andere Zwecke sehr brauchbar. In Umgebungen, in denen Befugnisse und Ressourcen geteilt werden, hilft sie bei der Entscheidungsfindung und kann Menschen zur Teilnahme motivieren.

Ein weiteres Problem, das bei Abstimmungen häufig auftritt, ist die Wählerapathie - eine Situation, in der Wähler ihre Stimme nicht abgeben. Dieses Problem hat in letzter Zeit zugenommen, aber mit Projekten wie Horizon kann jeder bequem von seinem Smartphone aus seine Stimme abgeben. Menschen, die Angst vor Übergriffen oder Einschüchterung in den Wahllokalen haben, können ihre Stimme zuversichtlich abgeben.

6. *Blockchain und Überprüfung von Berechtigungsnachweisen*

Blockchain-basierte Systeme zur Überprüfung von Berechtigungsnachweisen sind ein weiterer herausragender Anwendungsfall der Technologie in Verwaltungsverfahren. Einzelpersonen erhalten mehr Kontrolle über den Zugriff auf ihre Daten, indem sie ihre akademischen und beruflichen Zertifikate mit Hilfe der Blockchain-Technologie in einer verschlüsselten Identitätsbörse speichern. Dieses System kann auch Schulen, Arbeitgebern und Universitäten helfen, Zertifikate für geleistete Arbeit und Kurse von Angestellten und Studenten einfach zu validieren.

7. *Verteilung von Impfstoffen*

Ein auf Blockchain basierendes Vertriebsnetz für Impfstoffe stellt sicher, dass die Hersteller des Impfstoffs die Verteilung proaktiv auf mögliche Schwierigkeiten überwachen und ein verbessertes Rückrufmanagement betreiben können. Darüber hinaus kann die Distributed Ledger-Technologie den Lieferanten einen Überblick in Echtzeit sowie eine erhöhte Kapazität anbieten, um auf mögliche Unterbrechungen in der Lieferkette zu reagieren. Die Ausgabestellen werden nicht übergangen, da Blockchain ihnen helfen kann, das Lagermanagement zu verbessern und die Sicherheit der Impfstoffe wirkungsvoll zu überwachen. Mit Blockchain gewinnen die Menschen mehr Vertrauen in die Impfstoffe, was wiederum die globale Wirtschaft voranbringt.

8. *Nachverfolgung von Studentendarlehen und Stipendien mit Blockchain*

Regierungen können Smart Contracts entwickeln, die bei der Verwaltung von Krediten und Förderanträgen helfen. Dies kann auch für die Vergabe von Darlehen und die Überwachung der Einhaltung aller Konditionen des Darlehens nützlich sein. Mit der Distributed-Ledger-Technologie könnten Regierungsbehörden die Nachverfolgung von Leistungen automatisieren, was wiederum zu Echtzeitdaten sowie einer erhöhten Einhaltung der Vorschriften und Sicherheit führen würde.

9. *Steuereintreibung*

Natürlich erfährt der Vorgang der Steuereintreibung mit Hilfe von Smart Contracts eine bemerkenswerte Umgestaltung. Mit Smart Contracts können Regierungen den gesamten Prozess der Steuererhebung leicht rationalisieren, indem sie Steuerdaten mit Einkommenszahlungen abgleichen und Sozialversicherungsbeiträge und Steuerabzüge berechnen. Es wäre möglich, sowohl das Nettogehalt als auch die Steuerzahlungen automatisch an jeden Empfänger zu überweisen, was zu einer erhöhten Geschwindigkeit, Effizienz und Sicherheit des Prozesses führt.

In unserem Bestreben, mit betrügerischen Akteuren umzugehen, werden sicherlich weitere Blockchain-Anwendungsfälle auftauchen. Mit der Entdeckung weiterer Anwendungsfälle sollten die Einzigartigkeit und das ungenutzte Potenzial von Blockchain zur Bekämpfung von Korruption in der Regierung die politischen Entscheidungsträger nicht davon abhalten, Blockchain im öffentlichen Bereich einzusetzen. Die Technologie hat das Potenzial, Regierungsprozesse effizient, schnell, sicher und transparent zu machen.

ABSCHNITT III
DIE ZUKUNFT DER BLOCKCHAIN – DIE DIGITALE TRANSFORMATION DURCH BLOCKCHAIN

Eine dezentrale Welt erwartet uns

KAPITEL 14

DIE ZUKÜNFTIGEN AUSWIRKUNGEN VON BLOCKCHAIN AUF WIRTSCHAFT UND UNTERNEHMEN

Eine neue Analyse von PwC vom Oktober 2020 zeigt, dass die Blockchain-Technologie im nächsten Jahrzehnt das globale Bruttoinlandsprodukt (BIP) um 1,76 Billionen US-Dollar steigern kann. Unter dem Titel „Time for Trust: The Trillion-Dollar Reason to Rethink Blockchain“ wurde in dem PwC-Bericht untersucht, wie die Blockchain-Technologie bereits eingesetzt wird und welche Auswirkungen diese Technologie auf die Weltwirtschaft haben wird. Der Bericht analysierte die fünf wichtigsten Anwendungsfälle der Digital-Ledger-Technologie, die wir auch in diesem Buch behandelt haben, und bewertete ihr Potenzial, ökonomischen Wert zu generieren.

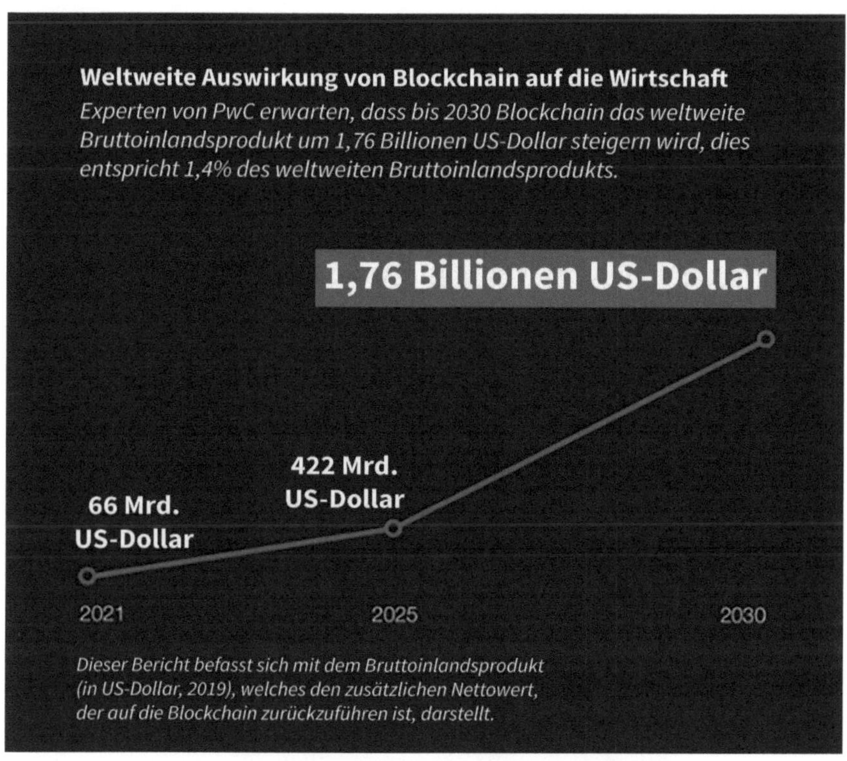

Der PwC-Bericht untersuchte auch das Potenzial der Blockchain-Technologie, einen bemerkenswerten Wert in verschiedenen Branchen zu schaffen – im öffentlichen Dienst, bei Regierungen, in der Logistik, in der Fertigung, im Einzelhandel und im Finanzwesen. Wie der Bericht feststellt, wurde Blockchain schon immer als nützlich für digitale Währungen wie Ethereum angesehen, aber die Technologie hat noch viel mehr zu bieten, insbesondere in der Art und Weise, wie private und öffentliche Organisationen Daten teilen, nutzen und sichern.

Während sich verschiedene Organisationen mit den Auswirkungen der globalen COVID-19-Pandemie befassen, hat eine erhebliche Anzahl von disruptiven Trends einen Aufschwung erlebt. Diese Analyse ist sehr wichtig, da sie das Potenzial von Blockchain aufgedeckt hat, Branchen und Organisationen dabei zu helfen, ihre Abläufe neu zu gestalten und sogar neu zu organisieren, gekennzeichnet durch enorme Verbesserungen in Bezug auf Transparenz, Effizienz und Vertrauen in die Gesellschaft und die Branchen.

DIE FÜNF WICHTIGSTEN BRANCHEN, DIE VON DER NUTZUNG VON BLOCKCHAIN PROFITIEREN

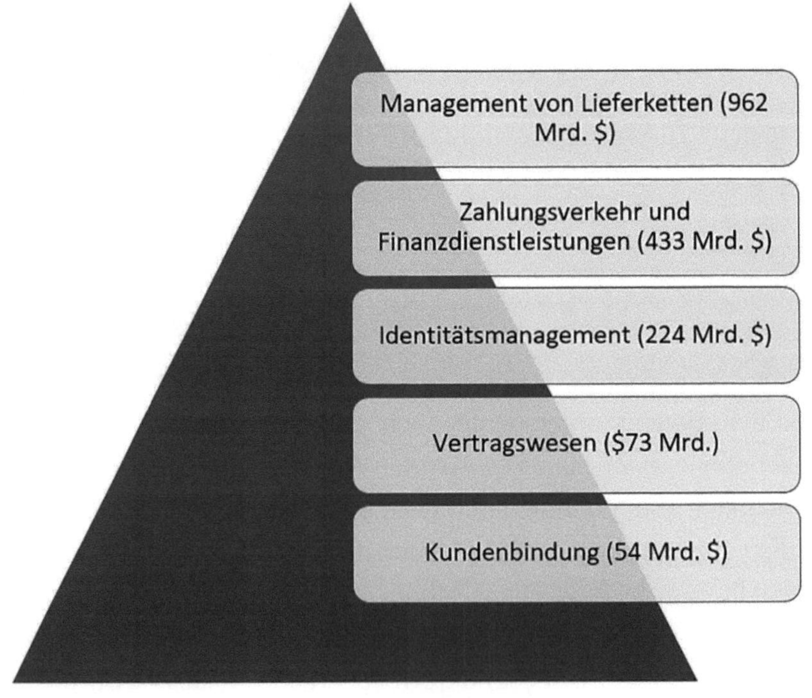

Quelle: PwC

Ein Teil des Berichts nutzte sowohl wirtschaftliche Analysen als auch Branchenforschung, um fünf wichtige Anwendungsbereiche zu bewerten, in denen Blockchain das Potenzial hat, wirtschaftlichen Wert zu schaffen. Basierend auf dieser Analyse wird das Jahr 2025 als Wendepunkt angesehen, da erwartet wird, dass dann die digitale Ledger-Technologie in der gesamten Weltwirtschaft in größerem Umfang eingesetzt wird.

- Ganz oben auf der Liste steht das Lieferkettenmanagement, über das wir bereits gesprochen haben. Der Sektor hat das größte wirtschaftliche Potenzial von etwa 962 Milliarden Dollar. Die Anwendung der Blockchain-Technologie kann weitreichend sein, um starke Industriezweige wie Modelabels und den Bergbau zu unterstützen.
- Der zweite Sektor ist der Zahlungsverkehr und Finanzdienstleistungen und dies beinhaltet die Verwendung von Kryptowährungen oder die Unterstützung der finanziellen Teilhabe durch Überweisungszahlungen. Der Bericht glaubt, dass dieser Sektor das zweitgrößte wirtschaftliche Potenzial von 433 Milliarden Dollar hat.
- Der dritte Sektor, der von der Blockchain-Technologie profitieren wird, ist das Identitätsmanagement, dessen wirtschaftliches Potenzial auf 224 Milliarden Dollar geschätzt wird. Dieser Sektor umfasst persönliche Ausweise, Zertifikate, berufliche Referenzen und einige andere, die helfen können, Identitätsdiebstahl und Betrug zu verringern.
- Der vierte Anwendungsfall von Blockchain, der ein wirtschaftliches Potenzial von 73 Mrd. $ hat, ist die Anwendung der Technologie in Verträgen mit Hilfe von Smart Contracts und auch in der Beilegung von Streitigkeiten.

- In Bezug auf die Kundenbindung hat Blockchain das Potenzial, 54 Milliarden Dollar zu erwirtschaften, und dies beinhaltet den Einsatz der Blockchain-Technologie in Treueprogrammen.

DER EINFLUSS VON BLOCKCHAIN IN VERSCHIEDENEN REGIONEN DER WELT

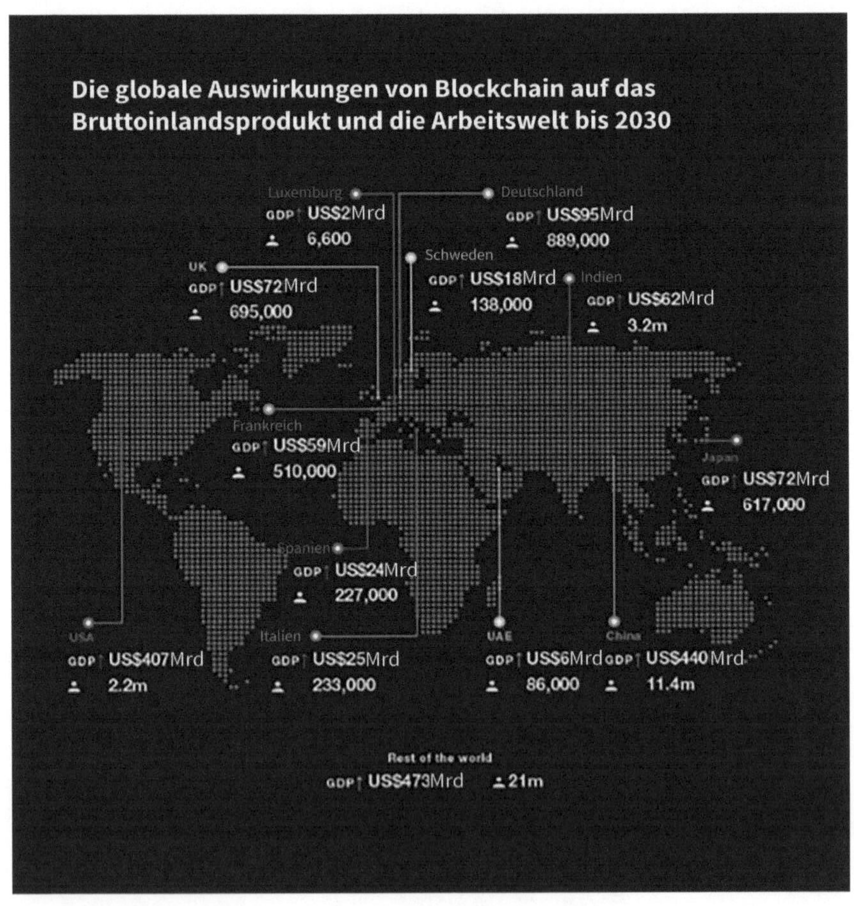

Der Erfolg der Blockchain-Technologie hängt in hohem Maße davon ab, wie förderlich das politische Umfeld ist. Ein Geschäftsumfeld, das bereit ist, die neuen Möglichkeiten, die die Blockchain-Technologie bietet, zu nutzen, ist neben einem geeigneten Branchenmix die richtige Zutat, um die Vorteile der Technologie zu maximieren.

Der Kontinent, von dem man annimmt, dass er den größten wirtschaftlichen Nutzen aus der Distributed-Ledger-Technologie ziehen wird, ist Asien. Tatsächlich ergab der PwC-Bericht, dass in Bezug auf verschiedene Länder, China das Potenzial hat, einen Nettonutzen von etwa 440 Milliarden Dollar zu erzielen. An zweiter Stelle stehen die Vereinigten Staaten mit einem potenziellen Nettonutzen von 407 Milliarden Dollar. Andere Länder, die voraussichtlich einen Nettonutzen von mehr als 50 Mrd. $ haben werden, sind Großbritannien, Frankreich, Deutschland, Indien und Japan. Diese Länder werden jedoch unterschiedliche Arten von Vorteilen aus der Distributed-Ledger-Technologie ziehen.

So werden zum Beispiel produzierende Volkswirtschaften wie Deutschland und China am meisten von Herkunftsnachweisen und Rückverfolgbarkeit profitieren. Auf der anderen Seite wird erwartet, dass die Vereinigten Staaten am meisten von der Anwendung der Blockchain-Technologie in den Bereichen Sicherheit, Zahlungen, Identität und Berechtigungsnachweise profitieren werden.

Wie sieht es in den einzelnen Sektoren aus?

Laut dem PwC-Bericht wird der größte Nutznießer der Vorteile der Blockchain-Technologie auf Sektorebene wahrscheinlich das Gesundheitswesen, die öffentliche Verwaltung und der

Bildungssektor sein. Der Bericht geht davon aus, dass diese Sektoren die Effizienz von Blockchain bei der Verwaltung von Identitäten und Berechtigungsnachweisen nutzen werden, um bis 2030 ein Wachstum von etwa 574 Milliarden US-Dollar zu erzielen. Kommunikation und Medien sowie Unternehmensdienstleistungen werden ebenfalls von den Vorteilen profitieren, während Baudienstleistungen, Einzelhändler, Hersteller und Großhändler davon einen Nutzen ziehen können, indem sie Verbraucher ansprechen und deren Nachfrage nach Rückverfolgbarkeit und Herkunft mit Hilfe von Blockchain erfüllen.

Eine weitere Perspektive, die der Bericht untersuchte, ist das Potenzial von Blockchain, Teil der zukünftigen Strategie von Organisationen zu werden. Basierend auf den Ergebnissen einer von PwC durchgeführten Untersuchung mit Führungskräften aus der Wirtschaft gaben etwa zwei Drittel (61 Prozent) der CEOs an, dass die digitale Transformation der wesentlichen Geschäftsprozesse und -abläufe eine der drei wichtigsten Prioritäten beim Wiederaufbau nach den Auswirkungen der COVID-19-Pandemie sein wird.

Die Wahrheit ist, dass einer der größten Fehler, den Unternehmen machen können, insbesondere wenn es um die Implementierung aufstrebender Technologien wie Blockchain, KI und IoT geht, darin besteht, sie nur den Enthusiasten im Team zu überlassen. Um optimal einsetzbar zu sein, die strategische Chance und den Wert solcher Technologien zu erkennen und sogar das richtige Maß an Zusammenarbeit in einer Branche zu erzeugen, ist die Unterstützung der Geschäftsleitung erforderlich. In Anbetracht des Ausmaßes an wirtschaftlicher Disruption, mit der die meisten Unternehmen derzeit konfrontiert sind, wird die Fähigkeit, erfolgreich Proof-of-Concept-Anwendungen zu etablieren, die sogar erweitert und skaliert werden können, Organisationen nicht nur dabei helfen, den Wert aufkommender Technologien zu entdecken, sondern auch dabei, Vertrauen und Transparenz in jede Lösung zu schaffen, die sie dank des Potenzials von Blockchain anbieten wollen.

Um sicherzustellen, dass das wirtschaftliche Wirkungspotenzial der Blockchain-Technologie ausgeschöpft wird, ist es entscheidend, ihren Energieaufwand richtig zu verwalten. Die zunehmende Besorgnis über die Auswirkungen unserer Aktivitäten auf den Planeten, wie z. B. die Problematik des Klimawandels, bedeutet, dass Unternehmen neue Modelle zur Zusammenführung und gemeinsamen Nutzung von Ressourcen erforschen müssen, während sie gleichzeitig ihre Abhängigkeit von zentralisierten Datenbanken sowie ihren Gesamtenergieverbrauch reduzieren.

KAPITEL 15

DAS ZEITALTER DER BLOCKCHAIN-IDENTITÄT

Auch wenn Ihnen das Konzept der digitalen Identität ein wenig komplex erscheinen mag, ist es nicht schwer zu verstehen. Es handelt sich im Grunde um alle persönlichen Daten, die online existieren und leicht zum Besitzer zurückverfolgt werden können. Gemäß der Definition der Internationalen Fernmeldeunion ist die digitale Identität eine digitale Darstellung von Daten zu einer bestimmten Person oder Organisation. Nehmen wir zum Beispiel Bilder: Wenn Sie Ihre Fotos in sozialen Medien hochladen, sei es in Beiträgen, die Sie kommentiert haben, in Ihrem Posting oder sogar in Ihrem Online-Bankkonto, dann sind sie Teil Ihrer digitalen Identität, da jeder Sie mit einem solchen Foto leicht offline identifizieren kann. Die digitale Identität wird manchmal als das digitale Äquivalent der realen Identität eines Benutzers angesehen, die mehrere Attribute umfasst:

Sie kann über die üblichen, die ich gerade aufgelistet habe, wie Alter, Name, physische oder E-Mail-Adresse hinausgehen und sogar sensible Informationen wie Bankkontodaten und gesundheitsbezogene Informationen enthalten.

Sie sollten jedoch bedenken, dass die digitale Identität nicht mehr nur als ein erweiterter Reisepass oder Personalausweis angesehen wird, der die gleichen Daten enthält. Wenn es um das Wachstum und die Lebensfähigkeit unserer globalen und digitalen Wirtschaft geht, ist eines sicher: Die digitale Identität ist unverzichtbar. Sie ist grundlegend für jede einzelne Organisation in allen Branchen auf der ganzen Welt.

Die Welt tritt gerade in das Zeitalter intelligenter und autonomer Systeme ein, die durch Daten und Maschinenlernen angetrieben werden. Die jüngsten Trends in den Bereichen E-Commerce, künstliche Intelligenz, IoT und einigen anderen haben gezeigt, dass die Technologie zunehmend mit cyber-physischen Systemen verwoben ist. Dies hat auch die Aufmerksamkeit der wichtigsten Akteure auf die Bedeutung des Datenschutzes und der digitalen Identität gelenkt.

Die digitale Welt hat in den letzten Jahrzehnten enorme technologische Fortschritte erlebt, die wiederum unser Leben grundlegend verändert haben – angefangen von der Kommunikation mit Familienmitgliedern, die sich vielleicht auf einem anderen Kontinent befinden, bis hin zur Unterhaltung, der Zusammenarbeit mit Kollegen und sogar dem Einkaufen. Die Menschen nutzen das Internet heute mehr denn je, um verschiedenste Vorgänge online zu erledigen, und der Ausbruch von COVID-19 hat unsere Online-Aktivitäten noch weiter gesteigert, sodass das Konzept der digitalen Identität nicht mehr wegzudenken ist. In der Tat wurden mehrere Milliarden Dollar ausgegeben, um den Datenschutz, die Benutzerfreundlichkeit und die Sicherheit zu verbessern. Unabhängig von der Höhe der Mittel und Investitionen in die Verwaltung digitaler Identitäten ist diese zweifelsohne auf einige Herausforderungen gestoßen.

MODELLE DES DIGITALEN IDENTITÄTSMANAGEMENTS

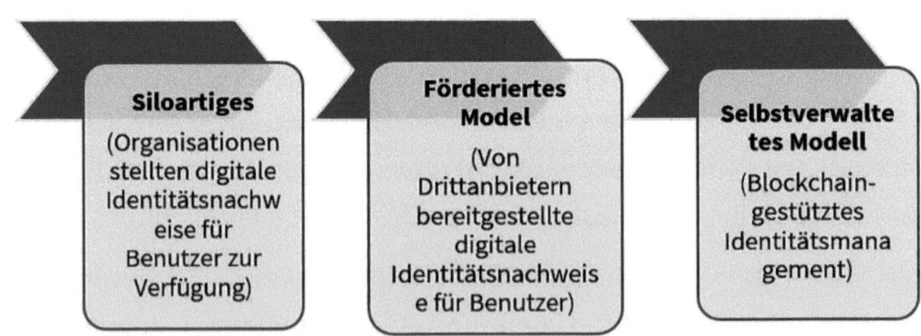

Werfen wir einen Blick auf die Modelle des digitalen Identitätsmanagements. Das erste Modell ist eine Art Datensilo. Bei diesem Modell stellt jede Organisation einen digitalen Identitätsnachweis für ihre Benutzer bereit. Dies ermöglicht ihren Benutzern den Zugriff auf verschiedene Dienste auf ihrer Plattform. Für jede neue Organisation, mit der ein Benutzer zu tun hat, wird von ihm erwartet, dass er einen neuen digitalen Identitätsnachweis erhält, und das ist für Nutzer ganz und gar nicht komfortabel. Stellen Sie sich vor, Sie müssten sich für jede Website, auf die Sie zugreifen möchten, neu registrieren und neue Anmeldedaten und Passwörter erstellen.

Als Ergebnis dieser furchtbaren Bedienbarkeit des ersten Modells der digitalen Identitätsverwaltung entstand ein zweites Modell, das als „Federated" bekannt wurde. Drittanbieter begannen, digitale Identitätsnachweise bereitzustellen, mit denen sich jeder Benutzer bei Diensten und verschiedenen Websites anmelden kann. Ein gutes Beispiel für dieses Modell sind Funktionen wie „Login mit Google" oder „Login mit Facebook". Folglich lagerten viele Organisationen das Identitätsmanagement ihres Unternehmens an Firmen aus, die ein wirtschaftliches Interesse daran haben, die persönlichen Daten der Benutzer zu sammeln.

Unglücklicherweise hat dies letztendlich zu Datenschutz- und Sicherheitsproblemen auf der ganzen Welt geführt und mehrere Klagen nach sich gezogen. Unternehmen wie Google und Facebook entpuppten sich als Vermittler des Vertrauens. Doch mit der Einführung der Blockchain-Technologie, überprüfbaren Berechtigungsnachweisen und dezentralen Identifikatoren zeichnet sich nun ein drittes Modell des Identitätsmanagements ab. Dies ermöglichte die Schaffung der selbstverwalteten Identität, auf die wir später in diesem Kapitel eingehen werden. Was ist also die Beziehung zwischen überprüfbaren Berechtigungsnachweisen, dezentralen Identifikatoren und Blockchain-Identitätsmanagement?

Nun, überprüfbare Berechtigungsnachweise sind Feststellungen, die ein Aussteller auf eine die Privatsphäre respektierende und fälschungssichere Weise trifft. Mit ihnen können Forderungen mit einem digitalen Wasserzeichen versehen werden, und zwar durch eine Mischung aus Public-Key-Kryptografie und Strategien zur Wahrung der Privatsphäre, um eine mögliche Zuordnung zu Identitäten zu vermeiden. Dies stellt sicher, dass physische Berechtigungsnachweise sicher digitalisiert werden können und Inhaber solcher Berechtigungsnachweise bestimmte Informationen aus ihrem Berechtigungsnachweis offenlegen können, ohne die eigentlichen Daten preiszugeben. So kann man z. B. problemlos nachweisen, dass man über 18 Jahre alt ist, ohne seinen Ausweis zu zeigen, wenn Dritte diese spezifischen Daten verifizieren können, ohne dass der Ausweisinhaber damit behelligt werden muss.

Dezentrale Identifikatoren hingegen sind eindeutige, dauerhafte und weltweit gültige Identifikatoren. DIDs stehen vollständig unter der Kontrolle des Eigentümers der Identität und sind völlig unabhängig von Behörden, zentralen Registern und Identitätsanbietern. Das verteilte Register dient als überprüfbares Datenregister oder man kann es als „Telefonbuch“ sehen, in dem Menschen nachschlagen können, um zu überprüfen, zu welcher Organisation eine bestimmte öffentliche DID gehört. Wenn es um das Identitätsmanagement geht, ermöglicht die Blockchain-Technologie allen Teilnehmern im Netzwerk den Zugriff auf dieselbe Quelle der Wahrheit bezüglich der gültigen Anmeldeinformationen sowie derjenigen, die deren Gültigkeit bestätigt haben, ohne die tatsächlichen Informationen offenzulegen.

Es gibt grundsätzlich drei Akteure, wenn es um Identitätsmanagement mit Distributed-Ledger-Technologie geht, und das sind Besitzer, Aussteller und Überprüfer.

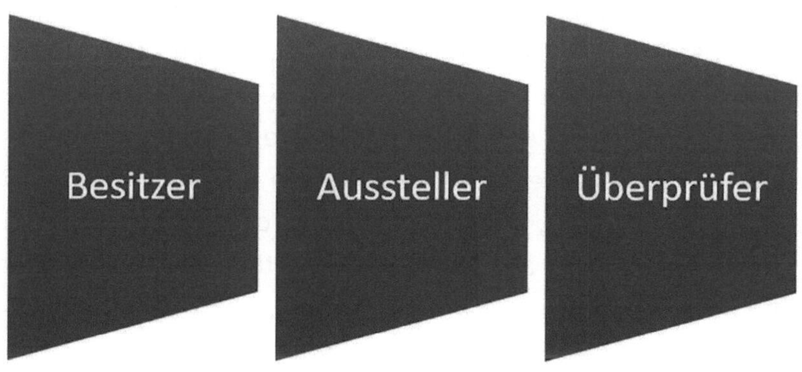

Diese drei Akteure spielen eine entscheidende Rolle bei der Nutzung der Digital-Ledger-Technologie für das Identitätsmanagement. Der Identitätsaussteller bezieht sich auf vertrauenswürdige Akteure wie staatliche Institutionen und die Regierung, die die persönlichen Berechtigungsnachweise der Identitätsinhaber ausstellen. Der Identitätsaussteller bestätigt sofort die Gültigkeit der persönlichen Daten eines Benutzers, indem er einen Berechtigungsnachweis ausstellt. Anschließend kann der Identitätsinhaber wählen, ob er die Identitätsnachweise in seiner persönlichen Identitätsbörse aufbewahren möchte, die er nun bei nachfolgenden Transaktionen verwenden kann, um die Gültigkeit seiner Identität gegenüber Dritten (Verifizierern) zu beweisen. Sie können die so genannten Credentials als Sammlung mehrerer Identitätsattribute ansehen, während sich ein Identitätsattribut auf ein Datum bezieht, das eine bestimmte Identität betrifft, z. B. Geburtsdatum, Alter, Name usw.

WIE IDENTITÄT GEGENWÄRTIG FUNKTIONIERT

Sehen wir uns an, wie Identität aus drei verschiedenen Perspektiven funktioniert. Betrachten wir zunächst, wie sie für Unternehmen und Organisationen funktioniert. Diese Unternehmen erhalten sensible Daten über ihre Benutzer und bewahren diese dann zusammen mit weniger sensiblen Routinedaten auf. Dieses Setup ist nicht ideal, da es zu neuen Geschäftsrisiken führt, insbesondere mit den zunehmenden, auf die Privatsphäre der Nutzer fokussierten Vorschriften wie GDPR. Es ist auch nicht ideal, wenn man bedenkt, dass sich der Fokus der Industrie zunehmend auf die IT-Verantwortung der Unternehmen richtet.

Diese Daten verlieren auch an Nutzen für verschiedene Zwecke, z. B. für ein besseres Verständnis des Kunden oder für die Verbesserung von Produkten, wenn sie in hochgesicherte Datentresore verbannt werden. Die meisten Experten sind der Meinung, dass Unternehmen erst dann die richtige Balance zwischen Geschäftsanforderungen und Datensicherheit finden, wenn sie hohe Bußgelder erhalten haben oder stärkere IT-Fähigkeiten entwickeln konnten.

Die zweite Perspektive hat mit dem Internet der Dinge (IoT) zu tun. Die Anzahl der mit dem Internet verbundenen Geräte hat in den letzten Jahren einen dramatischen Anstieg erlebt und es wird geschätzt, dass die Zahl der Geräte 13. 8 Milliarden im Jahr 2021.

Weltweite Verbindungen von Geräten, die mit dem Internet der Dinge (IoT) zusammenhängen bzw. die dies nicht tun, 2010 bis 2025 (in Milliarden)

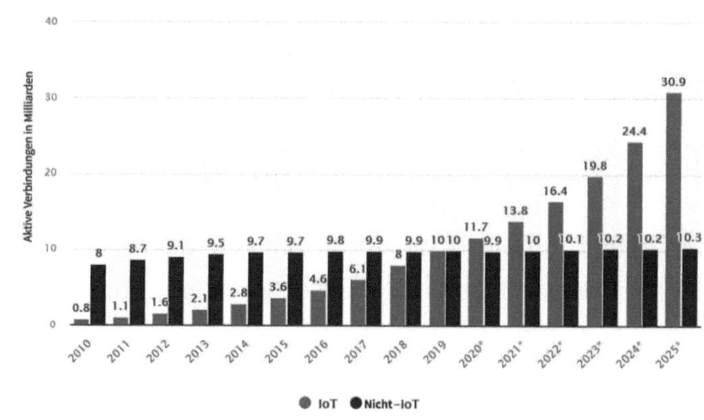

Quelle: Statistica

Es wird jedoch prognostiziert, dass diese Zahl bis 2025 auf 30,9 Milliarden ansteigen wird. Die IoT-Technologie ist im Allgemeinen eine im Entstehen begriffene Branche und die meisten dieser Unternehmen waren nicht in der Lage, die richtigen Funktionen für das Identitäts- und Zugriffsmanagement zu schaffen. Für vernetzte IoT-Geräte und -Objekte ist es äußerst wichtig, dass sie Monitore, Sensoren und Geräte erkennen können.

Außerdem sollten sie in der Lage sein, den Zugriff auf sensible und nicht-sensible Informationen sicher zu verwalten. Um diese Lücke zu schließen, bieten große IT-Anbieter bereits IoT-Managementsysteme an, die dabei helfen, die meisten dieser Service-Lücken zu schließen. Es ist zum Beispiel leicht möglich, dass ein Unternehmen Tausende von IoT-Geräten besitzt, verglichen mit ein paar Dutzend oder Hunderten von herkömmlichen Servern und Benutzergeräten. Eine Herausforderung bei dieser Menge an IoT-Geräten ist jedoch die mangelnde Übereinstimmung von Standards über mehrere Geräte hinweg. Bei dieser Größenordnung ist das Thema Sicherheit oft ein nachrangiger Gedanke, insbesondere bei der Aufgabe, einfache Verwaltungsfunktionen zu implementieren, was eine große Herausforderung darstellt.

Die dritte Perspektive hat mit dem Identitätsmanagement für Einzelpersonen zu tun. Unsere Gesellschaft und Wirtschaft kann ohne Identität nicht richtig funktionieren – sie ist ein integraler Bestandteil des Lebens. Unsere florierenden Gesellschaften und globalen Märkte können nur dann funktionieren, wenn wir uns und unsere Besitztümer richtig identifizieren. Wenn wir das Konzept der Identität auf seiner grundlegendsten Ebene betrachten, hat es mit einer Sammlung von Ansprüchen in Bezug auf eine Person, einen Ort oder eine Sache zu tun. Wenn es um Einzelpersonen geht, umfasst dies oft unseren Vornamen, Nachnamen, unsere Nationalität, unser Geburtsdatum und andere nationale Identifikatoren wie die Sozialversicherungsnummer (SSN), die Reisepassnummer oder den Führerschein.

Regierungen oder zentrale Stellen sind oft für die Ausgabe dieser Eckdaten verantwortlich und sie werden dann in zentralen Datenbanken (zentralen Regierungsservern) gespeichert. Trotz der Notwendigkeit einer gewissen Form der physischen Identifikation ist eines sicher – sie ist aus verschiedenen Gründen nicht weit verbreitet. Verfügbare Daten deuten darauf hin, dass etwa 1,1 Milliarden Menschen auf der ganzen Welt nicht über die notwendigen Mittel verfügen, um den Besitz ihrer Identität nachzuweisen.

Dies zeigt, wie verwundbar ein Siebtel der Weltbevölkerung ist, da diese Menschen möglicherweise nicht in der Lage sind, Eigentum zu besitzen, örtlich oder weltweit Arbeit zu finden, an Wahlen teilzunehmen oder sogar ein Bankkonto zu eröffnen. Das bedeutet, dass der Zugang zum Finanzsystem für diese Personen gefährdet ist, weil sie sich nicht ordnungsgemäß ausweisen können. Dies schränkt letztendlich ihre Freiheit ein.

Personen, die über eine Form der offiziell anerkannten Identifikation verfügen, sehen sich ebenfalls mit dem Problem konfrontiert, dass sie nicht in der Lage sind, ihre Identität vollständig unter Kontrolle und in ihrem Besitz zu haben. Sie erhalten eine bruchstückhafte Online-Identifikation und verzichten in der Regel unwissentlich auf den Wert, der durch ihre Daten entsteht. Die meisten Unternehmen, die Benutzerdaten speichern, werden oft gehackt, wie wir im Fall von Yahoo, Facebook und einigen anderen gesehen haben. Dies zwingt den Endbenutzer zu einem Leben mit ständiger Schadensbegrenzung.

WARUM IST BLOCKCHAIN FÜR DAS IDENTITÄTSMANAGEMENT VON VORTEIL?

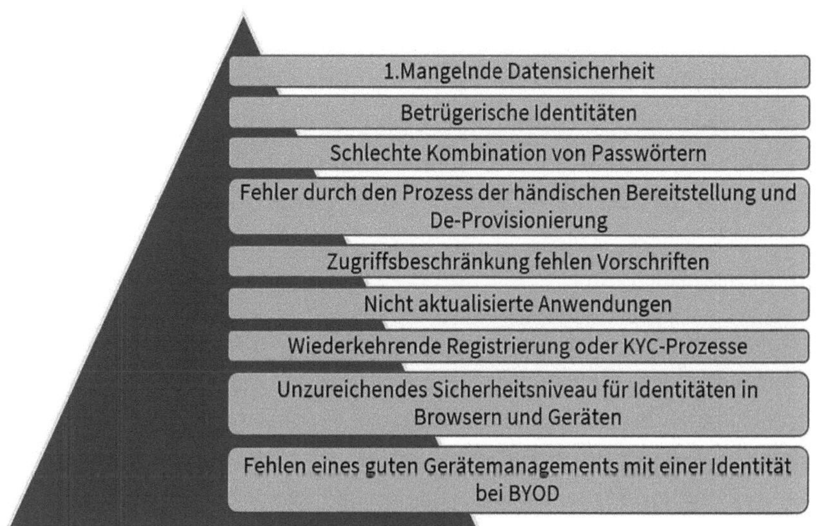

Der gesamte Prozess des Identitätsmanagements ist mit so vielen Problemen behaftet, und ein gutes Verständnis einiger dieser Herausforderungen hilft uns, den Bedarf für ein dezentrales digitales Identitätsmanagementsystem zu erkennen. Zuvor haben wir über Einzelpersonen und Unternehmen gesprochen, die andere Anwendungen der Blockchain-Technologie erforschen. Eine dieser Anwendungen ist im Identitätsmanagement. In Anbetracht der Funktionen und Vorteile der Blockchain-Technologie ist es möglich, die meisten der bestehenden Probleme im Identitätsmanagement zu beseitigen. Blockchain kann helfen, das Problem der mangelnden Zugänglichkeit zu Identitäten zu lösen. Von den 1,1 Milliarden Menschen, denen ein Identitätsnachweis fehlt, gehören 45 Prozent zu den ärmsten 20 Prozent der Welt.

Die fehlende Möglichkeit, eine offiziell anerkannte materielle Form der Identität zu erhalten, wird in der Regel durch mehrere Hindernisse verursacht, wie z. B. die damit verbundenen Kosten, das fehlende Wissen über die persönliche Identität, die umständlichen Prozesse, die mit Ausweispapieren verbunden sind, und auch ein fehlender Zugang. Diese Faktoren hindern mehr als eine Milliarde Menschen daran, Teil der herkömmlichen Systeme zur Identitätsfeststellung zu sein. Es ist auch schwierig für so jemanden, sich in einer Schule einzuschreiben, Zugang zu verschiedenen Dienstleistungen der Regierung und von Nichtregierungsorganisationen zu bekommen, einen Reisepass zu erhalten oder sogar einen guten Job zu ergreifen, ohne eine physische Identität zu besitzen.

In der heutigen globalisierten Wirtschaft ist der Besitz einer Identität äußerst wichtig für den Zugang zu den gängigen Finanzsystemen. Derzeit gibt es weltweit mehr als 2,7 Milliarden Menschen, die keine Bankverbindung haben, und 60 Prozent von ihnen besitzen gegenwärtig ein Mobiltelefon. Dies schafft die Möglichkeit für mobile Identitätslösungen, die auf Blockchain basieren und für die Bedürfnisse der am meisten gefährdeten Personen rund um den Globus geeignet sind.

1. Mangelnde Datensicherheit

Einer der Hauptgründe, warum wir Blockchain brauchen, ist das Problem der mangelnden Sicherheit von Daten. Haben Sie bemerkt, dass die meisten unserer sensiblen Identifizierungsdaten in der Regel in zentralen Regierungsdatenbanken mit Unterstützung von Legacy-Software gespeichert sind? Leider schafft die Art und Weise, wie dies geschieht, mehrere Single Points of Failure. Hacker und Personen mit schlechten Absichten finden große zentralisierte Systeme mit Millionen von Konten, die die persönlichen Daten der Benutzer enthalten, sehr attraktiv.

Laut dem US Consumer Data Breach Report für 2019 wurden im Jahr 2018 etwa 2,8 Milliarden Verbraucherdatensätze offengelegt; die Art von Verbraucherinformationen, auf die es Hacker am häufigsten abgesehen hatten, waren personenbezogene Daten (PII), und die Ursache der häufigsten Verstöße war unbefugter Zugriff. Allein im Jahr 2018 wurden die Kosten für die Gesamtzahl der offengelegten Verbraucherdatensätze trotz der Bemühungen der Unternehmen und der gesetzlichen Vorschriften zur Verbesserung der Cybersicherheit auf über 654 Milliarden US-Dollar geschätzt.

Natürlich kennen wir alle die langfristigen Auswirkungen von Datenschutzverletzungen, zu denen eine verringerte Kundenloyalität für die betroffenen Unternehmen, ein Imageschaden und sogar verschiedene nur schwer zu beziffernde Folgekosten gehören. Im Jahr 2019 gab es etwa 3.800 öffentlich bekanntgegebene Datenschutzverletzungen und die Gesamtzahl der offengelegten Datensätze betrug 4,1 Milliarden – ein Anstieg von über 54 Prozent gegenüber 2018.

2. *Betrügerische Identitäten*

Für viele Nutzer ist ihre digitale Identität ziemlich fragmentiert, da die meisten von ihnen mit mehreren Identitäten jonglieren müssen, die mit ihren Benutzernamen auf verschiedenen Websites verbunden sind. Derzeit gibt es noch keine Standardmethode, um Daten, die von einer bestimmten Plattform generiert wurden, auf einer anderen Plattform zu nutzen. Das Erstellen von gefälschten Identitäten ist aufgrund der schwachen Verbindung zwischen digitalen und Offline-Identitäten relativ einfach. Gefälschte Identitäten führen zu vielen Herausforderungen, da sie als fruchtbarer Boden für gefälschte Interaktionen dienen, was wiederum Betrug begünstigt und zu aufgeblähten Zahlen sowie entgangenen Einnahmen führt. Diese Schwachstelle wirkt sich negativ auf die Gesellschaft aus, da sie oft die Entstehung und Verbreitung von Übeln wie Fake News begünstigt, die sich als potenzielle Bedrohung für Demokratien auf der ganzen Welt erwiesen haben, wie bei den Wahlen in den USA zu sehen war.

3. *Schlechte Kombination von Passwörtern*

Dies ist vielleicht die häufigste Herausforderung beim Identitätsmanagementprozess. Gegenwärtig bieten die meisten Anwendungen den Benutzern ein passwortbasiertes Anmeldeverfahren, bevor sie Zugriff auf ihre Konten erhalten. Aber auch dieser Prozess birgt einige Risiken. In Wahrheit ist dieser Vorgang sehr komplex, da es für alle Anwendungen ein bestimmtes Ablaufdatum für Passwörter gibt. Darüber hinaus ändern sich die spezifischen Anforderungen an neue Passwörter oft mit der Zeit, was es schwieriger macht, den Überblick über neue Passwörter zu behalten und sogar die Passwörter alter Benutzer zurückzusetzen.

Dieser ganze Prozess führt dazu, dass Benutzer eine so genannte „Passwortmüdigkeit“ entwickeln und einfach dasselbe Passwort für mehrere Anwendungen verwenden. In der Tat verwenden sie die Passwörter, die sie schon einmal benutzt haben, immer wieder, und das erhöht schließlich die Sicherheitsrisiken für ihre Identitäten. Außerdem geben wir Hackern durch die Verwendung von generischen Passwörtern die Möglichkeit, die Daten von Nutzern ohne Probleme zu stehlen.

Das Design der Blockchain-Technologie ermöglicht es, Daten unveränderlich und verschlüsselt zu halten und gleichzeitig durch Kryptografie zu sichern. Dadurch wird sichergestellt, dass alle IDs nachvollziehbar und geschützt sind. Außerdem eliminieren Plattformen mit Distributed-Ledger-Technologie die mit dem Passwortschutz verbundene Schwachstelle.

4. *Fehler, die durch den Prozess der händischen Bereitstellung und De-Provisionierung verursacht werden*

In dem Moment, in dem eine Person in einem Unternehmen angestellt wird, ist die IT-Abteilung des Unternehmens dafür verantwortlich, dem Mitarbeiter Zugriff auf den Hauptserver des Unternehmens, auf Dateiserver, E-Mail-Konten und verschiedene interne Netzwerksysteme zu gewähren. Der gesamte Vorgang der Freigabe von Zugriffsrechten wird normalerweise auf Abteilungsebene durchgeführt. Dies bedeutet auch, dass in den meisten Fällen der Abteilungsadministrator die Person ist, die dem Mitarbeiter den Zugriff gewährt. In Anbetracht des manuellen Prozesses ist dies jedoch oft anfällig für mehrere menschliche Fehler.

Wenn ein Mitarbeiter das Unternehmen verlässt, wird der Zugriff des Mitarbeiters sofort eingeschränkt. Dies nennt man den De-Provisioning-Prozess und es handelt sich in der Regel um einen manuellen Prozess. Dies ist ein guter Grund, warum es einigen Mitarbeitern gelingt, eine Organisation zu verlassen und trotzdem den Zugriff auf den zentralen

Server zu behalten. Das kann zu einem großen Problem werden, das durch menschliches Versagen verursacht wird, da es für Hacker nicht schwierig wäre, in den Server einzudringen, ohne dass ein Mitarbeiter der Organisation es bemerkt, und wertvolle Informationen zu stehlen.

5. *Zugriffsbeschränkung fehlen Vorschriften*

Das digitale Identitätsmanagementsystem einer Organisation muss über jede Person Bescheid wissen, die Zugriff auf bestimmte Arten von Anwendungen oder Daten hat. Es wird erwartet, dass es feststellt, welche Geräte ein Benutzer für den Zugriff auf diese Anwendungen und Daten verwendet. Wenn es um Cloud-Dienste geht, wird dies sogar noch strenger.

Leider mangelt es den meisten Identitätsmanagement-Systemen an angemessenen Regelungen, weshalb es für viele Benutzer ein Leichtes ist, auf Daten zuzugreifen, die sie nicht bekommen sollen. Es ist daher äußerst schwierig, vollständige Sicherheit zu bieten, wenn es an einer angemessenen Kontrolle mit den richtigen Vorschriften fehlt. Infolgedessen erleiden viele Benutzer große Verluste und verlieren sogar ihre wertvollsten Informationen. Dieses Problem ist bei zentralen Systemen häufiger anzutreffen.

6. *Unzureichendes Sicherheitsniveau für Identitäten in Browsern und Geräten*

Browser sind aus unserem Leben nicht mehr wegzudenken, da die meisten Dinge, die wir tun, mittlerweile im Internet stattfinden. So können wir über Laptops, Smartphones und verschiedene technische Geräte problemlos auf verschiedene Apps zugreifen. Aber das Problem entsteht, wenn Sie zu viele Zugriffspunkte auf eine einzige App haben. Man kann sich über den Laptop, den Desktop, das Smartphone oder sogar mit dem Tablet in eine App einloggen, und manchmal tut man dies über einen Browser.

Dies führt dazu, dass ein Benutzer mehrere Risikopunkte für ein bestimmtes Konto einrichtet. In Wirklichkeit ist es für Hacker oft weniger schwierig, sich Zugang zu Ihrem Gerät oder Browser zu verschaffen und die Kontrolle über Ihre Passwörter sowie Ihre persönlichen Daten zu erlangen. Dies erklärt, wie wichtig ein gutes Sicherheitssystem für alle von Ihnen verwendeten Geräte ist. Ohne ein effektives Identitätsmanagementsystem ist keine Ihrer IDs sicher.

7. *Nicht aktualisierte Anwendungen*

Die meisten Menschen wissen vielleicht nicht, dass es einen Zusammenhang zwischen der Aktualisierung von Anwendungen und dem Erkennen von Risiken gibt. Natürlich haben die Entwickler bei der Erstellung einer Anwendung auch gute Sicherheitsvorkehrungen getroffen, um die Benutzer vor Personen mit bösen Absichten zu schützen. In der Realität gibt es sicherlich keine perfekte Anwendung, und das bedeutet, dass es zwangsläufig Bugs und Lücken gibt, besonders wenn mehrere Benutzer die Anwendung verwenden. Sobald ein Benutzer einer Anwendung einen Fehler entdeckt und ihn meldet, reagieren die Entwickler mit einem Sicherheits-Patch. Aber die Entwickler aktualisieren die Anwendungen oft nicht früh genug.

Die Benutzer wiederum versäumen es oft, ihre Anwendung zeitnah zu aktualisieren, damit sie die neueste Version einer Anwendung nutzen können, sobald diese veröffentlicht wird. Diese Verzögerung öffnet Hackern die Möglichkeit, die Fehler und Schlupflöcher auszunutzen, um Identitätsdaten zu stehlen. Dies gilt nicht nur für Einzelpersonen, die Smartphones und andere Endgeräte nutzen; es gilt auch für Unternehmen. Unternehmen müssen ihre Anwendungen ständig mit den entsprechenden Sicherheits-Patches aktualisieren, um solche Risiken zu vermeiden.

8. *Fehlen eines guten Gerätemanagements mit einer Identität bei BYOD*

Eine der größten Herausforderungen für das Identitätsmanagement hat mit dem Fehlen eines guten Gerätemanagements bei BYOD zu tun. Falls Sie sich nicht sicher sind, was BYOD bedeutet, es bedeutet einfach „Bring Your Own Device", also die Nutzung eines eigenen Geräts in einem Unternehmen. Mit der explosionsartigen Verbreitung von Smartphones und anderen Geräten ist es in vielen Unternehmen üblich, den Mitarbeitern die Erlaubnis zu erteilen, mit ihren Geräten zur Arbeit zu kommen und diese im Büro zu nutzen.

Natürlich ist diese Vorgehensweise aus mehreren Gründen vorteilhaft und einer dieser Gründe ist, dass die Mitarbeiter mit demselben Gerät auch Aufgaben zu Hause erledigen können. Aber einige dieser Unternehmen haben die Risiken, die damit verbunden sind, nicht bedacht. Jedes Gerät, das von Mitarbeitern in einem Unternehmen genutzt wird, ist in der Regel durch Firewalls oder andere Sicherheitsdienste geschützt. Dies ist bei privaten Geräten in der Regel nicht der Fall, da die meisten von ihnen nicht das gleiche Maß an Schutzmechanismen aufweisen wie die Geräte im Büro.

Wenn Sie Ihren Mitarbeitern erlauben, mit ihren eigenen Geräten zu arbeiten, riskieren Sie, dass sie ihre Identität Hackern preisgeben, sobald sie sich mit dem Netzwerk ihres Unternehmens verbinden. In dem Moment, in dem Hacker Zugriff auf das Gerät eines einzelnen Mitarbeiters in einer solchen Organisation erhalten, gefährden sie die Sicherheit des gesamten Netzwerks. Was Unternehmen in Wirklichkeit brauchen, ist ein System, das sicherstellt, dass sich nur registrierte persönliche Geräte mit dem Server verbinden können.

9. Wiederkehrende Registrierung oder KYC-Prozesse

Haben Sie schon einmal ein Bankkonto eröffnet? Sie erinnern sich, dass Sie ein Formular ausgefüllt und alle erforderlichen Angaben gemacht haben. Nun, am Ende tun Sie dies mehrmals für verschiedene Zwecke – Versicherungen, die Aufnahme eines Kredits und einige andere. Wenn wir uns auf diese Wiederholungen der gleichen KYC-Protokolle einlassen, schaffen wir Raum für mehrere Angriffspunkte für Hacker, um an unsere Informationen zu gelangen. Wiederkehrende KYC-Prozesse sind zweifelsohne ein großes Problem für Identitätsmanagementsysteme. Alle Plattformen, bei denen man sich registrieren muss, wenn man deren Dienste in Anspruch nimmt, haben eigene Server. Das macht digitale Identitäten anfälliger für Datenschutzverletzungen, zusätzlich zu dem Stress, den gleichen Prozess jedes Mal wiederholen zu müssen, wenn sie einen Dienst nutzen wollen, und das ist in der Tat eine Zeitverschwendung.

Um die Frage zu beantworten, warum Blockchain perfekt für das Identitätsmanagement geeignet ist: Wir erleben einen bemerkenswerten Anstieg des Entwicklungsstandes von Smartphones und große Fortschritte in der Kryptografie. Die Kombination der Blockchain-Technologie mit diesen beiden schafft die richtige Mischung und die Werkzeuge, die benötigt werden, um einzigartige und neue Identitätsmanagementsysteme aufzubauen. Das ist der Grund, warum Blockchain eine hervorragende Lösung für die Herausforderungen des Identitätsmanagements ist. Entwickler können digitale Identitäts-Frameworks unter Verwendung des Konzepts der dezentralen Identifikatoren (DIDs) aufbauen.

Durch die Bereitstellung einer manipulationssicheren, einheitlichen und zueinander kompatiblen Infrastruktur ermöglicht die Blockchain-Technologie die sichere Verwaltung und Speicherung digitaler

Identitäten und bietet gleichzeitig deutliche Vorteile für Benutzer, IoT-Management-Systeme und Unternehmen. Der Hauptgrund, warum Blockchain-Lösungen für das digitale Identitätsmanagement zunehmend erkundet werden, ist, dass ihre Eigenschaften (zu denen Transparenz, Vertrauen und Benutzerkontrolle gehören) allesamt wesentliche Faktoren für ein effektives digitales Identitätsmanagement sind.

DIE BLOCKCHAIN-TECHNOLOGIE UND IDENTITÄTSMANAGEMENT FÜR UNTERNEHMEN UND BEHÖRDEN

Wir können nicht mehr sagen, dass die dezentrale digitale Identität (DDID) nur ein Schlagwort ist. Die Dinge ändern sich schnell und DDID hat das Potenzial, das bestehende physische und digitale Identitäts-Ökosystem (das derzeit zentralisiert ist) in eine demokratisierte und dezentrale Architektur umzuwandeln. Nur um sicher zu gehen, dass Sie wissen, was dezentrale Identität bedeutet;

„Sie bezieht sich auf einen Vertrauensrahmen, in dem die beliebten Identifikatoren, an die wir alle gewöhnt sind, wie z. B. Benutzernamen, durch IDs ersetzt werden können, die unabhängig sind, sich selbst gehören und den Austausch von Daten mit Blockchain und Distributed-Ledger-Technologie ermöglichen."

Ziel des Einsatzes einer dezentralen Identität ist es vor allem, Online-Transaktionen zu sichern und die Privatsphäre zu gewährleisten.

Dezentrale digitale Identität: Was es ist und wie sie funktioniert

Eine andere einfache Art zu erklären, was dezentrale Identität bedeutet, ist zu sagen, dass es keine zentralisierte Stelle mehr gibt, die einen Einfluss auf jede Form der Identität haben kann. Mit einer dezentralen Identität bleibt Ihre Identität allein Ihr eigenes Gut. Außerdem wird Sie das zusätzliche Maß an Sicherheit, das die dezentrale Identität bietet, zweifellos in Erstaunen versetzen. Sie bietet ein System, in dem keine einzelne Person, Organisation oder dritte Partei Ihre digitale Identität missbrauchen kann.

Jedes Unternehmen, das Blockchain für das Identitätsmanagement einsetzt, löst damit die Herausforderungen, die mit dem Missbrauch von digitalen Informationen durch Dritte verbunden sind. Es gibt mehrere Möglichkeiten, wie Blockchain bei der digitalen Identität helfen kann.

Erstellen von DIDs

Die Blockchain hilft bei der Erstellung von digitalen IDs (DIDs). Denken Sie daran, dass Blockchain-Adressen sehr eindeutig sind, aber es ist sogar möglich, solche Adressen auch für die Erstellung von DIDs zu verwenden. Diese Blockchain-Adressen sind kryptografisch gesichert und werden nur von den Besitzern erzeugt. Ein weiterer bedeutender Nutzen der Digital Identity Plattform mittels Blockchain ist ihre Verwendung als digitales Identitätsregister. Mit dieser Einrichtung können Benutzer also bequem alle Daten, die in ihren IDs enthalten sind, auf dem unveränderlichen verteilten Register ablegen. Mit dieser Funktion wäre es für jeden nahezu unmöglich, Ihre Informationen zu stehlen oder jederzeit auf Ihre ID zuzugreifen.

Beglaubigung von Ausweisen

Sie können dies als das Anbringen von Siegeln auf Ihrer ID sehen. Es ist möglich, dass eine auf Blockchain basierende Identitätsplattform Ihren Daten eine Hash-Adresse zuweist, die auf der digitalen Plattform für Identitätsblockchain gespeichert wird. Dies bedeutet nicht, dass nur Ihre Anmeldeinformationen auf dem Ledger gespeichert werden. Stattdessen dient die Hash-Adresse als Zeitstempel und stellt eine Art elektronisches Siegel dar. So kann eine Institution entscheiden, den Hash für einen akademischen Grad auf der Plattform bereitzustellen, wenn ein Student seinen Abschluss macht.

Mit dem bereitgestellten Hash weiß der Student, wann der Abschluss ausgestellt wurde, und hat einen Nachweis über sein Abschlusszeugnis. Wann immer der Absolvent nun sein Abschlusszeugnis verwenden möchte, kann er mit Hilfe des von der Universität bereitgestellten Hashs die Echtheit des Abschlusses nachweisen. Dies ist ein großartiger Weg, um die Art und Weise zu verändern, wie wir mit Zertifikaten von einer angesehenen Universität umgehen. Es hilft auch, das Problem der gefälschten Zertifikate zu beseitigen, mit dem viele Organisationen konfrontiert sind, wenn sie einen neuen Mitarbeiter einstellen.

Kontrolle von Einwilligungen und Zugriffsrechten

Eine auf Blockchain basierende digitale Identitätsplattform kann auch dabei helfen, den Zugriff auf Ihre Berechtigungsnachweise zu kontrollieren. Es gibt Fälle, in denen Sie Ihre persönlichen Informationen nur für eine begrenzte Zeit auf verschiedenen Plattformen freigeben möchten. Sie können einer Organisation, mit der Sie zusammenarbeiten möchten, einen zeitlich begrenzten Zugriff gewähren, nur um zu bestätigen, ob Sie wirklich die beglaubigten Anmeldeinformationen haben oder nicht. Um dies zu erreichen, können Sie daraus eine Art Transaktion machen, die ein Verfallsdatum hat. Sobald der Zugriff abläuft, wäre alles wieder so wie vorher und sie würden den Zugriff auf die Informationen verlieren. Von Seiten des Unternehmens oder der Organisation, die vorübergehend Zugriff auf Ihre Anmeldedaten erhalten hat, würde verlangt, dass sie die Informationen löschen und einen Nachweis dafür auf der Plattform bereitstellen.

Selbstverwaltete Identität (SSI)

Es mag ein wenig kompliziert klingen, die Bedeutung von SSI zu erklären. In Wirklichkeit bedeutet es, dass eine Person der alleinige Eigentümer der analogen und digitalen Versionen ihrer Identität ist. Dies bedeutet

auch, dass eine Organisation diese Art von Privileg ebenfalls genießen kann. Jeder Benutzer, der eine selbstverwaltete Identität besitzt, hat die Macht zu bestimmen, wer Zugang zu seinen Daten haben soll. Sie können ihre Identitäten online mit SSI verifizieren und sind auch für die Aufrechterhaltung der Identität verantwortlich. In Anbetracht der Beschaffenheit dieser Art von Identität wäre die am besten geeignete Technologie dafür die Distributed-Ledger-Technologie.

Dies liegt daran, dass die Blockchain aufgrund ihrer dezentralen Natur die Abwesenheit Dritter gewährleistet. Damit das System jedoch vollständig und erfolgreich funktionieren kann, wären mehrere Prinzipien erforderlich. Blockchain-fähige Self-Sovereign-Identity-Plattformen können parallel zur DSGVO operieren, indem sie folgende Leitprinzipien anwenden. Jede Plattform wird zehn grundlegende Prinzipien der SSI unterstützen müssen. Wie lauten also diese Prinzipien?

1. ***Existenz***: Die Nutzer auf der Plattform sollten eigenständige Personen sein, auch in digitaler Form.

2. ***Zugang***: Jede selbstverwaltete Identität sollte den Nutzern einen vollständigen Zugang bieten. Das bedeutet, dass die Nutzer auf der Plattform auf ihre Daten und auch auf andere Berechtigungen zugreifen können, ohne auf Dritte angewiesen zu sein. Da die Daten jedoch mit einer signierten Überprüfung versehen sind, die nicht verändert werden kann, kann es sein, dass die Benutzer nicht alle Daten ändern können.

3. ***Kontrolle***: Dieses Prinzip bedeutet, dass die Benutzer die vollständige Kontrolle über ihre Identitäten haben. Das Prinzip der Kontrolle hat noch einen anderen Aspekt, da es mehrere Fälle gibt, in denen Benutzer möglicherweise nicht die vollständige

Kontrolle über die selbstverwaltete Identität haben. Der Benutzer hat jedoch immer noch die Möglichkeit, den Umgang mit seiner Identität durch andere Parteien in solchen Fällen zu begrenzen.

4. ***Transparenz***: Es besteht ein Bedarf an Transparenz hinsichtlich aller Algorithmen oder Systeme, die die Identitäten verarbeiten. Ohne ein offenes System wäre es für die Benutzer unmöglich sicherzustellen, dass die Plattform für selbstverwaltete Identitäten ihre Daten ordnungsgemäß verarbeitet.

5. ***Übertragbarkeit***: Es sollte für die Nutzer der Plattform einfach sein, ihre Identität jederzeit zu übertragen, wenn sie dies benötigen. In der Praxis bedeutet dies, dass die Benutzer ihre Identitäten einfach exportieren und in verschiedenen Szenarien verwenden können.

6. ***Beständigkeit***: Eine gute Self-Sovereign-Identity-Plattform stellt die Beständigkeit aller Identitäten sicher. Wenn also das System ein Upgrade durchläuft, können die Benutzer auf der Plattform ihre bisherigen Daten genauso beibehalten, wie sie vor dem Upgrade waren.

7. ***Interoperabilität***: Ohne hervorragende Interoperabilität entfällt die Möglichkeit, Identitäten flexibel einzusetzen. Damit eine Plattform für selbstverwaltete Identitäten also wirkungsvoll ist, sollte sie überall angenommen werden können.

8. ***Minimierung***: Dieses Prinzip bedeutet, dass die Identitäten der Benutzer so weit wie möglich nicht vollständig offengelegt werden sollten, wenn Dritte auf sie zugreifen wollen. Wenn beispielsweise eine außenstehende Person Zugriff auf das Alter eines Benutzers

benötigt, sollte das System dem betreffenden Benutzer nur das Alter und nicht das genaue Geburtsdatum offenlegen. Es besteht keinerlei Notwendigkeit, die Identität eines Benutzers zu offenbaren.

9. ***Einverständnis***: Dritte können nicht auf die Informationen von Benutzern zugreifen, egal aus welchen Gründen. In einer Situation, in der eine außenstehende Person auf die Informationen eines Benutzers zugreifen möchte, muss der Benutzer dem Dritten seine volle Zustimmung erteilen. Ohne die Zustimmung eines Benutzers kann niemand auf die Identität des Benutzers zugreifen.

10. ***Schutz***: Benutzer sollten volle Rechte an ihrer selbstverwalteten Identität haben, unabhängig davon, was passiert. Das bedeutet, dass alle SSI-Plattformen diesen Standard aufrechterhalten müssen, egal wie hoch der Druck ist.

Fünf Säulen einer jeden auf Blockchain basierenden dezentralen Lösung für Identitäten

Die aktuelle Zeitspanne für die Erkennung von Datenverstößen beträgt etwa sieben Monate. Aber mit den der Blockchain innewohnenden Eigenschaften, die Transparenz, Vertrauen und Nutzerkontrolle gewährleisten, erkunden viele Organisationen und Regierungen zunehmend ihre Potenziale. Jede auf Blockchain basierende Lösung für dezentrale digitale Identitäten sollte jedoch fünf Säulen aufweisen und somit die Lebensfähigkeit solcher Lösungen sicherstellen.

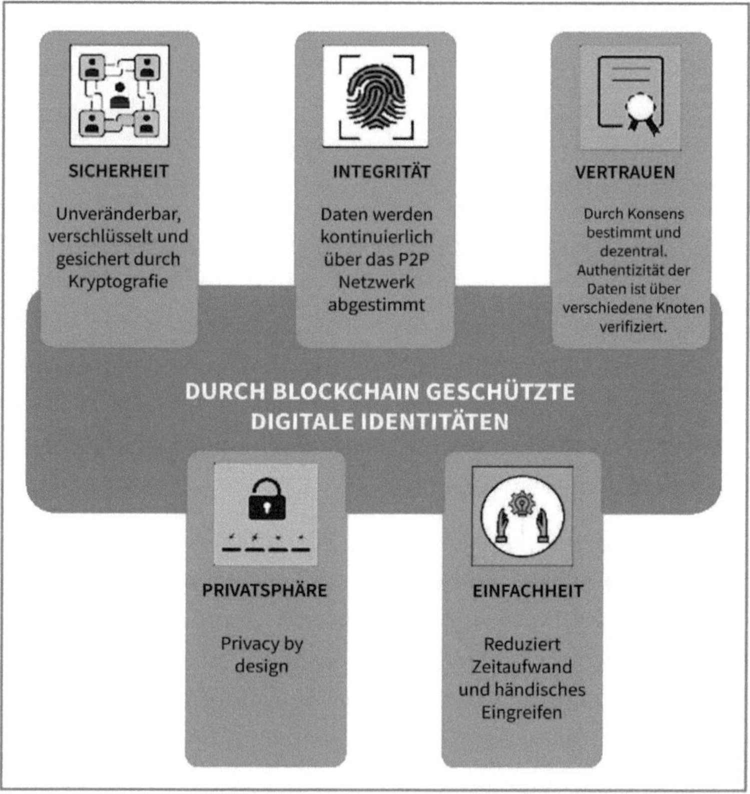

Fünf Eckpfeiler eines auf Blockchain basierenden Systems digitaler Identitäten

1. Datenschutz: Die Kombination von Blockchain-Verschlüsselung mit digitaler Signatur garantiert „Privacy by Design“ durch Pseudonymisierung. Durch das Hinzufügen der digitalen Unterschrift zu jeder einzelnen Transaktion, die ein Benutzer durchführt, können Transaktionen auch kinderleicht durchgeführt werden.

2. Einfachheit: Es sollte für die Benutzer der Plattform einfach sein, ihre Identität jederzeit zu übertragen, wenn sie sie benötigen. In der Praxis bedeutet dies, dass die Benutzer ihre Identitäten einfach exportieren und in verschiedenen Szenarien verwenden können.

3. Sicherheit: Benutzer sollten auf den Plattformen der selbstverwalteten Identität volle Rechte haben, egal was passiert. Das bedeutet, dass alle SSI-Plattformen diesen Standard aufrechterhalten müssen, egal wie hoch der Druck ist.

4. Vollständigkeit der Daten: Wenn es um den Aspekt der Integrität geht, dann sollte die dezentrale digitale Identität im Gegensatz zu traditionellen Identifikationssystemen den Benutzern die Möglichkeit bieten, ihre Identität auf verschiedenen Knoten im Netzwerk zu pflegen. Es sollte keinen „Single Point of Failure“ geben, was sicherstellt, dass Hacker die Integrität der Daten nicht einfach aushebeln können.

5. Vertrauen: Da die Metadaten, die für die Kommunikation in Blockchain-basierten Systemen verwendet werden, im digitalen Register geführt werden, erfolgt die Überprüfung der Echtheit der Daten über mehrere Knotenpunkte. Im Zusammenhang mit digitalen Identitäten ist diese Dezentralisierung äußerst nützlich, vor allem wenn nationale Identifikatoren oft bei mehreren Behörden verwendet werden.

Es folgt ein Überblick über die Möglichkeiten, die Benutzer mit der selbstverwalteten Identität haben:

- Benutzer können ihre Identitäten selbst steuern.
- Sie können einfach auf ihre Daten zugreifen und diese aktualisieren (in manchen Fällen kann es notwendig sein, dass sie von Dritten verifiziert werden müssen, wenn sie bestimmte Angaben machen).
- Sie können ihre Daten zu anderen Organisationen oder Gerichtsbarkeiten übertragen, falls sie umziehen.
- Sie können die Identität löschen, wenn sie dies benötigen.
- Sie können die Informationen auswählen, die sie privat halten wollen.

Jedes System, das diese Dienste anbietet, muss bestimmte Dinge berücksichtigen. Dazu gehört:

- Sicherstellen, dass Identitäten eine lange Haltbarkeit haben – am besten unbegrenzt.
- Extrem leistungsfähige Algorithmen, die dabei helfen, die Identitäten der Benutzer sowie deren Ansprüche zu überprüfen.
- Schutz der Rechte der Benutzer.
- Sicherstellung der Zusammenarbeit mit anderen Systemen.
- Die gemeinsame Nutzung von Daten basiert streng auf der Zustimmung der Benutzer.

Vorzüge der dezentralen Identität

Staatliche Regulierungen wie die Datenschutzgrundverordnung der EU (DSGVO) bemühen sich seit einigen Jahren um die Verbesserung von Standards für Identitäten, insbesondere solche, die moderne Identitätslösungen erfordern. Regierungen suchen zunehmend nach Möglichkeiten, die Blockchain-Technologie zu nutzen, um Identitäten für noch nicht erfasste Personen bereitzustellen und gleichzeitig die personenbezogenen Daten ihrer Bürger zu schützen. Inwiefern kann Blockchain also für eine dezentrale digitale Identität von Vorteil sein? Sie bietet drei wesentliche Vorteile, die Regierungen und Organisationen dabei helfen, ihr Ziel der Schaffung dezentraler Identitäten zu erreichen.

Dezentralisierte Public-Key-Infrastruktur (DPKI)

Der Kern der dezentralen Identität ist die DPKI. Die Digital-Ledger-Technologie ermöglicht die DPKI, indem sie ein vertrauenswürdiges und manipulationssicheres Medium schafft, das für die Verteilung der asymmetrischen Verifizierung sowie der Codierungsschlüssel der Besitzer der Identität geeignet ist. Mit DPKI ist es für jeden möglich, kryptografische Schlüssel fälschungssicher und chronologisch geordnet auf dem Distributed Ledger zu erzeugen oder zu verankern. Der Zweck dieser Schlüssel ist es, anderen Personen Zugriff zu gewähren, um digitale Signaturen zu verifizieren oder sogar Daten eines bestimmten Identitätsinhabers zu verschlüsseln.

Ursprünglich waren die klassischen Zertifizierungsstellen dafür zuständig, Benutzern digitale Zertifikate zur Verfügung zu stellen. Mit der Distributed-Ledger-Technologie ist eine zentrale Zertifizierungsstelle (CA) jedoch nicht mehr erforderlich. Abgesehen davon, dass DPKI für die dezentrale Identität unverzichtbar ist, ist sie auch ein Wegbereiter für andere Anwendungsfälle – verifizierbare Berechtigungsnachweise (verifiable credentials, VC). Wenn die Rede von verifizierbaren Berechtigungsnachweisen (VCs) ist, meint man damit oft digitale Berechtigungsnachweise, die von kryptografischen Nachweisen begleitet werden.

Dezentrale Speicherung

Im Allgemeinen sind digitale Identitäten, die auf Distributed Ledger gespeichert sind, wesentlich sicherer als solche, die auf verschiedenen zentralen Servern hinterlegt sind. Wenn Blockchains, die kryptografisch sicher sind, wie die Ethereum-Blockchain, mit verteilten Datenspeichersystemen wie OrbitDB oder InterPlanetary FileSystem kombiniert werden, dann können wir bereits existierende zentrale Datenspeichersysteme ablösen und trotzdem Vertrauen und Datenintegrität aufrechterhalten.

Zu den Vorteilen dezentraler Speicherlösungen, die auf Fälschungssicherheit ausgelegt sind, gehört, dass sie die Möglichkeiten einer Person erheblich verringern, sich unbefugten Datenzugriff zu verschaffen, nur um die vertraulichen Informationen der Benutzer auszunutzen oder sogar Geld damit zu verdienen. Zweifellos ist einer der Kernaspekte einer sicheren Verwaltung von Identitätsdaten die dezentrale Speicherung. Berechtigungsnachweise in einem dezentralen Rahmen werden oft auf den Geräten der Benutzer gespeichert, wie z. B. auf ihren Tablets, Smartphones oder Desktops, oder sie können auch in privaten Identitätsspeichern gespeichert werden. Diese privaten Identitätsspeicher werden in der Regel als Identitäts-Hubs bezeichnet, gute Beispiele sind 3Box oder TrustGraph von uPort.

Identitäten werden als selbstverwaltet bezeichnet, wenn sie hauptsächlich unter der Kontrolle des Benutzers stehen. Das bedeutet auch, dass der Benutzer in der Lage ist, den Zugriff auf seine Daten zu kontrollieren, ohne befürchten zu müssen, dass ihm der Zugriff entzogen werden kann. Wenn die Daten eines Benutzers unter seiner Kontrolle sind, dann sind die Informationen leichter miteinander kompatibel und dies ermöglicht es einem Benutzer, die Daten auf mehreren Plattformen für verschiedene Zwecke zu nutzen und nicht nur auf eine einzige Plattform beschränkt zu sein.

Verwaltbarkeit und Kontrolle

Organisationen, die eine Identität in zentralen Systemen zur Verfügung stellen, sind überwiegend für die Sicherung dieser Daten verantwortlich. Dies ist in einem dezentralen Modell nicht der Fall, da es nun in der Verantwortung des Benutzers liegt, die Sicherheit der Daten zu gewährleisten. Mit dem dezentralen Framework für Identitäten steht es dem Benutzer frei, seine eigenen Sicherheitsmaßnahmen zu implementieren, und er kann diese Aufgabe auch an einen externen Dienst auslagern, z. B. an eine Anwendung zur Verwaltung von Passwörtern oder einen digitalen Banktresor. Da dezentrale Identitätslösungen, die auf der Blockchain-Technologie basieren, Hacker dazu zwingen, einzelne Datenspeicher anzugreifen, lassen sie sich davon eher abschrecken, da dies ziemlich teuer und oft unrentabel ist.

Dezentrale digitale Identität und ihre Anwendungsfälle

Überall um uns herum können wir mehrere Sektoren oder Branchen sehen, die immens von dezentraler digitaler Identität profitieren können. In der Tat beginnen einige dieser Branchen, die Blockchain-

Technologie zu nutzen. Lassen Sie uns einen Blick auf einige der Anwendungsfälle der dezentralen digitalen Identität werfen.

eCommerce

Um Betrugsfälle im eCommerce zu verhindern, benötigen Sie eine ordnungsgemäße Identifizierung. Eine der häufigsten Arten von Betrug in der eCommerce-Branche ist der betrügerische Verkauf von Produkten. Meistens sind Käufer bereit, gutes Geld zu bezahlen, nur um authentische Produkte zu kaufen. Leider erhalten sie am Ende etwas ganz anderes als das, was auf der eCommerce-Website beworben wurde. Einer der Gründe, warum dies geschieht, ist das Fehlen geeigneter Protokolle bei der Anmeldung auf einer bestimmten eCommerce-Plattform. Es besteht ein Bedarf an angemessener Verifizierung, um den eCommerce-Sektor zu schützen, und die dezentrale Identität kann die richtige Grundlage für diesen Zweck sein.

Bankwesen

Die Banken sind bereits an der Spitze der Sektoren, die dezentrale digitale Identitäten nutzen. Sie werden mir sicher zustimmen, dass der Bankensektor mit vielen Problemen im Zusammenhang mit der Identität von Benutzern zu tun hat, wie z. B. wiederholte Identitätsdiebstähle, KYC-Vorschriften, falsche Identitätsangaben, usw. Durch die Nutzung der dezentralen digitalen Identität erhalten die Banken eine einfache Lösung für ihre identitätsbezogenen Probleme. Dank dieser Lösung müssten sich Benutzer nicht mehr mit so vielen Problemen auseinandersetzen, wenn sie ein Konto eröffnen wollen. Sie müssen der Bank lediglich die Erlaubnis erteilen, auf Ihre Identität zuzugreifen und Ihre Anmeldedaten zu verifizieren.

Behörden

Einer der größten Sektoren für dezentralisierte Identitätsstiftungsunternehmen ist der Regierungssektor. Regierungen auf der ganzen Welt sind dafür verantwortlich, ihren Bürgern offizielle Ausweisdokumente auszustellen, aber der gesamte Prozess muss modernisiert werden, um den aktuellen Anforderungen und Standards zu entsprechen. Dies liegt daran, dass es sich oft um einen langsamen und fehlerbehafteten Prozess handelt. Eine der Herausforderungen bei staatlich ausgestellten Ausweisdokumenten ist, dass die Bürger keinen vollen Zugriff auf ihre Identität haben. Dies erklärt, warum staatliche Dienste eine dezentralisierte digitale Identität benötigen, da sie Korruption und Papierkrieg drastisch einschränken und angemessene Sicherheit bieten würde.

Spieleindustrie

Die Spieleindustrie ist ein riesiger Wirtschaftszweig, und eines der Themen, mit denen sich die Spieleindustrie befasst, ist die Identität von Spielern. Leider war die Industrie in den meisten Fällen nicht in der Lage, angemessene Sicherheit für die Spieler zu bieten. Hinzu kommt die Tatsache, dass die meisten dieser Spiele-Apps auch In-App-Kauffunktionen haben. Dies erhöht den Bedarf an angemessener Sicherheit weiter, da solche Apps Kreditkartennummern verlangen. Mit der dezentralen digitalen Identität kann der gesamte Prozess geregelt werden, wodurch Fälle von Diebstahl von Kreditkartendaten vermieden werden.

Gesundheitswesen

In Wahrheit sind die meisten Einrichtungen des Gesundheitswesens nicht in der Lage, die persönlichen und gesundheitlichen Daten ihrer Patienten richtig zu schützen. Infolgedessen werden die meisten dieser

Daten für private Forschungszwecke verwendet, während andere Einrichtungen des Gesundheitswesens auf die sensiblen Informationen ihrer Patienten zugreifen, ohne die notwendige Zustimmung der Eigentümer zu erhalten. Mit einer dezentralen Identitätsbasis können Patienten nun die volle Kontrolle und Privatsphäre erlangen, die ihnen zusteht, und Gesundheitseinrichtungen können alle Daten im Zusammenhang mit der Gesundheit ihrer Patienten schützen.

Geeignete Unternehmensplattformen für dezentralisierte Identitäten

Im Blockchain-Bereich gibt es bereits mehrere hervorragende Enterprise-Blockchain-Plattformen, die sich perfekt für die Verwaltung einer dezentralen Identitätsmanagement-Plattform eignen. Sie bieten großartige Dienste für verschiedene Fragen im Zusammenhang mit Identitäten.

Hyperledger

Hierbei handelt es sich um ein Enterprise-Blockchain-Projekt mit mehreren Projekten, die bereits auf dieser Plattform laufen. Hyperledger bietet tatsächlich hervorragende Projekte, die für ein dezentrales Identitätsmanagement geeignet sind und eines dieser Projekte heißt Hyperledger Indy. Dies ist ein Distributed Ledger, der hauptsächlich mit digitaler Identität arbeitet. Der Distributed Ledger enthält auch andere Funktionen wie Bibliotheken, Komponenten und Werkzeuge, die für die Erstellung Ihres dezentralen Identitätsmanagementsystems erforderlich sind.

Darüber hinaus ist es auch möglich, Ihre Identität auf verschiedenen Plattformen zu verwenden. Eines der Projekte, die Hyperledger ins Leben gerufen hat, ist bekannt als Aries, das Anfang 2021 vom

Inkubationsstatus in den aktiven Status übergegangen ist. Das Projekt dient als ein Toolkit. Es ist so, als ob Sie Ihre Plattform mit verschiedenen Funktionen über das Modul erstellen. Zu den Merkmalen von Aries gehören:

- Hohe Leistung und erhöhte Skalierbarkeit.
- Bietet sowohl Permissioned-Blockchain-Plattformen als auch Open-Source-Toolkits.
- Datenverfügbarkeit erfolgt strikt auf Basis von „only need-to-know".
- Bietet erhöhte Sicherheitsmaßstäbe, um die Sicherheit von sensiblen Informationen zu gewährleisten.
- Bietet Abfragesprachen, um die Suche im Ledger zu erleichtern.
- Bietet eine modulare Plug-and-Play-Struktur.

Ethereum

Das nach Bitcoin vielleicht zweitbeliebteste Blockchain-Netzwerk ist Ethereum und das Projekt hat im Laufe der Jahre eine zunehmende Akzeptanz erfahren. Das Gehirn hinter dem Projekt zusammen mit anderen Kernentwicklern ist Vitalik Buterin, der während des Bullenmarktes für Kryptowährungen der jüngste Krypto-Milliardär wurde, als ether sein Allzeithoch erreichte. Der Zweck der Ethereum-Blockchain ist für den Einsatz in Unternehmen gedacht, aber sie ist permissionless. Dies könnte zu einigen Herausforderungen führen, insbesondere für dezentrale Identitätsmanagement-Systeme, da für die meisten Nutzer die Privatsphäre das Hauptanliegen ist. Allerdings bietet Ethereum über die Enterprise Ethereum Alliance eine private Version für Unternehmen an. Mit der privaten Version seiner Plattform kann jeder ein sicheres dezentrales Identitätsmanagementsystem entwickeln. Die markanten Merkmale, die Sie bei dieser Plattform nutzen können, sind:

- Open-Source-Plattform
- kontinuierliche Updates der öffentlichen Version
- Benutzer profitieren von der maßgeblichen Unterstützung der Enterprise Ethereum Alliance (EEA) für verschiedene Arten von Projekten auf der Ethereum-Plattform. Dies ist nützlich für die Vervollständigung von Richtlinien und Standards.
- Die Plattform stellt mehrere Standards zur Verfügung, die es jedem ermöglichen, verschiedene Arten von Plattformen zu entwickeln.
- Die Enterprise Ethereum Alliance bietet auch Unterstützung von Behörden für alle Projekte, die unter ihnen entwickelt werden. Das bedeutet, dass wenn Sie feststellen, dass eine andere Organisation mehrere interessante Funktionen entwickelt hat, die Sie benötigen, die EEA Ihnen die gleichen Funktionen ebenfalls zur Verfügung stellen wird.

Projekte im Bereich der digitalen Identität

Im Laufe der Jahre sind bereits mehrere praxisnahe Lösungen für digitale Identitäten entstanden und weitere werden entwickelt. Hier sind einige der bekannten Unternehmen im Bereich der digitalen Identität, die an dieser einzigartigen Identitätsmodellstruktur arbeiten:

Civic

Bei diesem Projekt handelt es sich um einen persönlichen Überprüfungsprozess für Identitäten, der digitale Identitäten mit

Hilfe der Distributed-Ledger-Technologie anbietet. Wenn Sie diese Plattform nutzen, können Sie nicht nur Ihre virtuelle Identität erstellen, sondern auch andere Informationen speichern. Aber bevor Sie Ihre Informationen auf der digitalen Identitätslösung speichern können, müssen Sie alle Ihre Anmeldedaten verifizieren. Wer sein Geschäft auf diesen digitalen Identitäten aufbauen möchte, kann eine der vier verschiedenen Lösungen verwenden:

- wiederverwendbares KYC, das hilft, alle Formen von KYC-Erfordernissen zu verwalten.
- eine „passwortlose" Anmeldung
- sichere ID-Plattform, die Benutzern den Zugang zu jeder Website über eine gesicherte Identität ermöglicht
- automatisierter Einzelhandel, der Benutzern Zugang zu intelligenten Verkaufsautomaten gewährt

Es gibt eigene ID-Codes für alle Formen von Beratungs-, Investitions- und Geschäftsbeziehungen.

Sovrin

Ein weiteres beliebtes Projekt, das Nutzern eine selbstverwaltete Identität bietet, ist Sovrin. Die Non-Profit-Organisation arbeitet mit dezentralen digitalen Identitätslösungen, um den Nutzern Vertrauen, Kontrolle und digitale Identitäten zu ermöglichen, die einfach zu verwenden sind. Das Projekt rühmt sich, einen neuen Standard für digitale Identitäten zu bieten, und Benutzer können eine digitale Kopie ihrer IDs sowie ihres Führerscheins erhalten. Das Projekt ist ein Metasystem, das Einzelpersonen und Organisationen die Möglichkeit eröffnet, jede beliebige Anwendung zu nutzen, ohne dass sie sich um ihre Identitäten kümmern müssen.

uPort

Mit dem Projekt uPort ist es möglich, die volle Freiheit der Kontrolle über die eigene Identität zu erhalten. Das Projekt basiert auf der Ethereum-Blockchain, die, wie bereits erwähnt, zu den führenden Plattformen für dezentrale digitale Identitäten gehört. Auf der Plattform von uPort müssen Benutzer einfach ihre digitalen Identitätslösungen erstellen. Es ist möglich, Anmeldeinformationen anzufordern oder zu senden, Transaktionen zu signieren, seine Daten und Schlüssel zu verwalten und einige andere Tätigkeiten auszuführen. Diese Plattform bietet Nutzern Credentials – ein Ökosystem von Identitäts-Credentials. Sie können mit Ihrer App ganz einfach die Credentials anderer Benutzer anfordern, was jedoch von deren Zustimmung abhängt – ob sie bereit sind, diese mit Ihnen zu teilen oder nicht. Auch das Entwicklerwerkzeug der Plattform ist modular aufgebaut und nicht schwer zu bedienen. Diese Art von Unternehmen für digitale Identitäten bietet Ihnen auch Zugang zu mehreren Prozessen und Nachrichtensystemen.

Da unsere Welt eine beispiellose Ära der digitalen Transformation durchläuft, erleben wir allmählich die Verschmelzung der physischen und digitalen Welt zu einer einzigen Realität. Zweifellos gibt es mittlerweile einen dringenden Bedarf an herausragenden Möglichkeiten zur Aufrechterhaltung unserer digitalen Identitäten, der ebenfalls ansteigt. Da viele Projekte in den Bereich der dezentralen digitalen Identitäten vordringen, werden diejenigen herausstechen, die Sicherheit und Privatsphäre in allen Aspekten bieten. Dezentrale digitale Identitäten gewähren den Benutzern die vollständige Kontrolle über ihre Persönlichkeitsrechte und machen sie gleichzeitig einfach zu verwalten. In der Zukunft werden wir wahrscheinlich einen Anstieg der Anzahl dezentraler Identitäten erleben.

KAPITEL 16

ZUKÜNFTIGE TRENDS DER BLOCKCHAIN

Viele von uns waren über das Ende des Jahres 2020 begeistert, mit der Hoffnung, dass es im Jahr 2021 besser werden würde. Historisch gesehen war 2020 für die meisten von uns ein hartes Jahr mit verschiedenen Ereignissen, die man nie erwartet hätte, wie man an vielen Prognosen sehen kann, die vor 2020 gemacht wurden, insbesondere in Bezug auf die Blockchain-Technologie. Interessant ist, dass die Herausforderungen durch COVID-19 im Jahr 2020 die meisten bereits bestehenden Trends im Bereich Blockchain nicht nur verstärkten, sondern sogar neue Trends hervorbrachten. Was erwarten wir also im Bereich Blockchain und Kryptowährungen in der Zukunft nach der Pandemie? Dies wird der Schwerpunkt sein, während wir die Angelegenheit allmählich abschließen. Sie werden mir zustimmen, dass es eine großartige Reise war, auf der wir verschiedene Aspekte der Distributed-Ledger-Technologie erkundet haben. Also, tauchen wir ein!

DIE ZUKUNFT VON CBDCS UND STABLECOINS

Einer der zukünftigen Trends im Bereich Blockchain und Kryptowährungen ist die zunehmende Anzahl von digitalen Zentralbankwährungen. Die COVID-19-Pandemie, die eine globale Wirtschaftskrise verursachte, hat zweifellos die Art und Weise verändert, wie wir handeln. Ein Aspekt unseres Lebens, auf den sie sich erheblich ausgewirkt hat, ist die beschleunigte Akzeptanz digitaler Zahlungen, da immer mehr Menschen die Verwendung von Bargeld aufgrund der Angst vor der Verbreitung des Virus vermeiden. Immer mehr Einzelhändler stellen sich auf diesen Wandel ein, indem sie ihre Geschäfte ins Internet verlagern.

Das bedeutet, dass die Herausforderungen, vor denen die Welt steht, die besten Voraussetzungen für das Experimentieren mit neuen digitalen Zahlungsmitteln geschaffen haben. Tatsächlich wird die Art und Weise, wie die verschiedenen Nationen die einmaligen und potenziell disruptiven Technologien koordinieren, zu einem großen Teil darüber entscheiden, ob wir die herausragenden Chancen, die neue Technologien wie Blockchain bieten, nutzen und gleichzeitig die damit verbundenen Risiken minimieren können.

Natürlich sind digitale Zentralbankwährungen (CBDC) und Stablecoins Teil der neuen Entwicklungen. Die Zahl der Zentralbanken, die den Einsatz von CBDC ernsthaft prüfen, hat in letzter Zeit zugenommen, wobei die nigerianische Regierung enthüllt hat, dass sie bis Ende 2021 eine digitale Währung für das Land testen wird, wodurch die Zahl der daran interessierten Länder steigt.

Eine von der Bank für Internationalen Zahlungsausgleich (BIZ) durchgeführte Umfrage ergab, dass über 85 Prozent der Zentralbanken CBDC erkunden, allerdings ist die Ausgabe der digitalen Währung in vielen Fällen noch nicht abgeschlossen. Singapur beispielsweise hat sein Project Ubin fertiggestellt, bei dem es sich um eine mehrjährige Untersuchung der potenziellen Vorteile der Verwendung von CBDC für den Großhandel ging. China war sogar an der Spitze der Länder, die an CBDC interessiert sind, da sie seit einiger Zeit bereits fortgeschrittene Tests ihres digitalen Yuan durchgeführt haben, der für den Einzelhandel gedacht ist.

Andere Zentralbanken, die aktiv an CBDC forschen, sind die Bank of England und die Europäische Zentralbank. Ein Land, das bereits mit der Verwendung von CBDC begonnen hat, sind die Bahamas und die Eastern Caribbean Monetary Union.

Auf der anderen Seite werden Stablecoins nicht von Währungsbehörden herausgegeben, sondern von privaten Unternehmen bereitgestellt. Sie werden als eine Art Kryptowährung angesehen, die auf der Blockchain funktioniert. Der Unterschied zwischen Stablecoins und Kryptowährung ist, dass sie durch bestimmte Stabilisierungsmechanismen gesteuert werden, die bei der Stabilisierung ihrer Preise im Vergleich zu verschiedenen Vermögenswerten wie anderen Kryptowährungen, Papiergeld oder Rohstoffen helfen.

Einfach ausgedrückt ist der Wert von Stablecoins an andere Vermögenswerte wie den US-Dollar, den Euro, Rohstoffe wie Gold und auch andere Kryptowährungen gekoppelt. Im Gegensatz zu digitalen Währungen wie bitcoin sind Stablecoins weniger schwankungsanfällig und das macht sie als Tauschmittel und hervorragendes Wertspeicherobjekt relativ nützlich. Gute Beispiele für Stablecoins sind Tether (USDT), USDC, BUSD, etc.

Also, warum gerade CBDC und Stablecoins?

Der vielleicht wichtigste Anreiz für die Verwendung dieser neuen Art von Geld ist, dass sie das Potenzial haben, billigere und schnellere grenzüberschreitende Transaktionen zu ermöglichen. Sie können auch die Kosten für die Verbraucher erheblich senken, den Handel verbessern und die globale wirtschaftliche Integration fördern. Eine der bemerkenswerten Möglichkeiten öffentlicher und privater digitaler Währungen ist, dass sie die finanzielle Inklusion fördern. Digitale Währungen können dazu beitragen, die meisten Barrieren zu senken, die einkommensschwache und schwer erreichbare Personen beim Zugang zu verschiedenen Finanzdienstleistungen haben.

Um die Unbedenklichkeit aller Transaktionen mit digitalen Währungen zu gewährleisten, ist es möglich, verschiedene Funktionen in diese Währungen zu integrieren und diese zu programmieren. Ich muss auch darauf hinweisen, dass trotz der zahlreichen Vorteile dieser Entwicklungen, sie noch einige Herausforderungen mit sich bringen. Es besteht die Notwendigkeit, dass digitale Währungen reguliert werden, und dies geschieht allmählich, da sich immer mehr Länder für diesen Sektor interessieren, insbesondere durch den Anstieg des Wertes von bitcoin während der Pandemie.

Experten glauben, dass CBDCs sowie Stablecoins, die die Unterstützung der großen Währungen genießen, auf makroökonomischer Ebene tatsächlich finanzielle und monetäre Risiken für die Stabilität darstellen könnten, vor allem für Entwicklungsländer. Ein Anstieg der Kapitalflucht und der Schwankungen der Wechselkurse wird befürchtet, weil Einwohner Zugang zu CBDCs in großen Volkswirtschaften mit niedriger Inflation und starken wirtschaftlichen Fundamentaldaten erhalten.

Das Weltwirtschaftsforum hat sich an der Auslotung von Möglichkeiten beteiligt, um das globale Verständnis und die Entscheidungsfindung für wichtige politische und verwaltungstechnische Fragen im Zusammenhang mit der Verwendung digitaler Währungen zu nutzen und einen Beitrag dazu zu leisten. Zusammen mit 80 anderen Organisationen untersucht die Organisation die vorrangigen Fragen und arbeitet an Lösungen. Nachfolgend sind die Hauptschwerpunkte aufgeführt, die das 2020 gegründete Konsortium identifiziert hat:

- Es besteht ein Bedarf an internationaler Zusammenarbeit, um die Probleme im Zusammenhang mit grenzüberschreitenden digitalen Währungsströmen zu lösen.
- Die Bedeutung des Datenschutzes, da Regierungen die richtigen Verfahren für den Besitz, die Weitergabe oder den Erwerb von Kontodaten einrichten müssen. Dies dient dazu, die Sicherheit der Nutzerdaten zu gewährleisten und gleichzeitig die Privatsphäre zu schützen.
- Es besteht ein Bedarf an einer Zusammenarbeit zwischen dem öffentlichen und dem privaten Sektor.
- Es ist von entscheidender Bedeutung, die technische Zusammenarbeit zu berücksichtigen, um sicherzustellen, dass CBDCs und Stablecoins sowohl an bestehende als auch an neue Systeme angeschlossen werden können, sowohl grenzüberschreitend als auch im Inland.

CBDCs, Stablecoins und die Auswirkungen staatlicher Regulierungen

Wir werden wahrscheinlich Zeuge eines regulatorischen Kampfes zwischen digitalen Zentralbankwährungen und Stablecoins werden, und alle dollarbasierten Projekte haben eine Menge Arbeit vor sich, um ihre Unabhängigkeit zu gewährleisten. Der Einsatz von digitalen Vermögenswerten in verschiedenen Sektoren und insbesondere im Finanzbereich nimmt weiter zu. In Zukunft werden wir sicherlich in eine Phase des echten Wettbewerbs zwischen privaten Stablecoins und CBDCs eintreten.

Experten glauben, dass diese Phase der Beginn einer Trennung digitaler Vermögenswerte sein wird, die hauptsächlich auf ihrer regulatorischen Attraktivität und nicht nur auf ihrer Funktionalität basiert. In den nächsten drei bis fünf Jahren werden große permissionless Blockchain-Plattformen wie Polkadot, Ethereum, Solana und einige andere im Finanzbereich an Dynamik gewinnen. Dies bedeutet, dass Organisationen wie Fintech-Startups, Versicherungsunternehmen, Banken, Vermögensverwalter und verschiedene zentrale Organisationen ihre Dienstleistungen für ihre Geschäftspartner/Kunden auf diesen Blockchain-Infrastrukturen anbieten werden.

Es wird also ein erhebliches Spannungsverhältnis zwischen privaten und permissioned Plattformen entstehen. Durch die Kryptographie sowie die verteilte Infrastruktur ist es für jedermann recht einfach geworden, neue dezentrale Plattformen zu nutzen und die herkömmlichen Finanzsysteme zu verlassen, ohne sich um bestehende Regulierungen kümmern zu müssen. Diese Auffassung wird durch die zunehmende Verbreitung von Kryptowährungen deutlich bestätigt, da internetbasierte Finanzdienstleistungen immer beliebter werden. Die meisten Menschen wünschen sich nun, verschiedene Transaktionen in einer grenzüberschreitenden Umgebung auszuführen.

Menschen suchen nach Möglichkeiten, ihre Gelder dort zu investieren, wo sie die besten Renditen erzielen können, während sie im Besitz von Vermögenswerten aus verschiedenen Orten rund um den Globus sind und nicht die, die ihre lokalen Finanzmärkte für sie bereithalten. Regierungen auf der ganzen Welt sollten sich nicht aus dieser faszinierenden und historischen Bewegung heraushalten, die letztendlich die globale Finanzstruktur verändern und effizienter machen wird. Diese Entwicklung ist unvermeidlich, genau wie andere Formen des Fortschritts, die wir in der Vergangenheit vollzogen haben, wie der Wechsel vom Tauschsystem zur Verwendung von Münzen, mit Gold besichertem Geld und Papiergeld.

Jede intelligente Regierung wird nicht zögern, DeFi sowie permissionless Blockchains zusätzlich zu den nicht-finanziellen Anwendungen zu übernehmen. Diesem Kampf werden wir nicht ausweichen können, genau wie jeder anderen bemerkenswerten Veränderung, die wir zuvor erlebt haben. Die meisten Regierungen, die digitale Vermögenswerte verbieten, werden irgendwann schmerzlich feststellen müssen, dass diese Bewegung eine ist, der sie sich nicht widersetzen können. Aber dieser Kampf kann für etablierte Reservewährungen wie Japan, die Europäische Union, die Vereinigten Staaten und natürlich China durchaus berechtigt sein. Es ist entscheidend, dass neue Stablecoin-Projekte sich deutlich von den neuen CBDCs unterscheiden, die bald aufkommen werden.

Es gibt minimale menschliche Eingriffe, wenn es um wirklich dezentrale Mechaniken geht, weil sie rein auf Algorithmen basieren. Einige Hauptakteure mögen argumentieren, dass es nicht möglich ist, den Betrieb einer App zu stoppen, nachdem sie in einem Blockchain-Netzwerk wie Ethereum eingesetzt wurde. Nun, wenn Regierungen daran interessiert sind, die Entwicklung und Wartung solcher Apps zu behindern, ist das durchaus möglich. Regierungen können immer noch gegen die Betreiber, Gründer und auch gegen sehr aktive Community-Mitglieder vorgehen.

Tatsächlich äußerte sich Brian Brooks, der bekannte Regulierer, Krypto-Freund und Regierungsbefürworter, zuvor in diese Richtung. Die Auswirkungen von COVID-19 haben den Drang nach digitalen Versionen einiger Papierwährungen weiter verstärkt und dies wird zweifellos die These stärken, dass Regierungen die Entwicklung von Stablecoins behindern wollen, um ihre CBDCs zu schützen. Das bedeutet auch, dass einige Projekte in Ländern wie den USA, wie z.B. Maker DAO, gefährdet sein könnten. Natürlich werden Regierungen solche Projekte nicht bekämpfen, aber sie werden wahrscheinlich eine gewisse Kontrolle über das Team, die Gründer und die dezentrale Community ausüben.

Das bedeutet auch, dass ein Stablecoin, um solche behördlichen Eingriffe zu überleben, so unabhängig wie möglich von allen Formen menschlicher Intervention sein muss. Obwohl die Pseudonymität der Führungspersonen eines Teams zweitrangig ist, ist sie dennoch sehr wichtig, da sie hilft, den Fokus auf die Technologie selbst zu lenken. Wir haben bereits einige interessante Experimente in dieser Richtung mit dem Aufkommen von Governance-minimierten Ansätzen gesehen, die von Teams bei Gambit, Lien sowie Basis Cash angenommen wurden. Die meisten Stablecoins sind derzeit in verschiedener Weise an den Wert der Weltwährung – den US-Dollar – gekoppelt.

Solange sie auf Sicherheiten oder Algorithmen basieren, ist dies nicht bedenklich – angesichts der Tatsache, dass Regierungen versuchen könnten, Vermögenswerte einer Sanktion zu unterwerfen, zu kontrollieren oder sogar einzufrieren. Andererseits bedeutet dies für Vermögenswerte, die direkt oder indirekt durch den US-Dollar und eine Reihe von globalen Papierwährungen besichert sind, ein erhebliches Maß an Verwundbarkeit. Denken Sie daran, dass die US-Notenbank für alle auf USD lautenden Bankkonten die Aufsicht hat. Was passiert, wenn es zu einer drastischen Veränderung des Wertes des US-Dollars kommt (dies kann entsprechend der Geschichte und makroökonomischer Theorie kurzzeitig oder sogar in mehreren Schritten erfolgen)?

Natürlich werden solche Vermögenswerte wahrscheinlich instabil und das erklärt, warum auf lange Sicht ein Stablecoin auf Kryptobasis die bessere Wahl sein wird. Derzeit gibt es mehrere Projekte wie Float, Lien, Reflexer usw., die alle mit ETH unterlegt sind, das einen dezentralen Vermögenswert darstellt. In der Tat geben Float und Reflexer eine strikte Bindung an den USD auf und arbeiten stattdessen daran, die Stabilität und Kaufkraft ihrer Token zu gewährleisten.

Bedenken Sie bitte, dass diese Überlegungen nur eine langfristige Sicht darstellen und nicht das, was wir vielleicht bald erwarten – obwohl sich die Dinge schneller ändern können, als wir uns vorstellen können.

Aber eines ist sicher; Stablecoins, die durch den US-Dollar gesichert sind, bleiben die bevorzugte Liquiditätsquelle im Bereich der Blockchain und Kryptowährungen und werden diese Stellung für eine Weile beibehalten. Mit der zunehmenden Spannung zwischen privaten Stablecoins und CBDCs könnten jedoch schließlich staatliche Akteure auftauchen, um die Abhängigkeit der meisten dieser Projekte von Papiergeld auszunutzen. Dieses Szenario ist unvermeidlich, denn keine Regierung würde tatenlos zusehen, wie digitale Vermögenswerte in privatem Besitz ihre nationalen Währungen ersetzen. „Es wäre ein kluger Schachzug, darauf vorbereitet zu sein und an den meisten der aufkommenden alternativen Experimente teilzunehmen, anstatt einfach abzuwarten, was als nächstes passiert." In Bezug auf die Auswirkungen und die Größe ist dies sicherlich der größte Sektor von DeFi.

DIE BLOCKCHAIN-TECHNOLOGIE KANN BEI DER NACHVERFOLGUNG UND VERTEILUNG VON IMPFSTOFFEN HELFEN

Bevor wir Zeuge der COVID-19-Pandemie wurden, war die allgemeine Auffassung von Regierungen und den meisten Organisationen bezüglich der Verwendung von Distributed-Ledger-Technologie wie Blockchain für die Rückverfolgbarkeit von Impfstoffen, dass die Technologie noch nicht ausgereift genug für den sofortigen Einsatz war. In der Anfangsphase war man sich der Tragweite der Nachvollziehbarkeit bei der Verteilung von Impfstoffen von der ersten bis zur letzten Dosis noch nicht bewusst.

Gründe für den verstärkten Einsatz von DLT in der Impfstoffverteilung

Wenn es um die Verteilung von Waren geht, gibt es mehrere Akteure, die in unterschiedlichem Maße beteiligt sind. Dies führt zu verschiedenen Problemen mit der Herkunft und Echtheit, insbesondere in verschiedenen Branchen wie der Pharma-, Wein- und Diamantenbranche. Wir haben bereits über die Verwendung von Blockchain im Management von Lieferketten gesprochen. Der Einsatz der Blockchain-Technologie in der Impfstoffverteilung ist eng mit dem Anwendungsfall der pharmazeutischen Lieferkette verbunden, über den wir bereits berichtet haben. Regierungen und Institutionen des Gesundheitswesens haben viel Geld und Mühe in das Testen, Produzieren und Verteilen von Milliarden von Impfstoffen investiert.

Leider sind die Anstrengungen zur Verteilung von COVID-19-Impfstoffen ziemlich komplex und werden sehr kritisch beäugt. Zu den Aspekten, die erhebliche Herausforderungen mit sich brachten, gehören das Ausmaß und der Umfang der Verteilung der Impfdosen. Vielleicht ist einer der wichtigsten Gründe, warum ein digitales Register unerlässlich ist, die Geschwindigkeit, mit der die Verteilung dieser Impfstoffe rund um den Globus erfolgen muss. Der einfachste und effektivste Weg, einen einzigen Datensatz aller Aktivitäten zu erstellen und auch für alle Beteiligten zugänglich zu machen, ist die Nutzung der Blockchain-Technologie. Dies wird sicherlich nicht nur das Vertrauen in den Impfstoff, sondern auch in den Prozess stärken.

Während die erste Milliarde Dosen des Impfstoffs verabreicht wurden, haben wir bereits Tausende von gefälschten Fläschchen verzeichnet, die die Behörden beschlagnahmt haben. Vorhersagen von Experten deuten darauf hin, dass die Zahl der gefälschten Impfstoffe, die letztendlich in die Lieferkette gelangen werden, zunehmen wird. Diese Vorhersage hat Regierungsbeamte an diversen Stellen dazu motiviert, mehr Kapazitäten in die Untersuchung, Verwaltung und das Abfangen von gefälschten Lieferungen zu investieren.

Blockchain im Vertrieb von Impfstoffen

Mehrere Faktoren haben Experten zu der Prognose veranlasst, dass es wahrscheinlich zu einem Anstieg der schnellen Einführung der Blockchain-Technologie kommen wird. Einige dieser Faktoren sind das Ausmaß und der Zeitdruck der Einführung des Impfstoffs gegen

COVID-19 zusammen mit den zunehmenden Fällen von gefälschten Impfstoffen, die den Markt überschwemmen. Viele Akteure sind nun der Meinung, dass Distributed-Ledger-Technologien wie Blockchain möglicherweise genau das sind, was Regierungen und Organisationen des Gesundheitswesens benötigen, um die Echtheit von Impfstoffen zu beweisen, was das Vertrauen in die Lieferkette von Impfstoffen wiederherstellen wird.

Interessanterweise stimmen die Grundwerte von Blockchain perfekt mit den Anforderungen der derzeitigen Lösungen zur Verifizierung und Authentifizierung von Waren überein – Transparenz, Unveränderlichkeit und Sicherheit. Die Fähigkeit von DLTs, schnelle Transporte und Vertrauen zu gewährleisten, treibt das wachsende Interesse vieler Organisationen an diesen Technologien an. Wenn wir die Strecke bedenken, die viele COVID-19-Impfstoffe zurücklegen müssen, bevor sie an den Ort gelangen, an dem sie verwendet werden, und die Anzahl der Übergaben, die zwischen dem Herstellungsort und dem Ort, an dem die Medikamente verabreicht werden, stattfinden, dann erkennen Sie, dass Blockchain-Lösungen erheblich dazu beitragen können, nicht nur die Nachvollziehbarkeit zu erhöhen, sondern auch den Authentifizierungsprozess zu vereinfachen.

Die Blockchain-Technologie gewährleistet die Transparenz der Verteilung von Impfstoffen in Echtzeit sowie die Nachweiskette von dem Punkt, an dem die Impfstoffe hergestellt wurden, bis zu dem Punkt, an dem sie den Menschen verabreicht werden. Dies bedeutet, dass Lücken zwischen privaten und öffentlichen Einrichtungen beseitigt werden. Außerdem wird das Risiko durch die präventive Erkennung und Benachrichtigung in Echtzeit über Unterbrechungen in der Lieferkette, Fälle von unerwünschten Nebenwirkungen, Verderb,

Betrug und andere ungeplante Ereignisse erheblich reduziert. Die Blockchain-Technologie kann auch bei der Überwachung der Lagerbedingungen und der Rückverfolgbarkeit von Rückrufen helfen, was die Wirksamkeit der Impfstoffe weiter erhöhen und das Vertrauen zwischen allen Beteiligten stärken wird.

KAPITEL 17

INTEGRATION VON BLOCKCHAIN IN ANDERE AUFSTREBENDE TECHNOLOGIEN

„Die Macht der Blockchain kommt voll zur Geltung, wenn sie mit anderen aufstrebenden Technologien kombiniert wird." - Carla La Croce

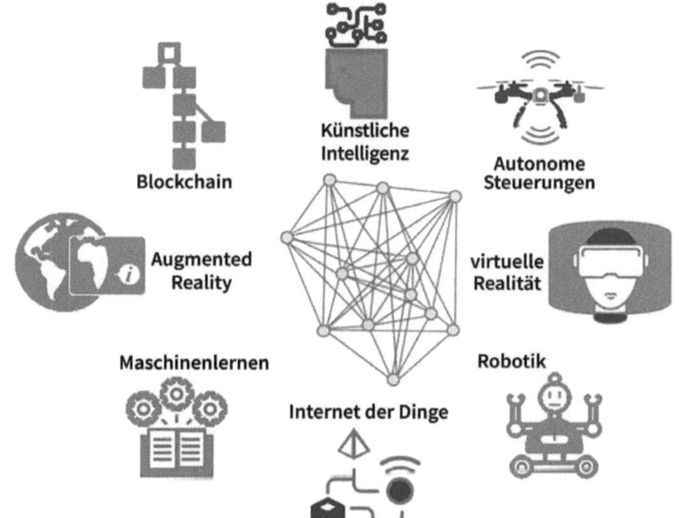

Trotz der COVID-19-Pandemie und ihrer Auswirkungen auf unsere Wirtschaft ist eines sicher: Innovationen werden in den nächsten zehn Jahren vor allem durch eine Kombination verschiedener Elemente unterschiedlicher Technologien auf einzigartige Weise vorangetrieben. Der Gesamtnutzen, den wir wahrscheinlich aus der Zusammenführung mehrerer Technologien ziehen werden, ist multiplikativ. Die Auswirkungen der Kombination von aufstrebenden Technologien (wie Blockchain, KI, die Cloud und das Internet der Dinge) auf Unternehmen, Regierungen und verschiedene Branchen sind viel tiefgreifender als das, was wir von einer einzelnen Technologie erwarten können. In diesem Abschnitt werden wir einige aufkommende Technologien und ihre Auswirkungen auf unser Leben in Kombination miteinander untersuchen. Sind Sie bereit?

INTEGRATION VON BLOCKCHAIN UND INTERNET DER DINGE (IOT)

Zu den wichtigsten neuen Technologien, die die Art und Weise verändern werden, wie wir mit Daten umgehen und in einer digitalen Welt agieren, gehören das Internet der Dinge (IoT), künstliche Intelligenz und natürlich die Blockchain-Technologie. Das sind alles mächtige Technologien, für sich genommen, aber Unternehmen können die Kombination einiger dieser Technologien wie IoT und Blockchain auf eine erstaunliche Art und Weise nutzen. Einige Experten nennen dies die Blockchain der Dinge (BIoT). Verfügbare Daten aus einer Studie von Aftrex Market Research aus dem Jahr 2018 haben ergeben, dass die Kombination aus den Bereichen IoT und Blockchain bis 2026 ein Volumen von 254,31 Milliarden US-Dollar erreichen wird.

Mehrere Branchen und Unternehmen wie Telekommunikation, Gesundheitswesen, Automobil, Öl & Gas und Fertigung werden bemerkenswerte Vorteile aus der Kombination von IoT und Blockchain-Technologie ziehen. Die Ergebnisse der Studie deuten darauf hin, dass die Kombination beider Technologien revolutionär ist. Viele Unternehmen engagieren sich bereits dafür. Während der Bereich Blockchain heranreift, erwarten wir robustere Funktionen und zahlreiche Anwendungsfälle, die das Vertrauen der Unternehmen in die Blockchain-Technologie stärken werden. Zweifelsohne wird die Kombination von IoT und Blockchain mehrere Vorteile bieten, aber ich werde mich auf die bemerkenswertesten konzentrieren.

Niedrigere Betriebskosten

Dies ist einer der wichtigsten Vorteile, den die Kombination für die meisten Unternehmen mit sich bringt – eine Reduzierung der Betriebskosten. Da sie die Übertragung von Daten auf einer Peer-to-Peer-Basis ermöglicht, besteht keine Notwendigkeit für eine zentrale Kontrolle, was dazu beiträgt, die Kosten für die Geschäftstätigkeit zu senken. Die Dezentralisierung bietet uns eine kostengünstigere Möglichkeit, mit dem Ausmaß des IoT umzugehen und gleichzeitig das Problem des Single Point of Failure zu beseitigen.

Hilft bei der Optimierung der Buchhaltung

Eine der ersten Abteilungen eines Unternehmens, die sofort von den Vorteilen der Transparenz profitieren könnte, die die Kombination von IoT und Blockchain bietet, ist die Buchhaltungsabteilung. Zu wissen, was alle Beteiligten über eine mit Zeitstempeln versehene und lineare Kette teilen und senden, ist eine großartige Sache für Unternehmen. Für die Buchhaltung ist es ein bemerkenswerter Vorteil für Unternehmen, über Aufzeichnungen zu verfügen, die von niemandem geändert werden können.

Beschleunigte Änderung von Daten

Nach den Erkenntnissen von Aftrex Market Research gehört die Beschleunigung von Änderungen an Daten zu den wichtigsten Vorteilen der Kombination der beiden Technologien. Es besteht ein Bedarf an einem auf Unternehmen ausgerichteten Ansatz, der eine auf Berechtigungen basierende Blockchain dazu nutzen könnte, die Anzahl der IoT-Geräte, die Menge der Daten sowie die Geschwindigkeit der Transaktionen zwischen allen beteiligten Parteien zu bewältigen. Dies bedeutet, dass eine Blockchain, die in der Lage ist, die für die Abwicklung von Transaktionen benötigte Zeit zu minimieren – mit Unterstützung von vertrauenswürdigen Knoten – äußerst nützlich ist, um die Leistungsanforderungen des IoT zu erfüllen. Die Blockchain sollte die Fähigkeit haben, die Geschwindigkeit des IoT-Datenaustauschs zu bewältigen.

Verbesserte Sicherheit

Der gesamte Markt für IoT-Technologien wird sich zunehmend auf Fragen der Sicherheit konzentrieren, da wahrscheinlich komplexere Sicherheitsfragen auftauchen werden. Die Komplexität der Sicherheitsherausforderungen ergibt sich aus der verteilten und vielfältigen Natur der IoT-Technologie. Schon jetzt gibt es über 26 Milliarden Geräte, die mit dem Internet verbunden sind. Das bedeutet, dass die Zahl der Hacker zunehmen wird, wenn diese Zahl weiter steigt. Um böswillige Anwender daran zu hindern, ihre kriminellen Aktivitäten durchzuführen, benötigt das IoT eine andere Struktur als die bestehende zentrale Architektur, die zufällig eine der größten Schwachstellen von IoT-Netzwerken ist.

Eine der angeborenen Eigenschaften von Blockchain ist die Sicherheit, und dies wird sehr nützlich sein, wenn man die steigende Anzahl von

Geräten im IoT bedenkt. Die Kombination dieser Technologien könnte die sichere Kommunikation fördern und gleichzeitig den Datenschutz stärken. Wenn es um Sicherheit geht, geht es nicht nur um Geräte, sondern auch um Interaktionen von Mensch zu Gerät, Gerät zu Gerät und Mensch zu Mensch.

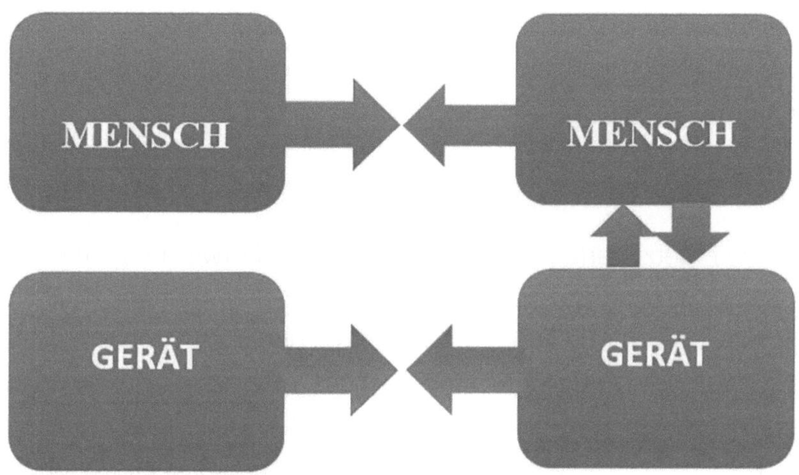

Über ein vertrauenswürdiges verteiltes Register zu verfügen, das transparent aufzeigt, wer Zugriff hat, welche Transaktionen durchgeführt werden und welche Aufzeichnungen vorliegen, ist ein großer Vorteil der Blockchain-Integration mit dem IoT. Die meisten Unternehmen, die bereits eine Kombination aus IoT und Blockchain implementiert haben, verlassen sich in der Regel auf Sicherheitstechniken wie die Authentifizierung von Geräten, aber wenn es um Fragen der Sicherheit von IoT und Blockchain geht, ist dies erst der Anfang.

BLOCKCHAIN UND KÜNSTLICHE INTELLIGENZ

Die meisten von uns waren höchst fasziniert, als künstliche Intelligenz in Science-Fiction-Büchern oder Filmen auftauchte und wir über das Ausmaß der menschlichen Vorstellungskraft staunten. Nun, die Entwicklungsgeschwindigkeit der Computerwissenschaft ist so rasant, dass die intelligenten Computer, die wir alle vor ein paar Jahrzehnten noch als Fiktion kannten, keine Fiktion mehr sind. Die meisten von ihnen sind jetzt Realität, während immer mehr Dinge erdacht werden. Dann kam die Blockchain-Technologie im Jahr 2008 auf, als Satoshi Nakamoto das Whitepaper zur Bitcoin-Blockchain veröffentlichte.

Was wir jetzt erleben, ist die rasante Entwicklung mehrerer fortschrittlicher Technologien und die Entwicklung schreitet wirklich schnell voran. Wir befinden uns in der Ära der künstlichen Intelligenz, der Distributed-Ledger-Technologie, des Internets der Dinge und einiger anderer, die alle zur gleichen Zeit stattfinden. Während Blockchain unsere Wahrnehmung bezüglich der Fähigkeiten des Internets verändert und es uns ermöglicht, die Geschwindigkeit von Internet-Transaktionen transparent und dramatisch zu erhöhen, öffnet KI auch neue Türen zu verschiedenen Aspekten der Wirtschaft.

KI optimiert bereits jetzt Routinearbeiten und verlagert den Fokus der menschlichen Bemühungen auf komplexere und wichtigere Aufgaben. Falls Sie sich nicht sicher sind, was künstliche Intelligenz bedeutet; der Begriff wird oft verwendet, um Computer zu bezeichnen, die Aufgaben ausführen, die menschliche Beteiligung erfordern. Zu den Technologien, die dies möglich machen, gehören Deep Learning, maschinelles Lernen und neuronale Netzwerke. Wie können wir also von der Kombination aus KI und Blockchain profitieren?

Blockchain bietet uns eine bessere Erklärung für die Handlungen der KI als Menschen

Menschen sind in der Lage, künstliche neuronale Netzwerke zu erstellen, und wir können auch die Computeralgorithmen trainieren, um den Umfang dessen, was sie tun können zu erweitern, basierend auf unserer Erfahrung mit der Unterstützung durch maschinelle Lernalgorithmen. Ein Problem, das auf der ganzen Welt Besorgnis erregt, ist jedoch die Tatsache, dass die Entwickler nicht in der Lage sind, die Aktionen der KI zu bestimmen, und sie können nicht einmal erklären, wie sie denkt. Außerdem sind die KI-Systeme, die komplexe Entscheidungsbäume bedienen, geradezu wie Blackboxen für die menschliche Intelligenz.

Zusammenfassend lässt sich sagen, dass uns ein tiefes Verständnis dafür fehlt, wie künstliche Intelligenz denkt. Der Hauptgrund, warum wir nicht verstehen können, wie künstliche Intelligenz denkt, ist, dass wir uns die Fähigkeit des Computers, enorme Datenmengen zu analysieren, nicht vorstellen können. Der durchschnittliche Speicher eines Computers enthält weit mehr Informationen als der der intelligentesten Menschen, die es je gegeben hat. Das Gedächtnis der Maschine muss auch den Grad der Wichtigkeit jeder einzelnen Information definieren.

Nun, wir haben das Zeug dazu, einen Algorithmus zu entwickeln, der den Computer dazu erziehen kann, aber wir können auch nicht feststellen, wie sich ein solcher Algorithmus entwickeln wird.

Wenn jede Entscheidung des KI-Systems in einem Distributed Ledger wie der Blockchain aufgezeichnet wird, erhalten wir eine umfangreiche Datenbank, die uns genügend Informationen liefert, um alle Entscheidungen, die die KI trifft, zu überprüfen und auch ihre

Logik zu verstehen. Blockchain gewährleistet außerdem die Sicherheit der Daten, da es nicht möglich ist, die in der Blockchain gespeicherten Informationen zu fälschen.

KI kann die Effizienz von Blockchain erhöhen

Für die Validierung von Blockchain-Transaktionen sind Miner zuständig, die ihre Rechenleistung einsetzen, indem sie verschiedene Zeichen kombinieren, um das richtige zu erraten, bevor sie belohnt werden, insbesondere mit dem Proof-of-Work-Konsens. Obwohl viele Miner im Wettbewerb stehen, um das Rätsel zuerst zu lösen und die Belohnung zu erhalten, erhält nur ein Miner die Belohnung. Was passiert also mit der Energie, die andere Miner dabei verbraucht haben? Sie wird verschwendet. In Zukunft wird es wahrscheinlich so sein, dass KI durch maschinelle Lernalgorithmen darauf trainiert werden kann, den Code intelligent zu erraten, anstatt Energie und Zeit zu verschwenden, um den richtigen zu erraten. Dies erhöht letztendlich die Geschwindigkeit des Validierungsprozesses und senkt die Kosten drastisch.

Es ist auch wichtig, über die Größe der Daten zu sprechen, die eine der Herausforderungen bei der Verwendung von Blockchain in unserem täglichen Leben ist. Wir zeichnen jede Information in der Blockchain auf und jeder Knoten im Netzwerk hat auch eine Kopie der Daten. Allerdings wird die Kette mit zunehmender Anzahl von Blöcken immer schwerfälliger, und hier kommt die KI ins Spiel. Wir können die Methoden zur Datenspeicherung der Blockchain tatsächlich mit Algorithmen des maschinellen Lernens optimieren.

In Wahrheit hängt die Funktion der dezentralen KI von einem parallelen Rechensystem ab, das aus verschiedenen unabhängigen Knoten besteht, die in verschiedenen Städten rund um den Globus positioniert sind. Dieses verteilte Netzwerk gewährleistet eine optimale Nutzung der gesamten Rechenleistung, um große Datensätze schnell zu analysieren. Der Datensatz wird in kleinere Einheiten aufgeteilt, die von verschiedenen Knoten analysiert werden können, und die Endergebnisse werden in einer umfassenden Datenbank zusammengefasst. Ein marktbeherrschendes Unternehmen kann diese weltweite Datenbank kontrollieren und jedes Mitglied des Netzwerks hat Zugriff auf die Informationen.

Mit diesen immensen Daten können wir schließlich die fortschrittlichen KI-Algorithmen trainieren. Die Kombination der beiden Technologien wird zweifellos die Art und Weise revolutionieren, wie wir Geschäfte machen, und es gibt viele Möglichkeiten. Da die Blockchain-Technologie zusammen mit der KI weiter reift, werden wir wahrscheinlich weitere Anwendungsfälle und andere Möglichkeiten sehen, wie ihre Integration nützlich sein kann.

KAPITEL 18

INTEROPERABILITÄT, NFTS, BLOCKCHAIN ALS DIENSTLEISTUNG & ANDERE

In den letzten Jahren haben wir die Etablierung verschiedener Projekte im Bereich der Blockchain erlebt. Abgesehen davon, dass sie neue und digitalisierte Varianten mancher Dienstleistungen hervorbringen, an die wir in herkömmlichen Umfeldern gewöhnt sind, sind diese Projekte ein deutlicher Hinweis darauf, was mit der Blockchain-Technologie alles möglich ist. Trends wie die Digitalisierung von Dingen wie Memes, Domainnamen von Kunstwerken usw., Interoperabilität zwischen verschiedenen Blockchains und Ressourcen außerhalb der Blockchain sowie das Aufkommen von Projekten für Blockchains als Dienstleistung sind einige spannende Entwicklungen, die wir bereits beobachten können. Was sollten wir also von diesen neuen Blockchain-Plattformen erwarten? Ich werde versuchen, durchzugehen, was sie bereits erreicht haben und was wir in Zukunft wahrscheinlich erwarten können.

INTEROPERABILITÄT ÖFFNET DIE TÜR ZU MEHR MÖGLICHKEITEN UND HÖHERER FLEXIBILITÄT

Nachdem Sie so weit gekommen sind, sind Sie sicher vom Potenzial der Distributed-Ledger-Technologie wie Blockchain überzeugt, Geschäftsprozesse deutlich zu verbessern, Sicherheit und Transparenz in der Wertschöpfungskette zu schaffen. In Kapitel sieben haben wir uns bereits mit Interoperabilität und einigen Projekten in diesem Bereich beschäftigt. Die Auswirkungen all dieser neuen Errungenschaften werden die Betriebskosten senken. Sie werden mir aber auch zustimmen, dass wir trotz des Booms der Kryptowährungen noch keine massenhafte Akzeptanz von Blockchain erleben werden.

Was sind also die Faktoren, die die breite Einführung dieser beeindruckenden Technologie behindern? Es wurden mehrere Faktoren identifiziert, die die erwartete massenhafte Einführung behindern, und einer von ihnen ist das Problem der Skalierung. Aber die Interoperabilität ist eine Herausforderung, die am häufigsten als die problematischste identifiziert wird - der Mangel an Interoperabilität. Betrachten wir nun das Konzept der Interoperabilität im Detail.

Ein weitgehend siloartiges Blockchain-Ökosystem

Blockchain wurde als dezentrale Technologie konzipiert, was jedoch nicht bedeutet, dass einzelne Blockchain-Projekte einwandfrei mit anderen Blockchain-Netzwerken kommunizieren können. Gegenwärtig gibt es viele öffentliche und private Blockchain-Netzwerke, aber alle haben unterschiedliche Funktionen wie Hash-Algorithmen, Konsensmodelle, Transaktionsarten usw., die sich alle auf einen bestimmten Bereich konzentrieren. Dieses Problem wird noch dadurch verschlimmert, dass verschiedene Netzwerke und Finanzinstitute völlig unterschiedliche Blockchain-Versionen, Steuerungsregeln und regulatorische Rahmenbedingungen verwenden.

Das Ergebnis all dieser Unterschiede ist eine Ansammlung von nicht miteinander verbundenen Blockchain-Ökosystemen, in denen jedes Netzwerk neben den anderen funktioniert, aber von den anderen abgeschottet ist. Dies hat die Blockchain-Industrie daran gehindert, ihr volles Potenzial zu erreichen. In einem Forschungspapier von ConsenSys heißt es: „Wenn die bestehenden Blockchain-Netzwerke weiterhin separat agieren, ohne miteinander zu kommunizieren, dann hätten wir eine verstreute Sammlung von siloartigen Blockchains, die von einem schwachen Netzwerk von Knoten unterstützt werden und anfällig für Zentralisierung, Angriffe und Manipulationen sind."

Zum besseren Verständnis von Interoperabilität

Einer der Begriffe, die Sie wahrscheinlich im Bereich Blockchain hören werden, ist Interoperabilität. Das Wort wird aufgrund seiner Wichtigkeit immer beliebter und es hält den Schlüssel zur Maximierung des vollen Potenzials der Distributed-Ledger-Technologie. Interoperabilität hat mit der Idee zu tun, dass zwei oder mehr separate Blockchain-Netzwerke miteinander kommunizieren können. Interoperabilität ermöglicht es Blockchains, nahtlos mit einander zu kommunizieren.

Das Ziel interoperabler Unternehmens-Blockchains hängt von mehreren Funktionalitäten sowie Fähigkeiten ab, wie z. B. der Fähigkeit jedes Blockchain-Netzwerks, Transaktionen in anderen Netzwerken zu initiieren, sich in die bestehenden Systeme zu integrieren, Transaktionen mit anderen Ketten durchzuführen und auch zwischen Deployments auf einer gegebenen Kette zu handeln, indem man Apps integriert und eine zugrunde liegende Plattform leicht gegen eine andere austauschen kann.

Warum braucht es Interoperabilität?

Es ist nicht schwer zu verstehen, warum Interoperabilität für Blockchain sehr entscheidend und wünschenswert ist, vor allem wenn man bedenkt, dass die meisten Organisationen stärker auf Zusammenarbeit und Interaktion angewiesen sind. In jedem Softwaresystem wird Interoperabilität dringend benötigt, und jedes Softwaresystem, dem sie fehlt, läuft möglicherweise nicht mit seiner vollen Kapazität oder mit anderer Software. Die einzige Möglichkeit, die Vorteile von Enterprise Blockchain voll auszuschöpfen, ist die Interoperabilität. Sie erleichtert den reibungslosen Austausch von Informationen und die einfachere Ausführung von Smart Contracts. Außerdem bietet Interoperabilität ein höheres Maß an Benutzerfreundlichkeit, die gemeinsame Nutzung von Lösungen und sogar die Möglichkeit, Partnerschaften einzugehen.

Interoperabilität wird in mehreren Bereichen benötigt. Einer davon ist in Bereichen, in denen die Wertschöpfungskette von entscheidender Bedeutung ist, wie z. B. Handelsfinanzierung, Luftfahrt, Lieferketten, Gesundheitswesen und einige andere. Eine einzelne Blockchain ist nicht in der Lage, alle Anforderungen an eine Transaktion zu erfüllen. Dies erklärt, warum mehrere Netzwerke benötigt werden, da jedes von ihnen einen anderen Wert liefert und gleichzeitig ordnungsgemäß mit anderen Netzwerken kommuniziert, um sicherzustellen, dass es möglich ist, dass die Daten des privaten Netzwerks an die relevanten Netzwerke für verschiedene Transaktionen weitergeleitet werden können.

Dies wird ohne die Notwendigkeit einer Eins-zu-eins-Integration durchgeführt. Nehmen Sie die globale Lieferkette als Beispiel: Physische Güter können leicht und mit weniger Schwierigkeiten von einem Teilnehmer zum anderen bewegt werden. Die gleiche Funktion wird im Bereich der Blockchain benötigt – wo wir digitale

Vermögenswerte von einem Blockchain-Netzwerk in ein anderes verschieben, ohne redundante Daten oder einen neuen Markt für Dritte schaffen zu müssen.

Mit der Blockchain-Technologie können unverbundene Systeme für das Lieferkettenmanagement tatsächlich zu geringeren Kosten und auf sichere Art und Weise zusammenarbeiten. Die dringende Notwendigkeit, die Lieferkette neu zu beleben, ist einer der Faktoren, der die Beteiligten motiviert, die Vorteile der Blockchain-Technologie zu nutzen, da sie über diese Eigenschaften verfügt. Es gab mehrere interessante Abhandlungen, die sich mit der Interoperabilität beschäftigt haben, und die ausführlichste stammt vom Weltwirtschaftsforum (WEF). In ihren genauen Worten beschrieben sie Blockchain als „in Silos balkanisiert".

Einige Ansätze zur Interoperabilität von Blockchain

Es gibt zwei Ansätze für die Interoperabilität von Blockchain – Netzwerkmodelle und APIs. Es ist möglich, dass Blockchain-Netzwerke durch ein Konzept, das als „Mashup"-Anwendung bekannt ist, für Unternehmen miteinander verbunden werden können. Die Blockchain-Netzwerke müssen nicht mit einer Anwendungsprogrammierschnittstelle (API) für jedes einzelne Netzwerk interagieren, sondern nur mit einer einheitlichen API-Schnittstelle. Eine Mashup-Anwendung kann verschiedene Fähigkeiten haben, die in Smart Contracts und Datenmodellen definiert sind.

Grundsätzlich dient sie jedoch als Bindeglied zwischen allen Netzwerken. Auf lange Sicht sind Mashups jedoch möglicherweise nicht die beste Wahl für die Gestaltung der Interoperabilität, obwohl sie keine Governance-Struktur voraussetzen, was sie eigentlich zweckmäßig und flexibel macht.

Modell des Netzwerks der Netzwerke

Viele Experten sind der Meinung, dass einer der besten Ansätze zum Aufbau von Interoperabilität die Verwendung des Modells „Netzwerk der Netzwerke“ ist. Dabei geht es um die gemeinsamen Bemühungen, Industriestandards zu schaffen und eine Architektur des Netzwerks der Netzwerke zu entwickeln, um die herum andere Industrienetzwerke zusammenwachsen können. Man kann die Organisationen des Blockchain-Netzwerks als ein „Netz“ von Netzwerken sehen, die miteinander verbunden sind. Diese Struktur ermöglicht es einem Unternehmen, Transaktionen mit verschiedenen Lösungen zu verbinden und auszuführen und somit die Interoperabilität zwischen verschiedenen Systemen zu ermöglichen, ohne die Einschränkungen eines einzelnen Netzwerks zu erleiden.

Die meisten der derzeit existierenden Lösungen für Interoperabilität bieten hauptsächlich Interoperabilität über Permissionless Blockchains hinweg. Sie verwenden kryptogesteuerte Tools wie Relay Chains (oder Sidechains), zeitgesteuerte Hash-Locks und notarielle Verfahren. Aber es findet eine zunehmende Verlagerung des Schwerpunkts von der Funktionsfähigkeit von Ketten über Permissionless Blockchains zu Lösungen für die Interoperabilität zwischen privaten Netzwerken und öffentlichen Blockchains und/oder zwischen verschiedenen privaten Netzwerken statt.

Eine der Möglichkeiten, die Blockchain-Projekte zum Erreichen von Interoperabilität nutzen können, ist die Verwendung einer separaten Blockchain, die als eine Art Brücke dient, die eine Querkommunikation ermöglicht. Man kann sich dies als eine dritte Blockchain vorstellen, die in der Mitte von zwei Blockchain-Netzwerken positioniert ist. Die dritte Blockchain unterhält ein mit einem Zeitstempel versehenes und kryptografisch gesichertes Register der Nachrichten- und Transaktionsaktivitäten zwischen zwei separaten Blockchains. Die Verwendung von Systemen außerhalb der Blockchain oder von Middleware ist ebenfalls eine gute Methode, um die Interoperabilität zwischen verschiedenen Systemen zu erleichtern. Bei diesem Ansatz handelt es sich um eine Lösung außerhalb der Blockchain, bei der Tools wie State Channels, Orakel und Atomic Swaps eingesetzt werden. Wir haben bereits einige gängige Lösungen für die Interoperabilität besprochen.

Die zunehmende Anzahl von Möglichkeiten zur Interoperabilität kann schließlich die derzeitige Einstellung von Menschen gegenüber Blockchain verändern. Dieser Wandel wird dazu beitragen, Netzwerke von der Bedeutung eines nahtlosen Datenaustauschs zu überzeugen, um den Erfolg der Blockchain zu sichern. Interoperabilität wird zweifelsohne einen entscheidenden Faktor für den Blockchain-Bereich darstellen. Weitere Informationen zu den verschiedenen Blockchain-Projekten, die Lösungen für Interoperabilität anbieten, finden Sie in Kapitel sieben.

Erhöhte Anzahl von Blockchain-Lösungen für Unternehmen

Mit der zunehmenden Reife der Blockchain erleben wir auch einen bemerkenswerten Anstieg der Anzahl von Enterprise-Blockchain-Lösungen. Für den Fall, dass Sie sich nicht sicher sind, was Enterprise Blockchain bedeutet; es ist ein anderer Name für private Blockchains und hat mit dem Einsatz des Distributed Ledger durch zentrale Eigentümer zu tun. Während Kryptowährungen ihren Einfluss weiter ausbauen und an Popularität gewinnen, erkunden auch Unternehmen die Vorteile von Blockchain für ihren Geschäftsbetrieb.

Unternehmen auf der ganzen Welt beweisen, dass sie mit der Blockchain-Technologie die Kosten für ihre täglichen Abläufe senken, die Effizienz steigern und die Datensicherheit gewährleisten können. Die Prognose für Investitionen von Unternehmen in die Digital-Ledger-Technologie wird bis 2023 auf 16 Milliarden US-Dollar geschätzt. Wenn wir diese Zahl mit den Ausgaben im Jahr 2019 vergleichen, die etwa 2,7 Milliarden Dollar betrugen, dann werden Sie mir zustimmen, dass der Blockchain-Bereich in den nächsten Jahren ein dramatisches Wachstum erleben wird.

Wie von vielen Experten vorhergesagt, ist die Branche, die bei Enterprise-Blockchain-Lösungen die Nase vorn haben wird, der Sektor der Banken und Finanzdienstleistungen. Dies liegt offensichtlich an der Eignung eines digitalen Registers für das Rechnungswesen, zusätzlich zum disruptiven Einfluss digitaler Währungen. Abgesehen vom Bankensektor und den Finanzdienstleistungen setzt sich die Anwendung der Distributed-Ledger-Technologie zunehmend auch in anderen Branchen durch, von denen wir bereits einige genannt haben – Gesundheitswesen, pharmazeutische Lieferkette, Lieferkettenmanagement, usw.

Das Vertrauen in die Technologie wächst stetig. Tatsächlich zeigen die Daten einer Gartner-Umfrage, dass im Jahr 2020 14 Prozent der Blockchain-Projekte in Unternehmen in die Produktionsphase eintreten, was eine bemerkenswerte Verbesserung gegenüber dem Jahr 2019 darstellt – 5 Prozent.

Die Ära der nicht austauschbaren Token (NFTs)

Während die meisten von uns jetzt bitcoin als die perfekte digitale Antwort auf Papiergeld betrachten, werden NFTs zur digitalen Antwort auf Sammelobjekte. Die Liste derjenigen, die durch den Verkauf von NFTs ein Vermögen gemacht haben, wächst immer weiter an, wobei Jack Dorsey mit dem Verkauf seines ersten Tweets sogar 2,9 Millionen Dollar verdient hat. Vielleicht ist das Kunstwerk von Beeple eines der höchsten NFTs, das für 69 Millionen Dollar verkauft wurde. Viele sehen NFTs als ein seltsames Akronym für etwas ohne realen Wert. Viele Investoren wiederum verstehen nicht, was damit gemeint ist. Einer der Trends, die wir in Zukunft wahrscheinlich sehen werden, ist die zunehmende Beliebtheit von NFTs. Also, was genau bedeutet NFT?

Es ist nur ein anderer Name für nicht austauschbare Token und es hat mit Daten zu tun, die in einem digitalen Ledger gespeichert sind und etwas Greifbares darstellen. Es kann ein Musikalbum, ein Kunstwerk, und verschiedene Arten von digitalen Dateien darstellen. Dies ist eine einfache Definition dessen, was NFT bedeutet. Wenn Sie also ein NFT kaufen, erwerben Sie im Wesentlichen eine digitale Aufzeichnung des Eigentums an einem Token, das Sie auf eine digitale Brieftasche übertragen können. Blockchain ist das digitale Register, in dem jeder beliebige Token als Eigentumsnachweis bestätigt wird. Im Gegensatz zu anderen Blockchains, wo ein Token eine Einheit einer Währung wie ether auf der Ethereum-Blockchain darstellen könnte, stellt ein Token in NFT etwas völlig anderes dar.

Wenn zum Beispiel jemand ein Kunstwerk von Beeple kauft, ist das, wofür der Käufer bezahlt hat, ein Token, das ihm das Recht gewährt, dieses spezielle Kunstwerk zu besitzen. Aber es ist genauso wichtig zu wissen, dass das eigentliche Copyright immer noch dem ursprünglichen

Besitzer gehört. Warum also sollte man so etwas überhaupt kaufen? Es gibt mehrere Gründe, warum jemand so ein Kunstwerk kaufen könnte. Beispielsweise könnte es sein, dass der Käufer es einfach nur verkaufen möchte, sobald das Kunstwerk beliebter wird. Andere kaufen es vielleicht einfach und verkaufen es weiter, um Gewinne aus ihrer Investition zu erzielen.

Sie sollten jetzt erkannt haben, dass NFTs etwas völlig anderes sind als Kryptowährungen. Die einzige große Gemeinsamkeit zwischen beiden ist, dass sie alle auf einem digitalen Register – der Blockchain – gespeichert sind. Und genau da endet die Ähnlichkeit. Wenn es um NFTs geht, besitzt jeder einzelne Token einen einzigartigen Wert und Sie können ihn nicht gegen einen anderen Token mit dem gleichen Wert eintauschen. Der Wert von Kryptowährung ist genau wie Papiergeld einheitlich und das bedeutet, dass ein 100-Dollar-Schein in Jamaika den gleichen Wert hat wie der in Frankreich oder Großbritannien. Sie können einen bitcoin für den gleichen Preis überall auf der Welt tauschen. Aber zwei NFT-Tokens können unterschiedliche Werte haben.

Ein austauschbarer Vermögenswert ist ein Gegenstand, dessen Einheiten wir leicht austauschen können, und ein Paradebeispiel für einen austauschbaren Vermögenswert ist Geld. Sie können sogar $100 gegen zwei $50-Scheine tauschen und es behält seinen Wert. Dies ist jedoch bei nicht austauschbaren Vermögenswerten nicht der Fall und Sie können anhand der Definition von austauschbaren Vermögenswerten leicht erraten, was dies bedeutet. Nicht-austaschbare Assets haben einzigartige Eigenschaften und das bedeutet auch, dass wir sie nicht mit etwas anderem austauschen können. Beispiele für NFTs sind:

- In-Game-Gegenstand
- Domain-Name
- spezieller Sneaker, der zu einer limitierten Modelinie gehört
- einzigartiges Kunstwerk in digitaler Form.
- Coupon, der dem Besitzer Zugang zu einem Event gewährt
- digitales Sammlerstück
- Essay
- sportliche Highlights
- Memes
- veröffentlichte Kolumnen
- virale Fotos

Warum sind NFTs so beliebt?

NFTs sind keine neue Modeerscheinung, die bald wieder verschwinden wird. Interessanterweise gibt es sie schon seit etwa einem halben Jahrzehnt, auch wenn ihre Popularität eine jüngere Entwicklung ist. Warum ist die Popularität von NFTs in letzter Zeit gestiegen? Einer der Faktoren, der die erhöhte Popularität von NFTs verursacht hat, ist die Pandemie. Auch der gestiegene Wert von bitcoin und anderen Kryptowährungen spielte eine große Rolle bei der Popularität von NFTs.

Der Preis von ETH ist seit 2020 sprunghaft angestiegen und jeder kann einen Teil eines NFTs oder in manchen Fällen sogar ein ganzes NFT mit ETH kaufen. Da der Wert von ether weiter anstieg, erhöhte sich auch die Kaufkraft des Besitzers. Die Einzigartigkeit von NFTs ist der Hauptgrund, warum es sie noch mehrere Jahre lang geben wird. Denn jeder, der ein NFT kauft, hat Zugang zu einem Gegenstand, den keine andere Person jemals besitzen könnte, ohne dass der Besitzer sich bewusst darum bemüht, ihn zu replizieren.

Jeder kann Baseballkarten, Gemälde sowie andere ähnliche Werke kaufen, die andere leicht kopieren können. Das Besondere an NFTs ist jedoch, dass sie dem Käufer das alleinige Eigentum an dem Kunstwerk oder einem anderen Gegenstand ermöglichen, und das ist für viele Menschen sehr reizvoll. In Wahrheit wird die Popularität von NFTs weiter zunehmen, da die Blockchain-Technologie auch ein bevorzugtes Mittel zum Nachweis des Eigentums ist.

Anleger, die sich in einer anderen Gruppe von Vermögenswerten engagieren möchten, sollten nach weiteren Möglichkeiten in dieser Anlageklasse Ausschau halten, entweder durch einzelne NFTs oder verwaltete Fonds. Es ist aber auch wichtig, die Risiken zu berücksichtigen, die mit der Auswahl von NFTs verbunden sind, um eine falsche Wahl zu vermeiden. Wenn Sie am Kauf eines NFTs interessiert sind, sollten Sie sich vorher informieren und abwarten, wie sich der NFT-Bereich entwickelt, bevor Sie sich engagieren.

Im Folgenden finden Sie eine Zusammenfassung darüber, was NFTs sind und wie sie funktionieren:

- Jeder einzelne geprägte NFT-Token besitzt eine eindeutige Kennung.
- Jeder einzelne Token ist im Besitz von jemandem und es ist recht einfach, diese Informationen zu verifizieren.
- Im Gegensatz zu Kryptowährungen und Papiergeld können NFT-Token nicht direkt mit anderen Token ausgetauscht werden.
- Wenn Sie einen NFT-Token besitzen, können Sie dessen Besitz leicht nachweisen.
- Es ist für andere nicht möglich, ihn zu manipulieren. Sie können sich dafür entscheiden, Ihren NFT-Token für immer zu behalten, da

Sie wissen, dass Ihr Vermögen dank der Blockchain-Technologie sicher ist.

- Wenn Sie sich außerdem für einen Verkauf entscheiden, kommen Sie als ursprünglicher Schöpfer in den Genuss von Lizenzgebühren für den Weiterverkauf.
- Wenn Sie sich entscheiden, einen NFT zu erstellen, ist es einfach, auch zu beweisen, dass Sie ihn erstellt haben.
- Wann immer Sie Ihr NFT verkaufen, erhalten Sie Lizenzgebühren.
- Als Schöpfer eines NFTs können Sie auch dessen Verfügbarkeit bestimmen.
- Es ist möglich, Ihr NFT auf einem Peer-to-Peeroder einem NFT-Markt zu verkaufen. Sie sind in keiner Weise auf eine einzige Plattform beschränkt und es ist kein Vermittler notwendig.

Beliebte NFT-Plattformen sind OpenSea, Superfarm, Rarible, Ethernity und einige andere.

Blockchain als Dienstleistung (BaaS)

Wir haben über verschiedene Blockchain-Trends und die Zukunft der Blockchain-Branche diskutiert. Blockchain-as-a-Service-Software und -Plattformen gehören zu den vielversprechenden Blockchain-Trends, wie die zweite jährliche Liste der 50 größten Blockchain-Unternehmen von Forbes für 2020 zeigt. Eine ganze Reihe von Projekten, die Blockchain-as-a-Service anbieten, sind in den Sektor eingetreten und dazu gehören tatsächlich einige große Namen wie IBM, Amazon und Microsoft. Das Aufkommen dieser Drittanbieter-Dienste ist eine relativ neue Entwicklung, insbesondere im Blockchain-Bereich, der ebenfalls noch in den Kinderschuhen steckt.

Die Schaffung dieser Dienste durch Dritte ist zweifelsohne eine Folge der steigenden Nachfrage nach dem Hosting dezentraler Softwaredienste, um das Wachstum des Sektors zu fördern. Verfügbare Daten von Fortune Business Insights zeigen, dass der BaaS-Sektor kurz davor steht, bis 2027 eine Bewertung von etwa 25 Milliarden US-Dollar zu erreichen. Dies ist ein deutlicher Hinweis auf einen Anstieg, da diese Zahl im Jahr 2019 bei 1,9 Milliarden US-Dollar lag – eine durchschnittliche jährliche Wachstumsrate (CAGR) von 39,5 Prozent innerhalb des Prognosezeitraums von 2020 bis 2027.

Die Aufzeichnung zeigt, dass das Segment Einzelhandel und eCommerce wahrscheinlich BaaS-Lösungen übernehmen wird und die höchste Wachstumsrate innerhalb des gleichen Prognosezeitraums zu erwarten ist.

Zum besseren Verständnis von BaaS

Eine einfache Definition von Baas ist, dass es sich um einen Cloud-basierten Service handelt, der es Benutzern ermöglicht, ihre digitalen Produkte zu erstellen, während sie die Blockchain-Technologie nutzen. Man kann BaaS auch als eine Distributed-Ledger-Version von Software-as-a-Service (SaaS) sehen, bei der Unternehmen auf der ganzen Welt diesen Service abonnieren und Zugang zu Cloud-basierter Software erhalten. Beispiele für einige der digitalen Produkte sind dezentrale Anwendungen (dApps) sowie andere Dienste, die funktionieren, ohne dass die Einrichtung einer kompletten Blockchain-basierten Plattform erforderlich ist.

Zur Funktionsweise von BaaS im Detail

Es handelt sich um einen Prozess, bei dem ein Drittunternehmen Blockchain-Netzwerke für andere Nutzer installiert, hostet und sogar pflegt. Dieser Dritte, der auch als externer Dienstleister bezeichnet wird, übernimmt die Einrichtung der gesamten benötigten Blockchain-Technologie sowie der Infrastruktur und erhebt im Gegenzug eine Gebühr. Der externe Dienstleister kümmert sich um die Wartung und die Infrastruktur.

In Wahrheit ist die Rolle der Blockchain-as-a-Service-Anbieter vergleichbar mit der eines Webhosting-Anbieters. Sie stellen eine Plattform zur Verfügung, auf der Kunden ihre Cloud-basierten Lösungen nutzen können. Außerdem unterstützt BaaS verschiedene Organisationen bei der Entwicklung und dem Hosting von Blockchain-Apps sowie Smart Contracts in einer Blockchain-Plattform, die von Cloud-basierten Dienstanbietern verwaltet und administriert wird. Sie bieten Support-Services wie die passende Ressourcenzuweisung, Bandbreitenmanagement, Datensicherheitsfunktionen und Hosting-Anforderungen.

Der Vorteil dieses Dienstes ist, dass sich Unternehmen nicht um die tägliche Komplexität der Verwaltung und des Betriebs einer Blockchain kümmern müssen. Stattdessen können sie sich nun auf ihr Kerngeschäft konzentrieren, während BaaS-Anbieter sich um das reibungslose Funktionieren der zugrunde liegenden Technologie kümmern.

Die Bedeutung von Blockchain as a Service

Es gibt ein wachsendes Interesse von Unternehmen, die Blockchain-Technologie zu nutzen. Die meisten Unternehmen sehen sich jedoch mit dem operativen Aufwand und der technischen Komplexität konfrontiert, die mit der Erstellung, Konfiguration und sogar dem Betrieb einer Blockchain verbunden sind. Auch die Wartung der

Blockchain-Infrastruktur stellt in der Regel ein großes Hindernis dar. In Bezug auf die Einrichtung der Infrastruktur und deren Wartung erfordert die Blockchain enorme Investitionen und ist im Vergleich zu anderen traditionellen Datenbanken oft ressourcenintensiver.

Ein weiterer Punkt, den ich hier hinzufügen sollte, ist, dass Blockchain große Bandbreiten und viel Energie benötigt. BaaS hat also für Unternehmen auf der ganzen Welt viel zu bieten und hat in letzter Zeit aus vielen Gründen eine bemerkenswerte Zugkraft gewonnen. Für die meisten Unternehmen kann sich die Kopplung von Cloud-Services mit BaaS als sehr wertvoll erweisen. Unternehmen können die meisten ihrer Probleme lösen, indem sie die Integrationen dank der individuellen Flexibilität von BaaS anpassen. Die BaaS-Lösung kann ihnen helfen, komplexe Herausforderungen rund um Kosten, Effizienz und Transparenz auf einfache Weise zu lösen.

Dies senkt die Eintrittsbarrieren für Blockchain-Anwendungen in Unternehmen erheblich. Unternehmen können ganz einfach alle Vorzüge der Blockchain-Technologie nutzen – Rechenschaftspflicht, Minimierung von Vertrauensschutz, verbesserte Transparenz und Datensicherheit. Sie kommen in den Genuss dieser Vorteile, ohne ein eigenes Blockchain-Ökosystem entwickeln zu müssen. In der Tat müssen sie nicht einmal in die erforderlichen Rechenressourcen investieren. Wer sind also die großen Player im BaaS-Bereich?

Die Popularität von BaaS hat die Aufmerksamkeit einiger der größten Tech-Unternehmen auf sich gezogen, da die meisten von ihnen nun spezielle Abteilungen eingerichtet haben, die sich auf die Integration und Förderung von BaaS konzentrieren. Zu den anderen Unternehmen, die ebenfalls in den Blockchain-as-a-Service-Bereich eingestiegen sind, gehören einige der erfolgreichsten Cloud-Service-Anbieter. Ganz oben auf der Liste der Unternehmen, die im BaaS-Bereich tätig sind, stehen:

- Microsoft
- Corda
- Accenture
- Stratis
- Amazon
- Baidu
- IBM
- Alibaba
- SAP
- Huawei
- Oracle
- Infosys

Neben diesen großen Playern gibt es auch kleinere innovative Blockchain-as-a-Service-Firmen und viele von ihnen sind derzeit in den USA ansässig. Diese innovativen BaaS-Firmen integrieren digitale Register in ihre tägliche Technologie und einige von ihnen sind Factom, Blockstream, Dragonchain, PayStand und einige andere.

Steigende Nachfrage nach Blockchain-Experten

Die Distributed-Ledger-Technologie ist immer noch eine neue Technologie und es besteht ein Bedarf an mehr Aufklärung und Bildung in diesem Bereich. Blockchain breitet sich bereits in verschiedenen Branchen aus und es entstehen täglich neue Anwendungsfälle. Das bedeutet auch, dass es einen Bedarf an mehr Personen gibt, die über die Technologie Bescheid wissen.

Natürlich nimmt die Zahl der Experten für Blockchain zu, aber die Einführung von Blockchain wächst rasant, was zu einem starken Anstieg der Nachfrage nach Blockchain-Experten führen wird. Viele Universitäten und Hochschulen bemühen sich verstärkt darum, diesen Bedarf zu decken. Auch Organisationen auf der ganzen Welt stehen nicht zurück, da sie sich bemühen, ihre vorhandenen Fachkräfte durch Trainingsprogramme zu fördern, die speziell für die Entwicklung und das Management von Blockchain-Plattformen gedacht sind.

Die Rate, mit der Studenten mit den richtigen Fähigkeiten ihren Abschluss machen, reicht jedoch nicht aus, um die Nachfrage zu decken. Unternehmen wie IBM haben sich besorgt über die unzureichende Anzahl von Blockchain-Nachwuchs gezeigt und bezeichneten die Situation sogar als „signifikantes Hindernis“ für die Einführung der Blockchain-Technologie durch bestehende Unternehmen. Coin Rivert hat im Jahr 2018 festgestellt, dass die Nachfrage nach Blockchain-Experten im Vergleich zum Vorjahr um 2.000 Prozent gestiegen ist; diese Daten stammen von Upwork.com.

Staatliche Regulierung in einer Welt, die immer dezentraler wird

Ein Blick auf die Architektur der Blockchain-Technologie erklärt zweifelsohne die Gründe für die ihr innewohnenden Herausforderungen für bestehende Institutionen und traditionelle Ansätze der Regulierung und Governance. Wir haben in unserer bisherigen Betrachtung gesehen, dass es eine bemerkenswerte Zunahme von Blockchains in Unternehmen gibt. Dies hat bisher traditionelle Mechanismen der Governance und Regulierung ermöglicht.

Mit der zunehmenden Verwendung von permissionless oder öffentlicher Distributed-Ledger-Technologie werden wir jedoch wahrscheinlich weitere Herausforderungen feststellen. Es ist unmöglich, Blockchains zu regulieren und der Versuch, sie zu regulieren, ist wie der Versuch, alle Ledger zu regulieren, die Menschen auf ihrem System haben – sowohl online als auch offline. Die zugrundeliegenden Anwendungsfälle der

Blockchain-Technologie werden jedoch sicherlich reguliert werden. Regierungen auf der ganzen Welt werden dies in Zusammenarbeit mit verschiedenen Regulierungsbehörden aus mehreren Rechtsordnungen und anderen Beteiligten tun.

Obwohl es derzeit keine genaue Kombination von Regulierungsmechanismen für die Blockchain-Technologie gibt, ist es sehr wahrscheinlich, dass es sich um eine Kombination von „regulatorischen Hebeln" handelt, die gezogen werden können, um die richtige Balance zu finden.

Die Regulierung von Blockchain steht vor einigen zentralen Dilemmata. Zum Beispiel wissen wir alle, dass Regulierung wichtig ist, um die Nutzer zu schützen und gleichzeitig die Sicherheit zu gewährleisten. Wenn es jedoch eine übermäßige Regulierung gibt, kann dies letztendlich die Innovation ersticken, insbesondere im Finanzsektor. Dies erklärt auch, warum der aktuelle Dialog über die Regulierung der Blockchain fortgesetzt werden sollte, um eine angemessene Lösung für jeden Aspekt der Regulierung zu gewährleisten, insbesondere wenn es um den Datenschutz und die Sicherheit geht. Staaten, die dezentralisierte Geschäftsmodelle übernehmen möchten, müssen möglicherweise einige Änderungen an ihren bestehenden rechtlichen Rahmenbedingungen vornehmen.

KAPITEL 19

ZENTRALE ÜBERLEGUNGEN ZUR IMPLEMENTIERUNG VON BLOCKCHAIN

Wir haben zahlreiche Anwendungsfälle der Blockchain-Technologie eingehend besprochen. Zum Abschluss ist es wichtig, eine Art Roadmap für die Implementierung der Technologie zu erstellen. Die Entwicklungen rund um die Blockchain schreiten rasend schnell voran und jeden Tag gibt es neue, außergewöhnliche Erkenntnisse zu vermelden. Genau wie jede Landkarte soll auch dieses Kapitel als Werkzeug dienen, das Ihnen hilft, sich in diesem neuen Geschäftsfeld zurechtzufinden. Ich werde eine Roadmap sowohl für die Lieferkette als auch für andere Unternehmen zur Verfügung stellen und immer im Hinterkopf behalten, dass das, was für Sie funktioniert, je nach Art Ihres Unternehmens ein wenig anders ausfallen könnte.

Eine Frage, die in Unternehmen, die an der Implementierung der Blockchain-Technologie interessiert sind, häufig gestellt wird, ist: „Braucht mein Unternehmen diese neue Technologie überhaupt?" Experten haben in der Tat mehrere Fragen aufgeworfen, um eine Antwort auf diese sehr wichtige Frage zu finden. Zu ihnen gehören:

- Wo wird diese Technologie tatsächlich eingesetzt?
- Wo wird die Technologie nicht benötigt?
- Wo ist der Einsatz von Blockchain sinnvoll und wo nicht?

Daraus ergaben sich zwei Schlüsselparameter zur Entscheidung, ob ein Unternehmen die Blockchain-Technologie benötigt oder nicht. Erstens: Gibt es eine ausreichende Grundlage für Transaktionen zwischen den Beteiligten, sowohl in Bezug auf die Anzahl der beteiligten Akteure als auch in Bezug auf die Anzahl der Transaktionen, zusätzlich zum Risiko der Compliance?

Und ist die bestehende Infrastruktur hinreichend vorbereitet, was den Datenschutz und die Skalierbarkeit angeht? Anhand dieser beiden Parameter können wir nun die Frage eingrenzen, welche Unternehmen die Blockchain-Technologie momentan benötigen und welche nicht. Sind diese Unternehmen dazu bereit, die Technologie zum jetzigen Zeitpunkt einzuführen?

WIE GUT SIND SIE VORBEREITET?

Bevor Sie mit der Einführung von Blockchain fortfahren, müssen Sie sich einige wichtige Fragen stellen. Dies ist der Ausgangspunkt, um eine Entscheidung über die Eignung der Blockchain-Technologie für Ihr Unternehmen zu treffen.

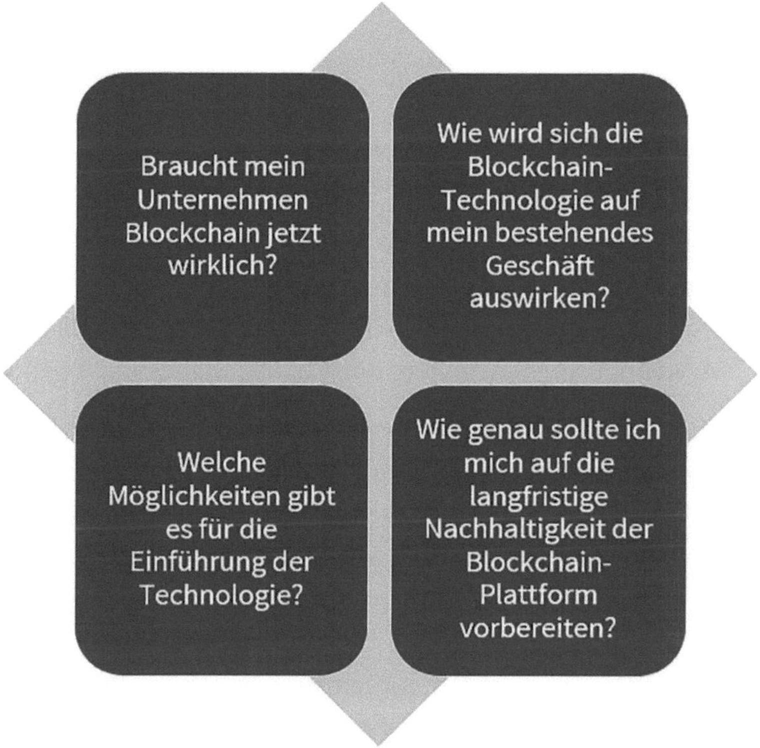

Braucht mein Unternehmen Blockchain jetzt wirklich?

Wie wird sich die Blockchain-Technologie auf mein bestehendes Geschäft auswirken?

Welche Möglichkeiten gibt es für die Einführung der Technologie?

Wie genau sollte ich mich auf die langfristige Nachhaltigkeit der Blockchain-Plattform vorbereiten?

Für Unternehmen ist es entscheidend, sich über die konkreten Ergebnisse im Klaren zu sein, welche durch die Einführung eines Projekts im Bereich der Distributed-Ledger-Technologie erreicht werden sollen. Außerdem ist es äußerst wichtig, dass Sie sich der Tatsache bewusst sind, dass Sie auf dem Weg zu den gewünschten Ergebnissen auf einige Herausforderungen stoßen können. Das bedeutet auch, dass Sie mit einem klaren Verständnis für den Nutzen der Blockchain-Technologie für Ihr Unternehmen beginnen sollten. Bevor Sie anfangen, sollten Sie sich auf mindestens einen wesentlichen Grundsatz der Best Practices für eine Blockchain-Roadmap konzentrieren.

Ein perfekter Start lässt sich leicht erkennen, wenn Sie einen klaren Eindruck davon haben, wie sehr Sie bereit dazu sind, sich auf das Thema Blockchain einzulassen. Drei Schlüsselfaktoren, die Ihre Bereitschaft für die Blockchain-Landschaft ausmachen, sind Zusammenarbeit, Fähigkeiten und Risikobereitschaft.

- ***Bedarf an Fähigkeiten:*** Sie werden sicherlich neue Fähigkeiten für die Arbeit mit den Grundlagen von Netzwerken, Sicherheit und Datenschutz, Datenverwaltung, Integration und Wartung von Anwendungen, Governance und Change Management benötigen.
- ***Risikobereitschaft:*** Wenn es um Blockchain-Lösungen geht, sind Partnerschaften gefragt. Aber Sie sollten auch bedenken, dass die Best Practices für eine Blockchain-Roadmap zeigen, dass Sie sich auf die Wahrscheinlichkeit eines Kontrollverlusts in bestimmten Bereichen des Unternehmens konzentrieren müssen. Sie müssen auf mögliche Umwege im Zuge der Deckung des entsprechenden Bedarfs an Ressourcen vorbereitet sein. Dies wird letztendlich dabei helfen, unvorhergesehene Resultate oder vorübergehende Kosten in Blockchain-Projekten zu vermeiden.
- ***Zusammenarbeit:*** Der dritte entscheidende Faktor, der in einer Strategie für eine Blockchain-Roadmap erforderlich ist, ist die Zusammenarbeit. Unter anderem ermöglicht die Blockchain-Technologie die Einbindung von Organisationen in ein breiteres Ökosystem ohne zentrale Autorität. Die neu entstehenden Formen der Zusammenarbeit hängen in hohem Maße von gültigen und geteilten Daten aller Beteiligten in einem bestimmten Netzwerk ab.

RAHMENBEDINGUNGEN FÜR DEN EINSTIEG IN BLOCKCHAIN

Organisationen, die die Blockchain-Technologie sowohl im Lieferkettenmanagement als auch in anderen Branchen einführen möchten, müssen eine umfassende Überprüfung und Bewertung der Technologie durchführen. Das Ziel der Durchführung einer solchen eingehenden Bewertung ist es, sicherzustellen, dass sie Kontrollmechanismen einrichten, die ihnen dabei helfen, die mit der Einführung der Blockchain-Technologie verbundenen Herausforderungen zu mildern und wirkungsvoll zu bewältigen. Dieser Abschnitt zeigt die Rahmenbedingungen für den Einstieg in Blockchain, die Unternehmen und insbesondere Unternehmen aus der Lieferkettenbranche dabei helfen, die richtigen Grundlagen für eine erfolgreiche Implementierung der Blockchain-Technologie zu schaffen.

Die Bereitschaft eines Unternehmens, sich auf die Risiken einzulassen, die mit der Distributed-Ledger-Technologie verbunden sind, lässt sich leicht in drei Schlüsselbereichen messen, die in der folgenden Abbildung dargestellt sind.

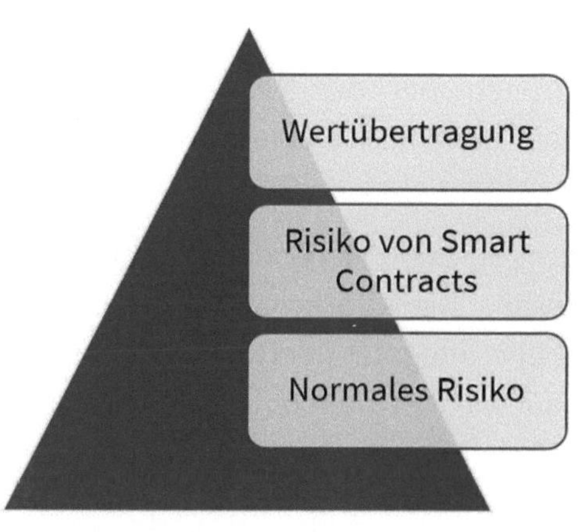

Weitere Aspekte, die bei den meisten aufstrebenden Technologien Bedenken aufkommen lassen, sind die Beteiligung von Regulierungsbehörden und der Grad der Akzeptanz auf dem Markt. Faktoren wie die der Blockchain innewohnenden Fähigkeiten, die erhöhte Transparenz und andere bemerkenswerte Vorteile der Blockchain können dazu führen, dass einige Unternehmen es sich noch einmal überlegen, bevor sie die vollständige Einführung der Blockchain-Technologie in Angriff nehmen. Der Grund dafür sind Bedenken bezüglich der Sicherheit und des Wettbewerbsvorteils. Aber konzentrieren wir uns vor allem auf die häufigsten Bedenken und wie Unternehmen diese durch eine wirkungsvolle Planung leicht entschärfen können. Hier sind einige der häufigsten Bedenken für viele Unternehmen im Bereich des Lieferkettenmanagements:

Das Problem der Sichtbarkeit von Bezugsquellen

- ***Bedenken:*** Unternehmen sind möglicherweise besorgt, dass Konkurrenten die Beschaffungsdetails der Lieferkette einsehen können.
- ***Lösung:*** Um diese Befürchtung zu entkräften, ist es möglich, die Identitäten aller an der Warenbewegung oder einer Transaktion beteiligten Akteure zu verbergen. In diesem Fall sind für andere Mitglieder des Netzwerks nur die öffentlichen Schlüssel aller an einer solchen Transaktion beteiligten Partner sichtbar. Für zusätzliche Sicherheit können die an einer Transaktion beteiligten Akteure einfach neue öffentliche Schlüssel verwenden.

Sicherheit der Lieferkette

- ***Bedenken:*** Lieferketten könnten bei der Verwendung der Distributed-Ledger-Technologie dem Risiko eines Cyberangriffs ausgesetzt sein.
- ***Lösung:*** Die der Blockchain zugrunde liegenden Fähigkeiten können dieses Problem lösen. Die Blockchain sichert die Vertraulichkeit, Verfügbarkeit und Integrität der Daten. Allerdings müssen Unternehmen, genau wie bei anderen Technologien, eine robuste Strategie zur Cyberabwehr entwickeln, um ihr Unternehmen vor Cyberangriffen zu schützen.

Die Frage des Datenbesitzes

- ***Bedenken:*** In der Lieferkette kann es vorkommen, dass ein Dritter das Eigentum an den Daten der Lieferkette beanspruchen möchte.
- ***Lösung:*** Um dieses Problem zu lösen, sollten Lieferanten ermutigt und sogar dazu angehalten werden, Daten zu teilen. Sie sollten auch bereit sein, Blockchain neben ihrem internen lokalen Datensystem zu nutzen.

Transaktionsvolumen

- ***Bedenken:*** Mit einer transparenten Blockchain-Technologie wäre es für Konkurrenten ein Leichtes, das Volumen der bewegten Waren zu ermitteln.
- ***Lösung:*** Um dieses Problem zu lösen, können Unternehmen den Inhalt eines Tracking-Datensatzes in der Blockchain verschlüsseln. Unternehmen neigen oft dazu, bei der Einführung einer aufkommenden Technologie zu zögern. Aber durch die Berücksichtigung dieser Überlegungen können die Risiken, die mit der Implementierung der Distributed-Ledger-Technologie verbunden sind, drastisch minimiert werden. Wenn Unternehmen eine Blockchain-Strategie erstellen, unterstützt diese sie bei der Verwaltung und Entwicklung wirksamer Lösungen, die sie wiederum mit anderen teilen, um die bestehenden Herausforderungen zu lösen und gleichzeitig Effizienzsteigerungen im Betrieb zu erzielen.

Wie können Unternehmen also ohne größeren Stress in die Blockchain einsteigen? Dies gelingt, indem der Ansatz in stufenweisen Phasen geplant wird. Hier ist eine einfache Roadmap zur Implementierung von Blockchain für das Lieferkettenmanagement, die auch andere Unternehmen nutzen können.

Interne Einarbeitung

Starten Sie den Prozess mit Diskussionen über die Einführung der Blockchain-Technologie. Dies wird helfen, das Interesse des Unternehmens und der IT an der potenziellen Anwendbarkeit der Distributed-Ledger-Technologie innerhalb der Organisation zu messen.

Schulungen

Sobald ein Interesse an der Blockchain-Technologie und daran, wie sie Unternehmen helfen kann, festgestellt wurde, ist der nächste Schritt, in die Schaffung eines fundierten Wissens über diese Technologie zu investieren. Dazu gehört, dass alle Beteiligten darüber aufgeklärt werden, was die Technologie bedeutet, welche verschiedenen Arten es gibt und welche Vorteile sie mit sich bringt.

Ideenfindung

An diesem Punkt müssen Unternehmen die Hilfe von Blockchain-Experten in Anspruch nehmen, um herauszufinden, welche Art von Blockchain für ihr Unternehmen benötigt wird, wie Blockchain ihr Unternehmen beeinflussen kann und dies beinhaltet die Erstellung einer klaren und wirksamen Blockchain-Strategie sowie die Priorisierung von Anwendungsfällen.

Der Entwurf des Anwendungsfalls

In dieser Phase sollten Unternehmen den angestrebten Anwendungsfall auswählen und auch die unterstützende Struktur sowie das überlebensfähige Mindest-Ökosystem klar definieren. Denken Sie immer daran, dass es oft sinnvoll ist, klein anzufangen, denn so können Unternehmen schnelle Erfolge verzeichnen und das wahre Potenzial der Blockchain-Technologie aufzeigen.

Implementierung

Führen Sie nun den priorisierten Anwendungsfall über wiederkehrende Zyklen zügig weiter und erstellen Sie außerdem eine Markteinführungsstrategie, einen Geschäftsfall sowie eine Methode zur Erstellung eines Produkts im kommerziellen Maßstab.

Wenn Sie sich einen guten Eindruck über alle wesentlichen Punkte verschafft haben, die für die Einrichtung eines Blockchain-Projekts erforderlich sind, dann sollten Sie eine Roadmap planen. Diese Roadmap bietet einen unkomplizierten Überblick über verschiedene Meilensteine, die Sie für jedes Blockchain-Projekt abdecken müssen. Um Ihr Unternehmen weiterzuentwickeln, können Sie die folgenden Schritte in Erwägung ziehen, die jedes Unternehmen beim Aufbau seiner Blockchain-gestützten Organisation übernehmen kann.

Roadmap zur Distributed-Ledger-Technologie - praktische Hinweise für Unternehmen

Die meisten unserer früheren Erörterungen in diesem Abschnitt haben sich auf das Lieferkettenmanagement konzentriert. Um die Inhalte ausgewogener zu gestalten, ist es wichtig, auch eine Blockchain-Roadmap vorzustellen, die für jedes Unternehmen von Bedeutung ist. Die Abbildung unten zeigt eine einfache Blockchain-Roadmap, die Unternehmen übernehmen können.

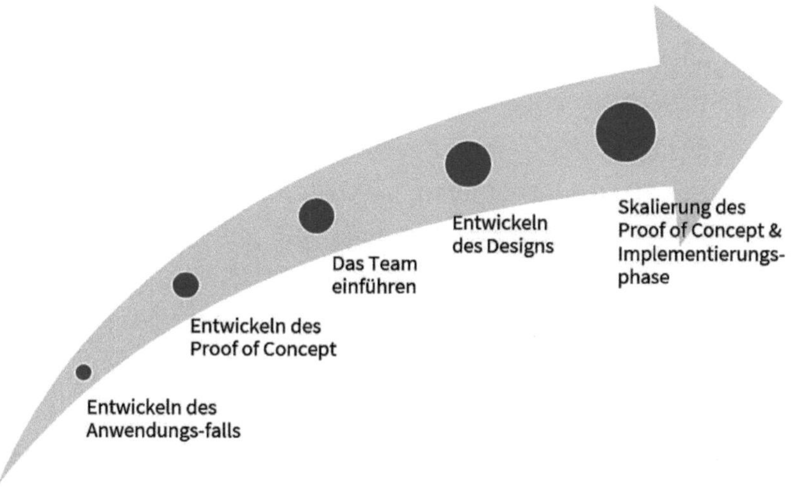

Lassen Sie uns nun einen näheren Blick auf jede dieser Phasen der Blockchain-Roadmap werfen, damit Sie besser verstehen, was jede einzelne bedeutet.

Entwickeln des Anwendungsfalls

Dies ist zweifelsohne der Ausgangspunkt einer Blockchain-Roadmap und hat mit der Festlegung eines Anwendungsfalls zu tun. Es ist wichtig, dass sich der Anwendungsfall strikt an alle Tauglichkeitsfaktoren hält, da diese dabei helfen können, zu bestimmen, wie umsetzbar die Blockchain-Technologie für Ihr Unternehmen ist. Basierend auf den Best Practices für Blockchain-Roadmaps gehört zu den wichtigsten Tauglichkeitsfaktoren, die Sie berücksichtigen sollten, die Anzahl der Teilnehmer an der Blockchain-Landschaft. Weitere Aspekte, die die Roadmap beeinflussen können, sind die Komplexität der Geschäftsziele, die Einhaltung von Buchhaltungs- und Gesetzesvorschriften sowie die Übertragung von Vermögenswerten in Echtzeit.

Unternehmen müssen ein genaues Verständnis für die Bereiche eines Unternehmens haben, auf die die Blockchain-Technologie einen wesentlichen Einfluss haben kann. Bei der Festlegung des Anwendungsfalls der Blockchain-Technologie sollten Sie sich auf die Erstellung einer Bestandsaufnahme der verschiedenen Anwendungsfälle für die Bewältigung Ihrer geschäftlichen Herausforderungen konzentrieren. Sie sollten sich also hauptsächlich darauf fokussieren, zu evaluieren, wie gut jeder Anwendungsfall die Vorteile der Blockchain-Funktionen nutzen kann. Mit einer detaillierten Übersicht über alle Anwendungsfälle, die auf einem Bewertungsrahmen basiert, kann der beste Einsatzzweck ermittelt werden.

Der Bewertungsrahmen der verschiedenen Anwendungsfälle hängt von drei Hauptmerkmalen in der Vorlage einer Blockchain-Roadmap ab. Dazu gehören die Erwünschtheit, die Durchführbarkeit sowie die Machbarkeit und jeder dieser Faktoren trägt entscheidende Bedeutung für Blockchain-Anwendungsfälle. Bei der Machbarkeit geht es um die Möglichkeit des erwarteten Ergebnisses des Anwendungsfalls, während die Durchführbarkeit mit der Umsetzungsfähigkeit zu tun hat. Der dritte, die Erwünschtheit, hat mit der Ausrichtung des Anwendungsfalls auf die verschiedenen Ziele eines Unternehmens zu tun..

Entwickeln des Proof of Concept

Dies ist ein sehr wichtiger Schritt, wenn Sie auf die Einführung einer Blockchain-Roadmap hinarbeiten. Er ist deshalb so wichtig, weil er einen Umriss des geplanten Projekts bietet. Indem Sie den Anwendungsfall von Blockchain für Ihr Unternehmen definieren, schaffen Sie auch eine grundlegende Voraussetzung für die Erstellung eines lebensfähigen Minimalprodukts (MVP) sowie des lebensfähigen Minimal-Ökosystems (MVE). Einer der am häufigsten verwendeten Begriffe in der agilen Entwicklung, insbesondere wenn es um Best Practices für die Blockchain-Roadmap geht, ist MVP. Damit wird einfach eine Übersicht über ein bestimmtes Projekt erstellt, das Sie mit Blockchain aufbauen wollen.

Außerdem ist es von entscheidender Bedeutung, die MVE zu erstellen. Dazu müssen Sie die Lieferanten angeben, die Sie der Blockchain hinzufügen möchten. Unternehmen sollten nicht nur mehrere Anbieter auswählen, sondern auch die Grundregeln für die Zuständigkeit bei der Codepflege klar definieren. Es ist auch wichtig, die besten Vorgehensweisen für die Codepflege sowie das Ausscheiden von Mitgliedern und die Kosten für die Aufteilung zu kennen.

Das Team einführen

Ein weiterer wichtiger Aspekt der Blockchain-Roadmap, wenn es um Dinge wie den Aufbau des Proof of Concept geht, ist das Einführen des Teams. Wenn Sie über das optimale Blockchain-Projektteam verfügen, trägt dies maßgeblich zu einem reibungsloseren Einführungsprozess bei. Einige wichtige Rollen, die Unternehmen in ihrem Blockchain-Projektteam berücksichtigen sollten, sind zum Beispiel Chief Information Officer, Business Representatives, Chief Strategy Officer und Fachexperten. Einer der Schlüsselfaktoren, der beim nächsten Schritt der Entwicklung des Proof of Concept helfen kann, ist die Auswahl der geeigneten Stakeholder.

Entwickeln des Designs

Ein Teil der Best Practices für die Blockchain-Roadmap beinhaltet die Entwicklung der funktionalen und technischen Architektur für jede vorgeschlagene Lösung. Ein idealer Ansatz zur Definition des Proof of Concept in der Blockchain-Roadmap hat mit der Wahl der Blockchain-Stack-Technologie zu tun. Unternehmen können sich dabei auf die Entwicklung und das Testen eines Proof of Concept mit wiederholten Erprobungen konzentrieren. Die Untersuchung des Proof of Concept ist vielleicht das Wichtigste von allen, da sie hilft, den wahren Wert zu belegen und neue Probleme zu erkennen.

Skalierung des Proof of Concept

Die nächste Phase der Blockchain-Roadmap beinhaltet die Skalierung des Proof of Concept (PoC). Diese Phase beinhaltet die Festlegung eines Betriebsmodells sowie einer Governance, die bei der Definition der Lösungsgrundlagen helfen kann. Außerdem geht es um die Erweiterung der MVP-Idee durch die Schaffung einer neuen Blockchain oder die Einbindung in bestehende Konsortien. Um Blockchain-Lösungen im Produktionsbetrieb zu testen, müssen Unternehmen ihre Aufmerksamkeit auf die Einführung der Blockchain richten. Der nächste Schritt in der Skalierung kann durch den Entwurf einer geeigneten Rollout-Strategie erreicht werden. Außerdem ist es für Unternehmen entscheidend, mehr Wert auf die Integration der Rollout-Strategie mit herkömmlichen Systemen zu legen.

Implementierungsphase

Wenn Sie sich auf eine Rollout-Strategie geeinigt haben, geht es als Nächstes um die Suche nach der Branchenrelevanz des Technologie-Stacks. Sie müssen also den Technologie-Stack in den entsprechenden geschäftlichen Anwendungsfällen zum Einsatz bringen. Basierend auf den Anforderungen der Branche kann die Industrieanwendung des Technologie-Stacks auch das Einbeziehen von Regulierungsbehörden unterstützen. Versuchen Sie während dieses Prozesses, entscheidende Erfolgsfaktoren bei der Auswahl eines Blockchain-Konsortiums für die Etablierung Ihres Projekts zu bestimmen. Faktoren wie Finanzierung, Governance, Führung und Mitgliedschaft sind einige der wesentlichen Faktoren, die den Erfolg eines Blockchain-Konsortiums bestimmen können.

Wie wir bereits zu Beginn dieses Kapitels gesehen haben, sind in der Lieferkette viele Verträge erforderlich, die zwischen verschiedenen Akteuren geschlossen werden müssen, sowie viele Drittparteien und Infrastruktur. Es gibt auch Fälle, in denen die Anzahl der Transaktionen hoch ist, aber die Infrastruktur vielleicht noch nicht zur Verfügung steht. Wenn Sie erfolgreich festgestellt haben, dass Sie die Blockchain-Technologie jetzt wirklich brauchen, dann gehen Sie zum nächsten

Schritt über, der darin besteht, herauszufinden, wie Sie die Technologie nutzen können.

Die meisten Unternehmen sind oft zu enthusiastisch, wenn es um die verschiedenen Anwendungsmöglichkeiten von neuen Technologien geht. Was an dieser Stelle jedoch entscheidend ist, ist die Ausrichtung auf Ihre Anwendungsfälle. Sie sollten sich darauf konzentrieren, eine Blockchain-Lösung in Phasen einzuführen, indem Sie zunächst ein paar Anwendungsfälle ausprobieren und dann damit spielen, bevor Sie das Ganze erweitern, sobald es für Ihr Unternehmen gut funktioniert.

FAZIT

Wenn Sie dieses Buch bis hierher gelesen haben, dann werden Sie mir sicherlich zustimmen, dass dies eine beeindruckende Reise gewesen ist. Wir haben den Ursprung der Blockchain-Technologie untersucht, wie sie sich im Laufe der Jahre zu einer äußerst nützlichen Technologie entwickelt hat, ihre Auswirkungen auf verschiedene Sektoren – Unternehmen, aufstrebende Technologien, Regierungen, Lieferketten, Finanzen, Geldüberweisungen usw. Ich will nicht verschweigen, dass es viel Hype um die Distributed-Ledger-Technologie gibt, aber es ist mir gelungen, die Details dieser Technologie ohne großen Hype darzustellen, so dass dieses Buch mehr auf Fakten als auf Hype basiert.

Wenn Sie Inhaber eines Geschäfts, Unternehmer, Angestellter, Student, Arbeitsloser, Regierungsbeamter usw. sind, dann ist das Beste, was Sie mit den Informationen, die ich Ihnen zur Verfügung gestellt habe, tun können, zu ermitteln, wie die Blockchain-Technologie Ihr Leben beeinflussen kann oder bereits beeinflusst – direkt oder indirekt. Sobald Sie dies erkannt haben, sollten Sie sich überlegen, was Sie tun können, um sicherzustellen, dass Sie das Beste aus dieser unvermeidlichen Transformation, die wir erleben werden, herausholen.

So könnten Sie als Student durch eine Blockchain-Zertifizierung Ihre Chancen auf einen guten Job erhöhen, da der Bedarf an Blockchain-Experten weiter gestiegen ist. Als Angestellter kann die Beschäftigung mit Blockchain und die Erlangung einer Zertifizierung Ihre Chancen erhöhen, nicht nur Ihren Job zu behalten, sondern auch die Möglichkeit zu bekommen, in Ihrem Unternehmen aufzusteigen. Was ist mit Unternehmern und Geschäftsinhabern? Nun, der beste Weg, die Technologie zu nutzen, ist zu erkunden, wie Ihr Geschäft oder

Unternehmen von der Blockchain-Technologie profitieren kann.

Ich habe hier einen einfachen Leitfaden bereitgestellt, der Ihnen helfen soll, die Entscheidung zu treffen, die Ihr Unternehmen auf die nächste Stufe bringen kann. Sie sollten darüber nachdenken, welche Blockchain-Plattform für Ihr Unternehmen am besten geeignet ist oder wie sie Ihre Gewinne steigern, Ihre Kosten, sowie die Lieferzeit für Ihre Produkte senken, die Notwendigkeit von Zwischenhändlern eliminieren kann usw.

Einige Leute verdienen tatsächlich eine Menge Geld mit Kryptowährungen, NFTs und DeFi, und wenn Sie derzeit arbeitslos sind, können Sie nach Möglichkeiten suchen, eigene NFTs zu kreieren und etwas Geld zu verdienen. Es gibt hervorragende Möglichkeiten, mit DeFi Geld zu verdienen, und alles, was Sie tun müssen, ist, mehr darüber zu lesen, um die besten verfügbaren Möglichkeiten kennenzulernen. Tatsache ist, dass die Möglichkeiten in diesem Bereich enorm sind und was es braucht, um erfolgreich zu sein, ist die Entschlossenheit, unabhängig von der Meinung herkömmlicher Institutionen und Regierungsbehörden zu handeln. Ich muss auch hinzufügen, dass der Bereich der Kryptowährungen anfällig für mehrere Risiken ist, da er extrem unbeständig ist. Daher ist mein bester Rat, bei Ihren Entscheidungen vorsichtig zu sein und die Unterstützung eines Finanzberaters zu suchen, bevor Sie irgendwelche Maßnahmen ergreifen. Ich hoffe aufrichtig, dass Sie einen Nutzen daraus gezogen haben, und ich freue mich auf Ihren Erfolg!

QUELLENANGABEN

Anwar, H. (2019). Blockchain For Digital Identity: The Decentralized And Self-Sovereign Identity (SSI), 101 Blockchains. Available at: https://101blockchains.com/digital-identity/

Anwar, H. (2019). Blockchain Vs Distributed Ledger Technology, 101 Blockchains. Available at: https://101blockchains.com/blockchain-vs-distributed-ledger-technology/

CBinsights. (2019). How Blockchain Could Disrupt Insurance. Available at: https://www.cbinsights.com/research/blockchain-insurance-disruption/

Challener, C. (2019). Why the Industry Is Moving Toward Blockchain Technology, Pharma's almanac. Available at: https://www.pharmasalmanac.com/articles/why-the-industry-is-moving-toward-blockchain-technology

Consensys. (n.d). Blockchain in Supply Chain Management. Available at: https://consensys.net/blockchain-use-cases/supply-chain-management/

Consensys. (n.d). Blockchain in Digital Identity. Available at: https://consensys.net/blockchain-use-cases/digital-identity/

Deloitte. Where two chains combine: Supply chain meets blockchain. Available at: https://www2.deloitte.com/content/dam/Deloitte/us/Documents/strategy/us-cons-supply-chain-meets-blockchain.pdf

De Meijer, C. R. W. (2021). Blockchain Technology Challenges: new third generation solutions, Finextra. Available at: https://www.finextra.com/blogposting/19949/blockchain-technology-challenges-new-third-

generation-solutions

Davies, A. (n.d). 5 Best Smart Contract Platforms for 2021, DevTeam Space. Available at: https://www.devteam.space/blog/5-best-smart-contract-platforms/

Ethereum. (n.d). Decentralized Finance (DeFi). Available at: https://ethereum.org/en/defi/

ForgeRock. (2019). U.S. Consumer Data Breach Report 2019. Personally Identifiable Information Targeted in Breaches that Impact Billions of Records Copyright © 2019 ForgeRock, All Rights Reserved. Available at: https://www.forgerock.com/resources/view/92170441/industry-brief/us-consumer-data-breach-report.pdf

Frankenfield, J. (2021). Nonce, Investopedia. Available at: https://www.investopedia.com/terms/n/nonce.asp

Fryer, A. How a Simple Ledger Can Significantly Improve Vaccine Distribution Tracking, Dev Pro Journal. Available at: https://www.devprojournal.com/technology-trends/blockchain/how-a-simple-ledger-can-significantly-improve-vaccine-distribution-tracking/

Gorduladze, S. (2021). CBDCs and Stablecoins: The Regulatory Battle to Come, Coindesk. Available at: https://www.coindesk.com/cbdcs-stablecoins-regulatory-battle

Insurance Information Institute. Facts + Statistics: Identity theft and Cybercrime. Available at: https://www.iii.org/fact-statistic/facts-statistics-identity-theft-and-cybercrime

Iredale, G. (2020). History Of Blockchain Technology: A Detailed Guide, 101 Blockchains. Available at: https://101blockchains.com/history-of-blockchain-timeline/

Iredale, G. (2021). What Are The Different Types Of Blockchain Technology? 101 Blockchains. Available at: https://101blockchains.com/types-of-blockchain/

iwatchdog. (n.d). Insider Threats Are Becoming More Frequent and More Costly: What Businesses Need to Know Now. Available at: https://www.idwatchdog.com/insider-threats-and-data-breaches/#:~:text=60%25%20of%20Data%20Breaches%20Are,in%20the%20same%20time%20period.

Jablonski, S. (2021). Are NFTs The New Crypto? A Guide To Understanding Non-Fungible Tokens, Forbes. Available at: https://www.forbes.com/sites/forbesbusinesscouncil/2021/06/09/are-nfts-the-new-crypto-a-guide-to-understanding-non-fungible-tokens/

Lannquist, A., & Santamaria, M. (2021). International cooperation and the era of digital currency growth, World Economic https://www.devprojournal.com/technology-trends/blockchain/how-a-simple-ledger-can-significantly-improve-vaccine-distribution-tracking/Forum. Available at: https://www.weforum.org/agenda/2021/05/international-cooperation-and-the-era-of-digital-currency-growth/

Kaur, D. (2021). How blockchain adds value to the pharmaceutical industry, TechHQ. Available at: https://techhq.com/2021/02/how-blockchain-adds-value-to-the-pharmaceutical-industry/

Kehoe, L., Gindner, K., et al. (2017). When two chains combine Supply chain meets blockchain, Deloitte. Available at: https://www2.deloitte.com/content/dam/Deloitte/us/Documents/strategy/us-cons-supply-chain-meets-blockchain.pdf

Keil, J. (2019). Blockchain in Supply Chain Management: Key Use Cases and Benefits, Infopulse. Available at: https://www.infopulse.com/blog/

blockchain-in-supply-chain-management-key-use-cases-and-benefits/

Ludlow, A. (2018). Blockchain in capital markets: benefits and challenges, Bobsguide. Available at: https://www.bobsguide.com/articles/blockchain-in-capital-markets-benefits-and-challenges/

Maxie, E. (2018). Top Blockchain Use Cases for Supply Chain Management, Very. Available at: https://www.verypossible.com/insights/top-blockchain-use-cases-for-supply-chain-management

McCauley, A. (2020). Why Big Pharma Is Betting on Blockchain, Harvard Business Review. Available at: https://hbr.org/2020/05/why-big-pharma-is-betting-on-blockchain

McGowan, K., & Bianchi, K. (2020). Blockchain: Forging the Future of Asset Management, BDO. Available at: https://www.bdo.com/insights/industries/financial-services/blockchain-forging-the-future-of-asset-management

Morley, M. (2020). Top 5 use cases of Blockchain in the supply chain in 2021, Opentext. Available at: https://blogs.opentext.com/blockchain-in-the-supply-chain/

OECD. (2020). Blockchain Policy Series: Opportunities and Challenges of Blockchain Technologies in Health Care. Available at: https://www.oecd.org/finance/Opportunities-and-Challenges-of-Blockchain-Technologies-in-Health-Care.pdf

OECD (2019), The Policy Environment for Blockchain Innovation and Adoption: 2019 OECD Global Blockchain Policy Forum Summary Report, OECD Blockchain Policy Series. Available at: www.oecd.org/finance/2019-OECD-Global-Blockchain-Policy-Forum-Summary-Report.pdf

Oliver Wyman. (n.d). Blockchain: The Backbone of Digital Supply Chains. Available at: https://www.oliverwyman.com/our-expertise/insights/2017/jun/blockchain-the-backbone-of-digital-supply-chains.html

PwC. (2020). Blockchain technologies could boost the global economy by US$1.76 trillion by 2030 through raising levels of tracking, tracing and trust. Available at: https://www.pwc.com/gx/en/news-room/press-releases/2020/blockchain-boost-global-economy-track-trace-trust.html

PwC. (2017). Accurate, Audited and Secure: How Blockchain could Strengthen the Pharmaceutical Supply Chain. Available at: https://www.pwc.co.uk/healthcare/pdf/health-blockchain-supplychain-report%20v4.pdf

Rühmann, F., Konda, AS. A., Horrocks, P., & Taka, N. (2020). Can Blockchain technology Reduce the Cost of Remittances? OECD. Available at: https://www.oecd-ilibrary.org/docserver/d4d6ac8f-enpdf?expires=1623325179&id=id&accname=guest&checksum=0135EB90201719631606ED7C46D13CA1

Sandeep, K. V. (n.d). Blockchain in Capital Markets, Wipro. Available at: https://www.wipro.com/capital-markets/blockchain-in-capital-markets/

Seigneur, J. M., & El Maliki, T. (2009). Computer and Information Security Handbook; Pages 269-292 Science, Direct. Available at: https://www.sciencedirect.com/topics/computer-science/digital-identity

Serafin, P. (2020). Blockchain and the Future of Lending, Sopra banking. Available at: https://www.soprabanking.com/insights/blockchain-and-the-future-of-lending/

Sharma, T. K. (n.d). Use Cases of Blockchain in Remittance - A Quick Guide, Blockchain Council. Available at: https://www.blockchain-council.org/blockchain/use-cases-of-blockchain-in-remittance-a-quick-guide/

Shumsky, P. (2019). Blockchain Use Cases For Banks In 2020, Finextra. Available at: https://www.finextra.com/blogposting/17857/blockchain-use-cases-for-banks-in-2020

TCS Financial Solutions. (n.d). Impact of Blockchain on Digital Identity, TCS BaNCS Research Journal. Available at: https://www.tcs.com/content/dam/tcs-bancs/protected-pdf/Impact%20of%20Blockchain%20on%20Digital%20identity.pdf

Titenok, Y. (2021). How Blockchain and AI Integration is Changing the Business. Available at: https://sloboda-studio.com/blog/how-blockchain-and-ai-integration-is-changing-business/

Tropea, J. (2021). Insurance disruption: How blockchain is transforming the industry, Bankrate. Available at: https://www.bankrate.com/insurance/blockchain-disruption/

World Bank Group. (2019). Leveraging Economic Migration for Development: A briefing for the World Bank Board. Available at: https://www.knomad.org/sites/default/files/2019-08/World%20Bank%20Board%20Briefing%20Paper-LEVERAGING%20ECONOMIC%20MIGRATION%20FOR%20DEVELOPMENT_0.pdf

World bank group. (2020). Smart Contract Technology and Financial Inclusion; Finance Competitiveness & Innovation Global Practice. Available at: https://openknowledge.worldbank.org/bitstream/handle/10986/33723/Smart-Contract-Technology-and-Financial-Inclusion.pdf?sequence=1&isAllowed=y

Address
bc1q6s6s33amne6425qk2f5nkauz7pq0lzqrv
2k8f6

Address
0xA7e1EFe2Ba9CF7b19771BCc69A73c1D70
C8F6113

Address
0xA7e1EFe2Ba9CF7b19771BCc69A73c1D70
C8F6113

Address
GDKQFQU7ZNCCNEKYIIXAOSXPT5LTGZ7LO
EM4INHYDZWDEWZN43WEZKIH

Address
bitcoincash:qplzy47euqwdwjx38zeu508qns
9lwgxx7sjc2dc5a7

Address
0xA7e1EFe2Ba9CF7b19771BCc69A73c1D70
C8F6113

Danke!